Hoimar v. Ditfurth / Volker Arzt
Dimensionen des Lebens

Hoimar v. Ditfurth / Volker Arzt

Dimensionen des Lebens

Reportagen aus der Naturwissenschaft
Nach der Fernsehreihe »Querschnitt«

Deutsche Verlags-Anstalt
Stuttgart

ISBN 3 421 02664 5

© 1974 Deutsche Verlags-Anstalt GmbH, Stuttgart
Alle Rechte vorbehalten
Umschlagentwurf: Klaus Dempel, Stuttgart
Grafiken: Dieter Frey, Leonberg
Gesamtherstellung: Deutsche Verlags-Anstalt GmbH,
Grafischer Großbetrieb, Stuttgart
Printed in Germany

Inhalt

Vorwort 7

1   Wie wahrscheinlich ist außerirdisches Leben? 9

Planet auf Bahn 3 10
Kanäle auf dem Mars 11
Überraschende Funkbilder 14
Das neue Marsrätsel 15
Höllische Zustände auf der Venus 19
Rahmenbedingung für Leben 21
Wie wahrscheinlich war irdisches Leben? 23
Automatische Lebenssuche 24
Ein Dorf in der Milchstraße 27

2   Science-fiction – Wirklichkeit von morgen? 29

Reise in die Zeit 29
Reise in den Kosmos 32
Raketen von morgen 34
Die Zeit ist dehnbar 35
Auch Ufos haben's schwer 36
Die Schrecksekunde dauert Jahre 38
Kosmische Flaschenpost 41
Nachrichten von Stern zu Stern 42
Galaktische Kultur und Weltraum-Zoo 43

3   Lebenslauf einer Sonne 45

Wie entsteht ein Stern 46
Die Glut des Roten Riesen 49
Sterntod: Weißer Zwerg 50
Sterntod: Pulsar 51
Sterntod: Schwarzes Loch 56
Das Ende ist ein Anfang 56
Lichtspiele 57

4   Die nächste Eiszeit kommt bestimmt 59

Anatomie eines Gletschers 61
Das Eis versetzt Berge 62
Woher kam die Kälte? 65
Überleben in der Eiszeit? 68
Eiszeitalltag 70

5   Pflanzen – die heimlichen Herrscher 73

Ohne Pflanzen müßten wir ersticken 76
Von der Sonne leben 77
Festgewachsen – aber flink 78
Einfallsreicher Samenversand 81
Geteilte Arbeit ist halbe Arbeit 84
Wie intelligent sind Pflanzen? 85
Hormone statt Gift 87

6   Mimikry: Verstand ohne Gehirn 89

Die älteste Methode, sich unsichtbar zu machen 92
Anpassungskünstler auf dem Meeresboden 95
Auffallen um jeden Preis 95
Wer blufft, braucht keinen Stachel 96
Wie entsteht Mimikry? 97
Der rettende Augenblick 100
Wölfe im Schafspelz 100
Mimikry in der Werbung 102

7   Vom Fliegen über und unter Wasser 105

Mit heißer Luft in die Luft 105
Vom Winde verweht 106
Kreise um den Eiffelturm 107
Tragende Flächen 109
Up, up and away 109
Auftrieb am Drachen 111
Bewegliche Schwingen 114
Flattern wie die Vögel 115
Intelligenz contra Muskeln 116

8   Gedanken über Intelligenz 119

Intelligenztests bei Kindern 119
Schulzeugnis und Intelligenz 122
Lese- und Rechtschreibschwäche 124
Hirnströme als Intelligenzmesser 125
Intelligenztests bei Erwachsenen 125
Der Intelligenzquotient 128
Künstliche Intelligenz 130
Ererbt oder anerzogen? 133
Affen in der Schule 135
Intelligenzunterschiede schon bei Geburt? 137
1,3-Liter-Denkmaschine 139

9   Was man beim Sehen übersieht 141

Sonnenschein bei trübem Wetter 141
Sichtbare Wärme 142
Von der Sehgrube zum Linsenauge 143
Das Gehirn sieht mit 146
Warum die Welt so ruhig aussieht 148
Ein verhexter Raum 150
Optische Täuschungen sind sinnvoll 152
Lichtsprache 154

10   Horch, was kommt von draußen rein 157

Stimme, Sprache und Gehör 157
Warum rauscht eine Muschel? 157
Der Mickey-Mouse-Effekt 159
Unverwechselbare Stimme 159
Synthetische Sprache 160
Technik des Hörens 162
Wanderwellen in der Schnecke 164
Schwerhörigkeit 165
Partyeffekt 165
Sprache sichtbar machen 166
Das Geheimnis der Atmo 167

11   Das bewußtlose Drittel 169

Bunkerschlaf 169
Schlaf – eine Leistung des Gehirns 171
Ein Leben in einer Traumsekunde? 173
Blicke im Traum 174
Der dritte Zustand des Gehirns 175
Wovon Katzen träumen 176
Wandeln und Sprechen im Schlaf 177
Schlafstörungen 178
Spätaufsteher – Frühaufsteher 179
Wozu überhaupt schlafen? 180
Eine Theorie zum Vergessen 181

12   Künstliche Erinnerungen 183

Angeborene Erfahrungen 183
Die Grundlage der Instinkte 185
Erworbene Erfahrungen 187
Erinnerungen aus der Spritze 187
Dunkelangst – chemisch geschrieben 189
Sprachkurse durch Injektion? 191
Gedächtnis und Erfahrung 193

13   Was ist Leben? 195

Wie eine Maschine 195
Kolonie aus Milliarden Zellen 197
Meterlange Moleküle 199
Aggressive Kampfmaschinen 200
Genetisches Alphabet 202

Anhang 206

Ergänzende und weiterführende Literatur 206
Bildquellen 207
Register 208

Vorwort

Dieses Buch ist mehr als nur das Protokoll der Sendungen, die in der ZDF-Reihe *Querschnitt* seit Anfang 1971 ausgestrahlt worden sind. Zwar sind die Themen die gleichen, und auch das Bildmaterial stammt überwiegend aus den originalen Fernsehproduktionen. Schließlich ist auch die Entstehung dieses Bandes durch die große Zahl der Manuskriptwünsche angeregt worden, die uns nach jeder Sendung erreichen (und die wir nicht erfüllen können, weil es bei *Querschnitt* nur Zettel mit Stichworten, aber keine Manuskripte gibt).
Trotzdem ist dieses Buch mehr als ein bloßer »Nachdruck« zurückliegender Sendungen geworden. Dafür gibt es mehrere Gründe.
Zunächst einmal lassen sich in einem Buch sehr viele Zusammenhänge und Fakten zusätzlich unterbringen, auf deren Behandlung man in einer Fernsehsendung verzichten muß, weil sie mit optischen Mitteln in der zur Verfügung stehenden Zeit von fünfundvierzig Minuten nicht befriedigend darzustellen sind. Die Kapitel dieses Bandes enthalten daher mehr Informationen als die ursprünglichen Sendungen, die ihnen thematisch zugrunde liegen.
Ein anderer Gesichtspunkt erscheint mir noch wichtiger: In der Fernsehreihe *Querschnitt* habe ich von Anfang an versucht, die Fülle der Beziehungen und Zusammenhänge zwischen dem Menschen und der ihn umgebenden Natur – von der er selbst ein Teil ist – an immer neuen Beispielen sichtbar zu machen. Dieser durchgehende rote Faden eines übergeordneten Zusammenhangs aber kann in einer Reihe, deren einzelne Sendungen in durchschnittlichen Abständen von zwei Monaten aufeinander folgen, naturgemäß nicht so deutlich werden wie in einem Buch, das eine geschlossene Darstellung »aus einem Guß« ermöglicht.
Noch ein erläuterndes Wort zu der Tatsache, daß auf der Titelseite zwei Autoren genannt sind: den hier vorliegenden Text hat Volker Arzt abgefaßt – unter Benutzung des gesamten Materials der bisherigen Fernsehsendungen einschließlich der thematischen Konzeptionen und der von mir benutzten Beispiele und Formulierungen. *Dimensionen des Lebens* ist damit das schriftliche Ergebnis einer mehrjährigen Zusammenarbeit der Autoren, das Resultat permanenter Diskussionen, im Verlaufe derer die Frage, wer wann was beigesteuert hat, für die Beteiligten selbst uninteressant geworden ist.

Hoimar v. Ditfurth

1 Wie wahrscheinlich ist außerirdisches Leben?

Sommer 1976, in der Nähe des Äquators: Vom wolkenlosen Himmel schwebt eine Raumkapsel, den aufgeblähten Bremsfallschirm nach sich ziehend. Die Kapsel springt auf, ein insektenähnliches Ungetüm stürzt sich heraus und landet alsbald breitbeinig in einer Bodensenke. Alles Weitere geschieht selbstsicher und ohne Hast: Das Insekt klappt seine weit hervorstehenden Augen auf, prüft mit einem Fühler tastend die Luft, dann streckt es vorsichtig einen Arm aus – mehrere Meter weit –, greift sich eine Handvoll Sand und verschluckt ihn. Damit scheint alles vorbei, doch leises Summen verrät, daß sich die Aktivität lediglich ins Innere verlagert hat. Kein Zweifel: Das Insekt arbeitet im Dienst einer fremden Macht; denn es beginnt, Daten und Nachrichten ins Weltall zu senden – stets in Richtung eines hell leuchtenden Sterns. Dort aber, gut sechzig Millionen Kilometer entfernt, lösen die Nachrichten vielleicht eine Sensation aus –, sechzig Millionen Kilometer entfernt, auf dem Planeten Erde.
Hinter dem Insekt verbirgt sich die amerikanische Raumsonde „Viking", die im Sommer 1976 auf dem Planeten Mars landen soll, und

Abbildung 1: Jupiter, der größte und schwerste Planet des Sonnensystems. Seine von Wolkenstreifen durchzogene Atmosphäre gibt Anlaß zu aufregenden Spekulationen: Dort könnten Lebensformen entstehen oder bereits beheimatet sein. Die Aufnahme stammt von der US-Raumsonde »Pioneer 10«, die im Dezember 1973 an dem Riesenplaneten vorbeiflog.

es ist kein Zufall, daß sich die Arbeitsweise dieses Geräts fast durchweg in biologischen Begriffen beschreiben läßt. Denn Viking wird uns, wenn keine Pannen auftreten, ein Bild vom Mars vermitteln, wie wir es mit eigenen Sinnen nicht besser erlangen könnten: Zwei Stereo-Farbkameras beispielsweise geben die Marslandschaft räumlich wieder, eine meteorologische Station am Ende eines langen Meßfühlers registriert Temperatur, Wind und Wetter. Sogar eine Probe des Marsbodens wird chemisch analysiert. Neben all dem und zahlreichen anderen Messungen erfüllt Viking aber eine geradezu historische Mission: Die Raumsonde soll auf dem Mars nach Lebewesen suchen!
Wie groß die Chancen der Sonde sind und wie sie Organismen entdecken kann, die vielleicht ganz anders aussehen und sich völlig anders verhalten als Organismen auf der Erde, davon soll später die Rede sein.
Fest steht, wenn Viking Leben findet, dann zugleich die Antwort auf eine jahrtausende alte Frage: Unsere Erde ist nicht die einzige Lebensinsel im Weltall! Damit würde ein Gedanke Realität werden, der weit älter ist als alle abendländische Naturwissenschaft: »Die Erde als einzige belebte Welt im unendlichen Raum anzusehen, ist ebenso absurd wie die Annahme, in einer weiten Ebene würde nur ein einziger Grashalm wachsen«, so schrieb der griechische Philosoph Metrodoros von Chios im 4. Jahrhundert vor Christus. Nicht nur die Kühnheit dieses Gedankens, die ungeheure Abstraktion, wirkt bestechend, son-

dern vor allem auch die moderne statistische Argumentation: warum sollte ausgerechnet die Erde als ein Himmelskörper unter vielen eine solche Sonderstellung einnehmen?

Planet auf Bahn 3

Was aber Metrodoros als »absurd« bezeichnete, wurde für die nachfolgenden zwei Jahrtausende zur »Wahrheit« deklariert: Die Erde bekam ihre Sonderstellung, sie galt als Mittelpunkt der Welt, als Fußschemel des Schöpfers, als alleiniger Lebensträger.
Ohne Zweifel, das war – salopp gesagt – die attraktivere Theorie. Sie kam dem Geltungsbedürfnis des Menschen entgegen, denn mit der Erde rückte auch er in den Mittelpunkt der Welt. Aber es lag nicht nur daran, man muß fairerweise zugestehen, daß dieses »geozentrische Weltbild« mit den damaligen Mitteln kaum zu widerlegen war.
Als Kopernikus dann im Jahr 1435 die große Wende einleitete, war die Situation grundsätzlich anders. Immer mehr Beweise bekräftigten sein »heliozentrisches Weltbild«: Nicht die Erde, sondern die Sonne steht im Mittelpunkt, und um sie herum kreisen die Planeten – auf Bahn 3 der Planet Erde.
Statt des Mittelpunkts der Welt nur ein Planet unter anderen! Verständlich, daß das Umdenken so schwer fiel! Aber dennoch entbehrte die neue bescheidene Rolle der Erde nicht einer gewissen Anschaulichkeit – ganz wörtlich genommen –, denn mit der Entdeckung und Weiterentwicklung des Fernrohrs sah man auch bei anderen Planeten vertraute irdische Eigenschaften: Sie besitzen Monde, hüllen sich in Wolken, und in den dunklen Gebieten auf dem Mars glaubte man sogar Meere zu erkennen. Im selben Maße wie die Erde an Einmaligkeit verlor, gewann der ganz folgerichtige Gedanke wieder an Boden, daß andere, erdähnliche Himmelskörper auch besiedelt sein könnten – vielleicht mit »Menschen« oder mit ganz anders gearteten vernunftbegabten Wesen.
Es ist sicher kein Zufall, daß der Ersteller der ersten »Marskarte«, nämlich der Mathemati-

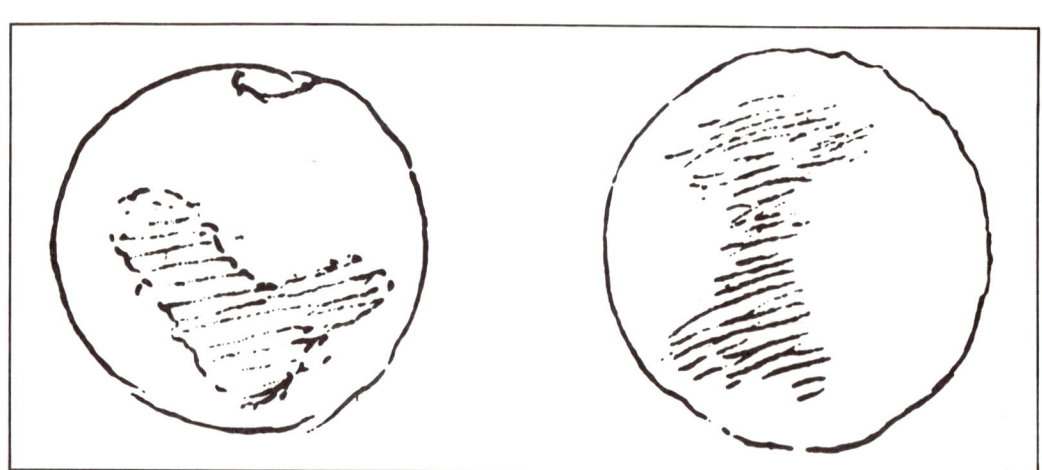

Abbildung 2: Erste Zeichnungen des Planeten Mars, angefertigt von Christian Huygens im Jahr 1659.

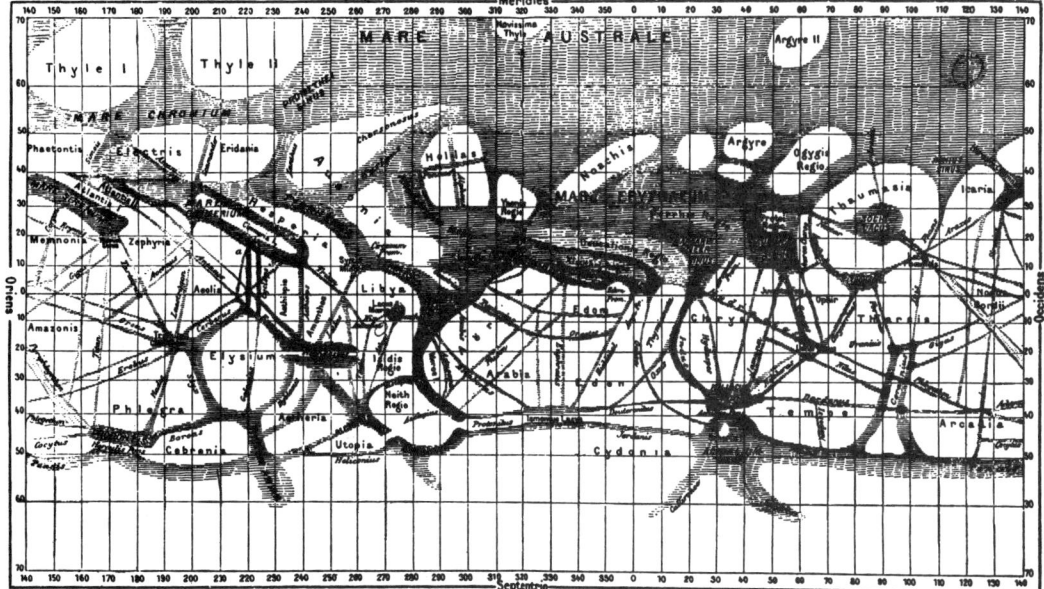

Abbildung 3: Marskarte von Giovanni Schiaparelli. Ein feines Liniennetz überzieht den Planeten: die vieldiskutierten Marskanäle.

ker und Physiker Christian Huygens, auch intensiv über außerirdische Intelligenzen nachdachte. Er stellte einen Katalog von Eigenschaften auf, die für alle vernunftbegabten Wesen typisch sein sollten – gleichgültig, wo im Kosmos diese Wesen zu Hause seien. Nicht minder verblüfft Huygens Ansicht, dreihundert Jahre vor dem ersten Mondflug, man brauche auf dem Mond erst gar nicht nach Leben zu suchen, da dort die entscheidende Voraussetzung fehle, nämlich Wasser. Freilich, alle noch so scharfsinnigen Gedanken und Äußerungen über Leben auf anderen Himmelskörpern litten unter demselben Handikap: Trotz immer besserer Fernrohre und Beobachtungstechniken blieben die sichtbaren Beweise aus. Die Astronomen fanden nichts am Himmel, was sie als Lebenszeichen hätten deuten können.

Im Jahr 1877 aber, als der Mars der Erde besonders nahe kam, schien sich dies mit einem Schlag zu ändern. Der italienische Astronom Giovanni Schiaparelli verkündete eine sensationelle Entdeckung – eine Entdeckung, die Fachkollegen und breite Öffentlichkeit gleichermaßen erregte: Der Mars ist von einem Netz haarfeiner Linien überzogen! Diese »Canali«, wie Schiaparelli sie nannte, wurden auch von anderen Astronomen bestätigt und waren alsbald Anlaß hitziger Diskussionen: Was verbirgt sich hinter diesem Linienmuster? Handelt es sich wirklich um Kanäle, um Wasserstraßen? Wer sollte sie erbaut haben?

Kanäle auf dem Mars

Das Geheimnis seiner »Kanäle« rückte den Mars ins Zentrum astronomischer Forschung. Auf ihn als den aussichtsreichsten Kandidaten konzentrierte sich die Suche nach außerirdischem Leben, und will man verstehen, warum die Marsforschung heute span-

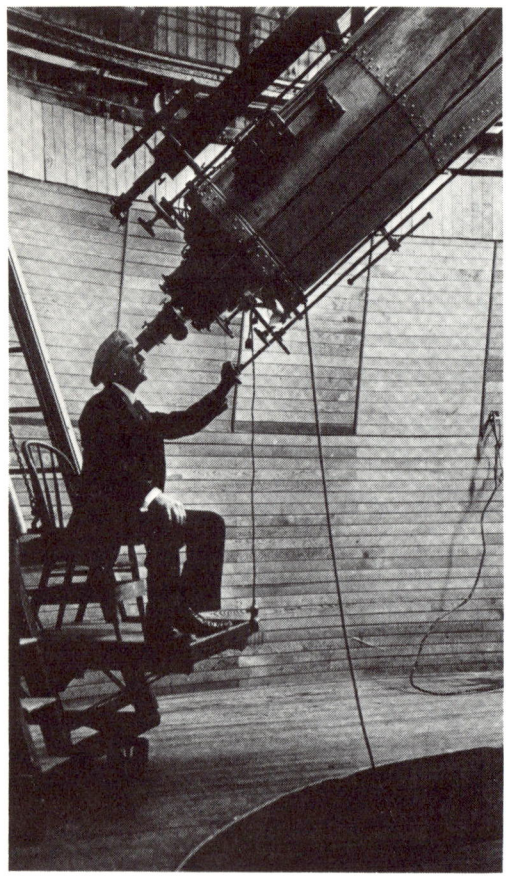

Abbildung 4: Percival Lowell an seinem Fernrohr. Der amerikanische Astronom versuchte als erster, Kontakt mit den vermuteten Marsmenschen herzustellen.

nender ist denn je, so muß man sich die Geschichte dieser Suche vor Augen halten.
Schiaparellis Entdeckung rief die unterschiedlichsten Deutungen auf den Plan: Risse in der Marsoberfläche etwa, Wolkentäler, Gebirgszüge – oder gar Tierpfade. Die Tiere auf dem trockenen Mars, so die Ansicht eines namhaften Wissenschaftlers, würden als Folge der Wasserknappheit lange Wanderungen unternehmen und die hierbei abfallende jahrtausendelange Düngung lasse fruchtbare Grünstreifen entstehen – breit genug, um von der Erde aus wahrgenommen zu werden.
Andere Interpreten sahen in den »Kanälen« nicht das Produkt marsianischer Tiere, sondern irdischer Astronomen. Sie erklärten das Linienmuster zu einer optischen Täuschung, es existiere lediglich in den Gehirnen der irdischen Beobachter.
Am populärsten freilich – nicht nur unter Laien – war die Ansicht: Auf dem Mars gibt es intelligente Wesen, Marsmenschen, die ein gigantisches Bewässerungssystem über ihren austrocknenden Planeten gezogen haben. Prominentester Befürworter dieser These war der amerikanische Astronom Percival Lowell, der sich sogar eine Privatsternwarte in Arizona errichten ließ, um das Rätsel der Marskanäle zu lösen und um mit den Marsmenschen Kontakt aufzunehmen. Dabei hatte Lowell schon recht konkrete Vorstellungen über »die andere Seite«: Fünf Meter groß sollten die Marsmenschen sein – eine Folge der geringen Schwerkraft und eine enorme Hilfe bei den Kanalarbeiten. Für ähnlich überragend hielt Lowell die geistigen Fähigkeiten der Marsianer: »Höchstwahrscheinlich verfügen die Marsmenschen über Erfindungen, von denen wir nicht einmal träumen: Elektrophone und Kinetoskope (Telefon und Filmkameras) werden als primitive Geräte früherer Rassen in Museen aufbewahrt.«
Solche Äußerungen erwecken zwar den Eindruck blinder Phantasie, aber Lowell war ein zu guter Wissenschaftler, als daß er seine Spekulationen nicht mit ernstzunehmenden Argumenten untermauert hätte: Mars ist ein so alter, reifer Planet, daß er schon den größten Teil seiner Luft- und Wasservorräte an den Weltraum verloren hat. Es ist nur folgerichtig anzunehmen, daß auch das Leben auf dem

Mars ein weit entwickeltes, gereiftes Stadium erreicht hat.

Den Beweis für derartige Überlegungen sollte Lowells für damalige Verhältnisse hervorragendes Fernrohr erbringen. Man hoffte auf geometrische Figuren, die als Blickfang für die Erde in den Wüstensand gezogen wären, auf Blinksignale oder andere Lebenszeichen.

Aber abgesehen von immer feineren Kanälen und Seitenarmen zeigten sich keinerlei Spuren intelligenter Wesen. Die Marsmenschen, wenn es sie gab, hatten jedenfalls kein Interesse, sich bemerkbar zu machen.

Etwas anderes aber war den Astronomen aufgefallen: Auch auf dem Mars gibt es Jahreszeiten, die allerdings doppelt so lange dauern wie auf der Erde. Und mit den Jahreszeiten ändert sich das Gesicht des Planeten, das von zwei weißen Polkappen und – ähnlich wie der Mond – von hellen und dunklen Gebieten geprägt ist: Im Marsfrühling und -sommer gehen die Polkappen zurück, und gleichzeitig verändern die dunklen Gebiete etwas ihre Farbe und Ausdehnung. Was anderes konnte dies sein als Pflanzenwuchs, der bei zuneh-

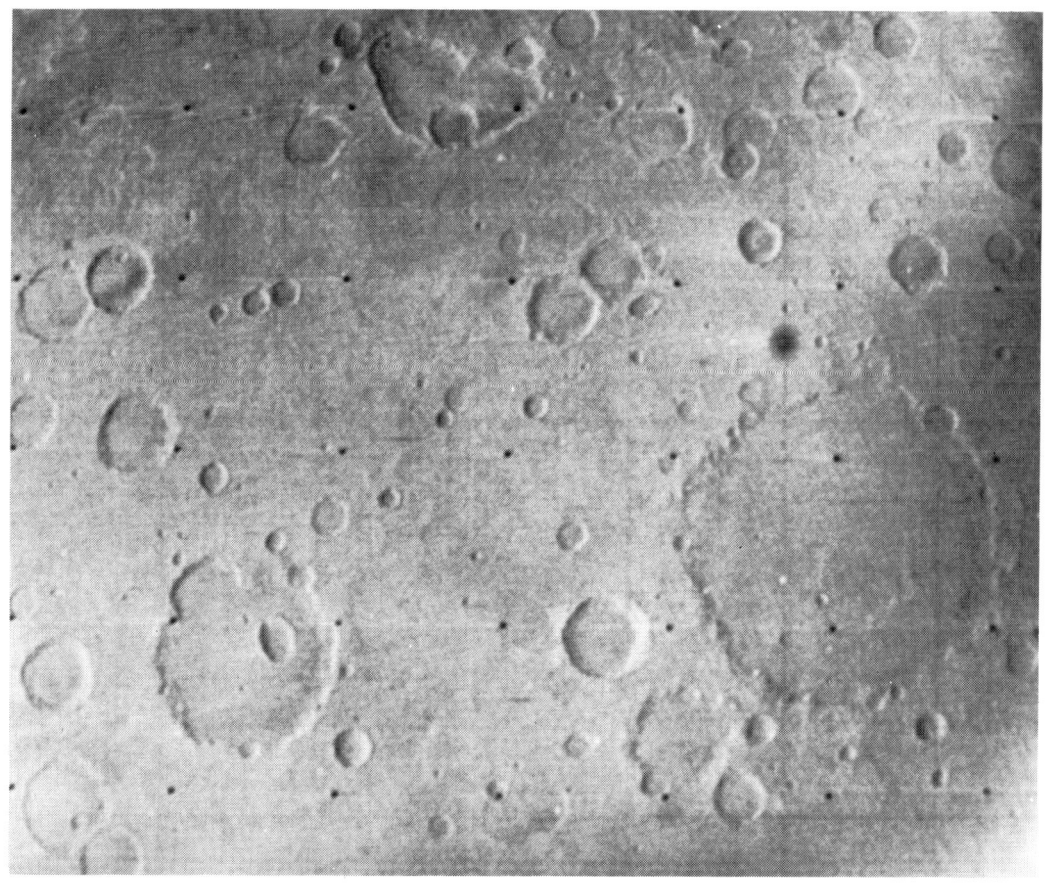

Abbildung 5: Enttäuschende Funkbilder: ein Krater neben dem anderen.

mender Wärme und Feuchtigkeit die wüstenfreien Marsregionen überzieht? Leben also, vielleicht Moose oder Flechten, schien der Mars zu beherbergen, aber das Rätsel um die Marskanäle und ihre Erbauer blieb weiter bestehen.

Überraschende Funkbilder

Endgültig wurde dieses Rätsel erst vor einigen Jahren gelöst – nicht mit Fernrohren und Teleskopen, sondern mit Raumsonden –, und die Lösung fiel weit radikaler aus, als die meisten erwartet hatten. Die Funkbilder der amerikanischen Marssonden »Mariner« aus den Jahren 1965 und 1969 zeigten einen öden, toten Mars, von Meteoritenkratern zernarbt wie der Mond. Keine Kanäle, kein Wasser, keine Vegetation!

Die Idee der Marskanäle oder gar Marsmenschen war mit diesen Bildern endgültig zerstört. Allen Spekulationen und Erwartungen, die sich daran geknüpft hatten, setzte der nüchterne fotografische Beleg ein Ende! Mars: ein wasserloser, steriler Planet – eine einzige Enttäuschung. Und dies nicht nur bezüglich der Existenz von Lebewesen, auch in geologischer Hinsicht: »Eine langweilige, uninteressante Landschaft! Keine Gebirgszüge, keine großen Verwerfungen, keine Anzeichen von Vulkanismus!«, so lautete damals (etwas voreilig, wie sich noch zeigen sollte) der enttäuschte Kommentar eines namhaften Fachmanns.

Und auch die jahreszeitlichen Veränderungen auf dem Mars, die man mit Pflanzenwuchs erklärt hatte, stellten sich schlicht als Sandverwehungen heraus – hervorgerufen durch heftige Frühjahrsstürme.

Mars hatte nicht gehalten, was man sich von ihm versprochen hatte. Aber wo eigentlich waren die »Canali« geblieben? Schiaparelli, Lowell und viele andere hervorragende

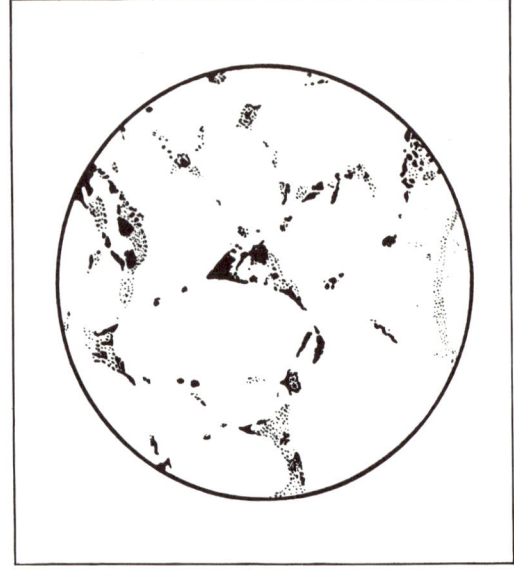

Abbildung 6: Aus etwa sechs Meter Abstand betrachtet, erscheinen in der Zeichnung dünne Linien. Eine optische Täuschung dieser Art liegt auch den vermeintlichen Marskanälen zugrunde.

Astronomen hatten sie ja mit eigenen Augen beobachtet und sogar übereinstimmend gezeichnet. Die Skeptiker unter den Interpreten sollten recht behalten: Die Marskanäle sind eine optische Täuschung. Unser Auge oder genauer: unser Gehirn neigt dazu, gerade noch erkennbare Punkte (etwa große Krater auf dem Mars) durch Linien zu verbinden. Der Leser mag sich selbst testen und den in Abbildung 6 gezeichneten »Mars« aus etwa sechs Meter Entfernung längere Zeit genau fixieren: Auch hierbei scheinen die dunklen Flecken auf einmal durch Linien miteinander verbunden. Nicht anders waren die »Kanäle« beim Beobachten der winzigen Marsscheibe zustande gekommen.

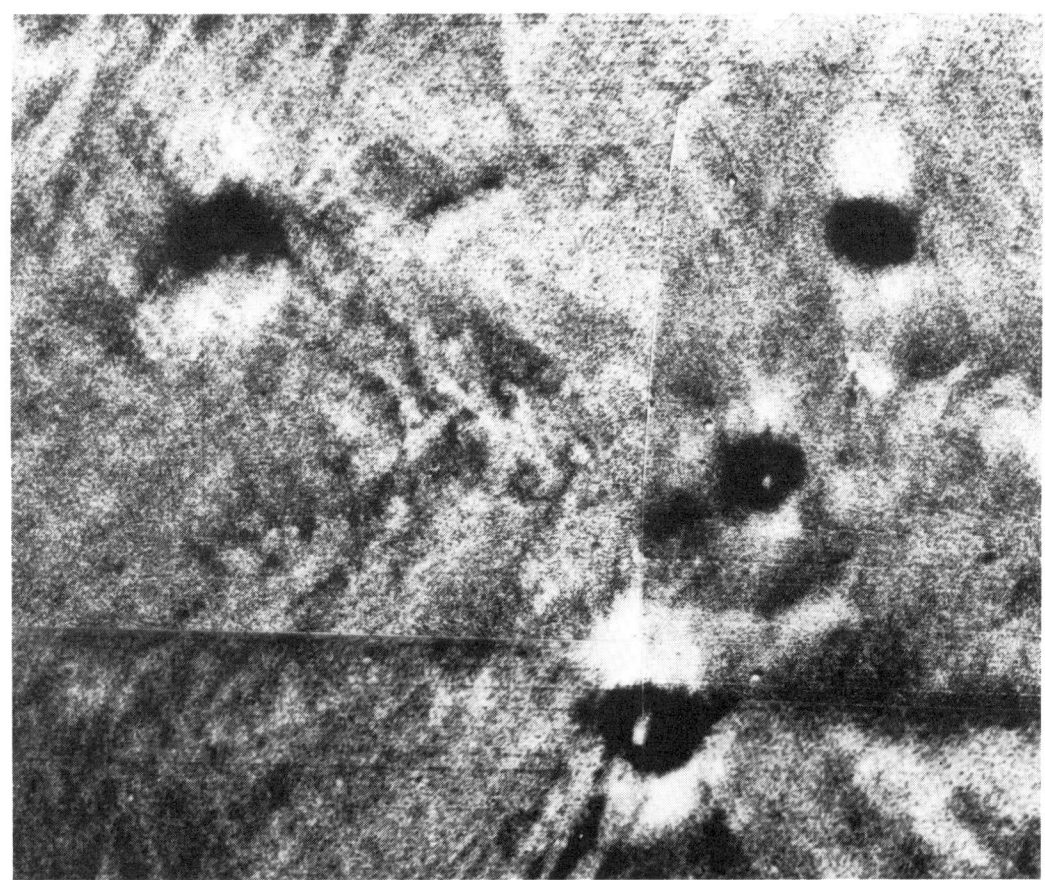

Abbildung 7: Sandsturm auf dem Mars – und vier rätselhafte dunkle Flecken.

Das neue Marsrätsel

Was die Menschheit fast ein Jahrhundert lang fasziniert hatte, war aufgeklärt, als Trugbild erkannt. Aber gleichsam, als hätte Mars es darauf angelegt, seine wahre Natur zu verbergen, wartete er mit einer neuen Überraschung auf, die abermals zum Umdenken zwang. Als Ende 1971 mit »Mariner 9« zum ersten Mal ein künstlicher Satellit den Mars umkreiste – die anderen Sonden waren nur vorbeigeflogen –, da funkte er aus seiner Umlaufbahn Fotos zur Erde, wie sie niemand erwartet hatte.

Die Bildergeschichte begann höchst spannend: Mars empfing die Sonde mit einem wahrhaft martialischen Sandsturm. Der ganze Planet war in undurchdringliche Sandschwaden gehüllt. Nirgendwo ein Durchblick auf die Oberfläche! Auf diesem Sandvorhang aber fielen vier dunkle, rätselhafte Flecken auf (Abbildung 7), die sich zunächst niemand erklären konnte. Erst als der Sturm sich legte, entpuppten sie sich als vier Vulkane von ungeheuren Ausmaßen: Wie Inseln hatten ihre Gipfel aus dem Sandmeer geragt. 25 Kilome-

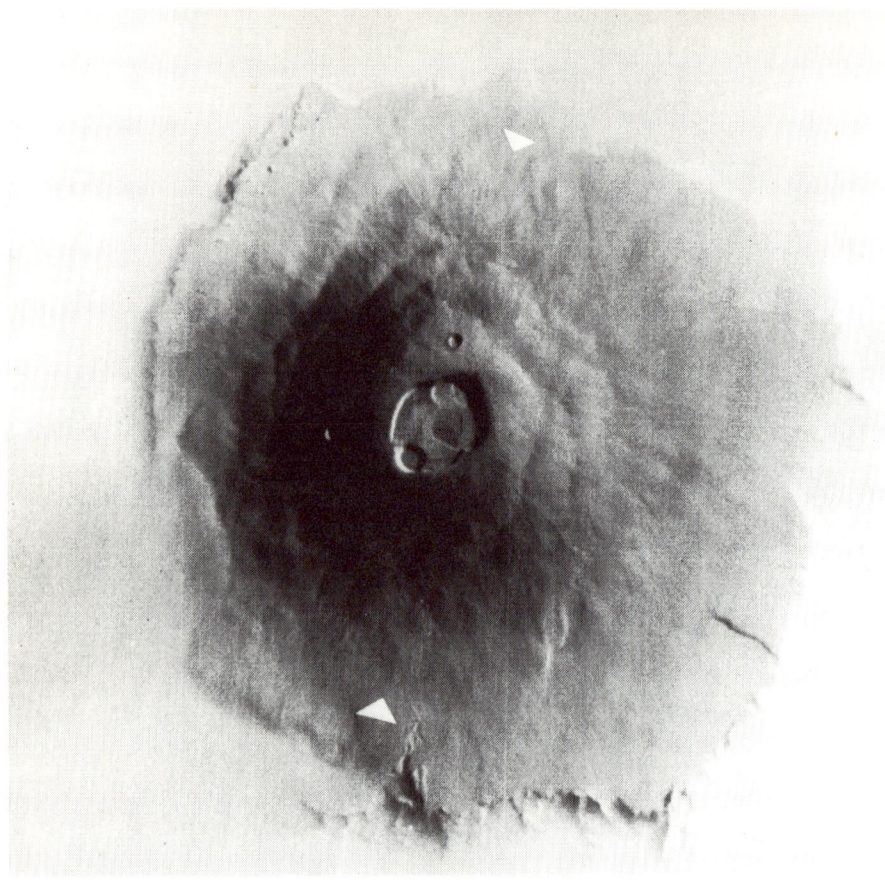

Abbildung 8: Nix olympica – ein Riesenvulkan, dreimal so hoch wie der Mount Everest. Die Entfernung zwischen den beiden eingezeichneten Marken beträgt 600 Kilometer.

ter hoch ist »Nix olympica«, der höchste dieser Riesenvulkane – dreimal so hoch wie der Mount Everest –, und an seiner Basis mißt der Vulkankegel 600 Kilometer. Auf vertrautere Verhältnisse übertragen hieße das: zwischen Heidelberg und Hamburg ein einziger unübersteigbarer Vulkan!

Ob Nix olympica und die anderen Marsvulkane endgültig erloschen sind, konnte Mariner 9 nicht klären. Manche Details sprechen für Fumarolen, also kleine Gasausbrüche an den Abhängen, andererseits war nirgends eine erhöhte Wärmeabstrahlung nachzuweisen. Fest steht jedoch, daß die Marsvulkane relativ jung sind, daß Mars also keineswegs ein alter, erkalteter, reifer Planet ist, wie man früher annahm – im Gegenteil, geologisch gesehen, scheint er jung, aktiv und in Bewegung zu sein.

Davon zeugt auch ein anderes marsianisches Naturwunder: eine Schlucht von kaum vorstellbaren Dimensionen. Fast 4000 Kilometer lang, über 200 Kilometer breit und 6000 Meter tief! Dieser gigantische Graben würde auf der Erde von Paris bis zum Ural reichen. Man

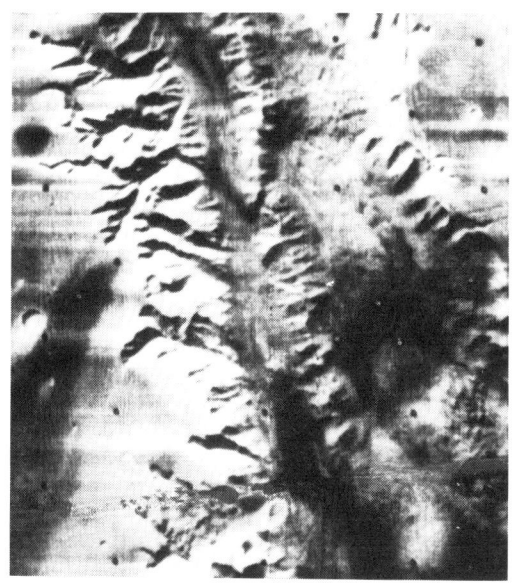

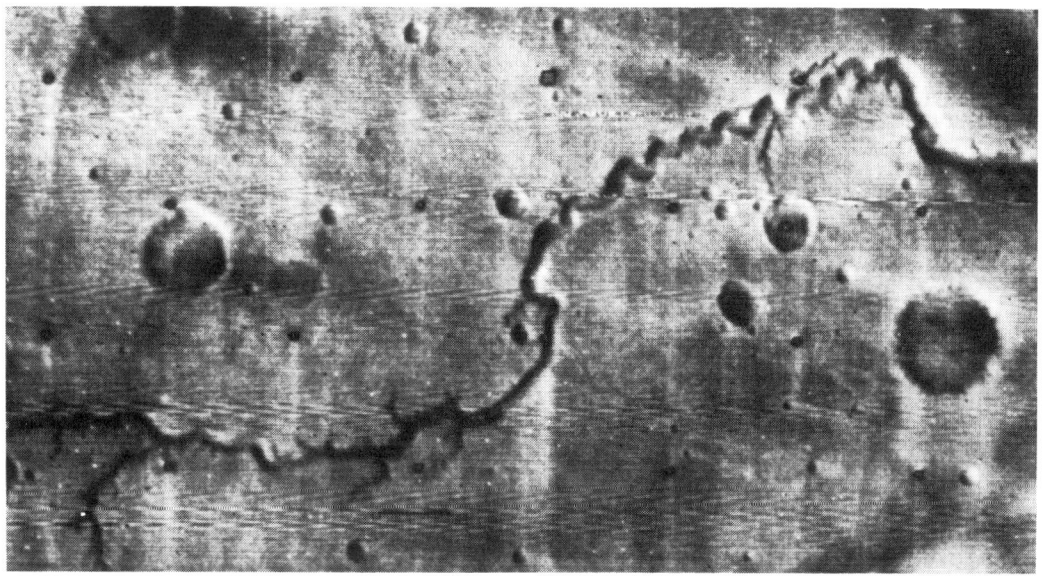

Abbildungen 9 und 10: Der Mars-Canyon (links) übertrifft mit seinen Ausmaßen alles Vergleichbare auf der Erde. Selbst der Grand Canyon in Arizona (rechts) würde daneben klein und unbedeutend wirken.

Abbildung 11: Ein Flußbett auf dem Mars: Irgendwann muß hier einmal reißendes Wasser geströmt sein.

könnte bequem die Alpen darin versenken, ohne daß ein Gipfel herausragte, und selbst der atemberaubende Grand Canyon in Arizona käme nicht über die Maße eines unbedeutenden Seitenarmes hinaus.

Es ermangelt nicht einer gewissen Ironie, daß die Astronomen jahrzehntelang den Mars mit eingebildeten Kanälen überzogen, eine reale, überdimensionale Schlucht aber, die fast ein Fünftel des Marsäquators umspannt, nicht erkannten.

Dieser gewaltige Mars-Canyon ist freilich anders entstanden als sein kleiner Bruder mit dem großen Namen. Hier auf der Erde fraß sich der Coloradofluß durchs Gestein, während die Superschlucht auf dem Mars das Resultat geologischer Absenkung ist. Wasser hat dabei keine Rolle gespielt – woher sollte es auch gekommen sein?

Doch gerade die letzte, so rhetorisch klingende Frage rückte schlagartig in den Mittelpunkt der Marsforschung, als Mariner 9 ein mäanderförmig gewundenes Tal erspähte (Abbildung 11). Erster Eindruck: ein Fluß, ein vertrockneter Flußlauf!

Und tatsächlich, auch die Fachleute hatten nach äußerst skeptischer Überprüfung nur dieselbe Erklärung: Irgendwann war hier einmal Wasser geflossen – und zwar in erheblichen Mengen! Wasser auf dem Mars!

Die anfängliche Skepsis war nicht ohne Grund gewesen, denn mit dieser sensationellen Entdeckung handelten die Wissenschaftler zugleich ein Bündel von Widersprüchen und ungelösten Fragen ein: Woher kam das Wasser? Und vor allem, wohin ist es verschwunden?

Bis heute sind diese Fragen nicht eindeutig zu beantworten, und fast scheint es, als hätten die rätselhaften Marsflüsse die Nachfolge der früheren Marskanäle angetreten. Eine Gruppe von Wissenschaftlern vermutet, daß Mars gerade eine Eiszeit durchmache und das Wasser, durch Dauerfrost im Boden gebunden, nur in wärmeren Klimaepochen wieder auftaue. Also periodisch wiederkehrende Eiszeiten auf dem Mars – nicht anders als auf der Erde (siehe Kapitel 4).

Einer anderen Hypothese zufolge sind die gesamten Wasservorräte des Mars beim Ausbruch der Riesenvulkane herausgeschleudert worden. Die ungeheuren Wasserdampfmengen aus dem Marsinnern führten zu lokalen Wolkenbrüchen, bis nach und nach die Pole als Kältefallen wirkten und seitdem das zu Eis gefrorene Wasser festhalten. Freilich, die Polkappen bestehen nur zu einem kleinen Teil aus Wassereis, der überwiegende Anteil ist gefrorenes Kohlendioxid.

Jede der Marshypothesen hat ihre Vorzüge und Ungereimtheiten. Sicher ist nur, daß gegenwärtig kein offenes Wasser auf dem Mars existieren kann: Die Temperaturen liegen dort fast überall unter dem Gefrierpunkt, und auch in den wärmeren Äquatorzonen ist der Luftdruck so minimal – wie bei uns in dreißig Kilometer Höhe –, daß jeder Wassertropfen sofort sieden und verdampfen würde. Trotzdem strömte in den Flußtälern einst reißendes Wasser!

Wo aber Wasser war – so folgern die Biologen unbeschadet der Sorgen von Physikern und Meteorologen –, da könnte auch Leben sein! Keine hochentwickelten Formen (hierzu sind die Marsbedingungen denn doch zu hart), aber Mikroorganismen vielleicht, die selbst lange Trockenperioden überstehen. Immerhin wissen wir von irdischen Bakterien, die nach jahrmillionenlangem Einschluß in Salzkristallen wieder zum Leben erweckt werden konnten, und im NASA Ames Research Center haben einfache Bodenbakterien einen aufschlußreichen Test bestanden: Sie wurden künstlichen Marsbedingungen ausgesetzt und überlebten.

Das Abenteuer der Lebenssuche auf dem »roten Nachbarn« ist wieder offen, und die Marssonde Viking hat eine Chance! Und wenn sie

1976 ihr Ziel erreicht, wird sie diese Suche nach einem raffiniert ausgeklügelten System vornehmen. Doch davon später! Zunächst ein Blick auf die übrigen Planeten unseres Sonnensystems. Wie stehen hier die Aussichten, auf Lebewesen zu stoßen?

Höllische Zustände auf der Venus

Der andere Nachbar der Erde ist die Venus. Auf einer inneren Bahn, also enger um die Sonne kreisend, kommt sie uns so nahe wie kein anderer Planet. Trotzdem: Es gibt nur vage Vermutungen, wie es dort aussehen könnte; eine kilometerdicke Wolkenschicht – etwa sechzig Kilometer über dem Venusboden – verhindert jeden Durchblick. Lediglich aus der Reflexion von Radarsignalen schließt man auf eine relativ glatte Oberfläche mit nur sanften Neigungen. Könnten dort Pflanzen oder Tiere beheimatet sein?

So groß und so schwer wie die Erde, noch nicht zu nahe bei der Sonne und im Besitz einer schützenden Atmosphäre, galt Venus lange als ein ausgesprochen lebensfreundlicher Planet. Amerikanische und vor allem sowjetische Raumsonden aber entlarvten sie als einen geradezu höllischen Himmelskörper, den wohl nie ein Astronaut betreten wird: fast fünfhundert Grad Celsius am Boden – Blei und Zinn würden schmelzen! Kein Sonnenstrahl, der die Wolkenschicht durchdringen könnte. Eine Atmosphäre so dicht, daß sie milchig ist wie Nebel und so schwer wie bei uns der Ozean in tausend Meter Tiefe. Was könnte solchen Bedingungen standhalten?

Auch die ersten sowjetischen Venus-Sonden, die an Fallschirmen landen sollten, setzten mit ihren Funksignalen aus, noch ehe sie den Boden erreicht hatten: Der ungeheure Luftdruck hat sie, so nimmt man an, einfach zerquetscht.

Die dichte, hauptsächlich aus Kohlendioxid bestehende Venusatmosphäre wirkt überdies als gigantisches Treibhaus: Kurzwellige Sonneneinstrahlung kann passieren, die langwellige Wärmeabstrahlung der Planetenoberfläche aber wird zurückgehalten. So wurde die Venus aufgeheizt wie kein anderer Planet des Sonnensystems. Und die Frage nach Leben beantwortet sich bei derartigen Temperaturen und Drucken von selbst: auf der Venus derzeit unmöglich! Derzeit – das schließt freilich nicht aus, daß auf der Venus irgendwann einmal – in einem späteren und kühleren Abschnitt ihrer Geschichte – eine biologische Evolution einsetzen kann. Auch auf der Erde, als sie sich anschickte, Leben hervorzubringen, herrschten finstere und chaotische Zustände – aber davon wird noch zu berichten sein.

Für Merkur, den sonnennächsten Planeten, besteht keinerlei Hoffnung. Bar jeder schützenden Atmosphäre, ist Merkur von Meteoriteneinschlägen zerbombt, schlimmer noch als der Mond, und eine große gleißende Sonne am stockschwarzen Himmel erhitzt das Gestein auf vierhundert Grad Celsius; nachts kühlt es aus auf minus zweihundert Grad. Leben ist dort undenkbar!

Merkur und Venus also scheiden aus bei der Suche nach außerirdischen Organismen. Wie steht es mit den äußeren Planeten, die weiter entfernt von der Sonne und entsprechend kälter sind? Da ist, neben dem vielversprechenden Mars, vor allem Jupiter, der *princeps* unter den Planeten, der, 47 Funkminuten von der Erde entfernt, mit einer Reihe von Superlativen aufwartet: Jupiter ist nicht nur der größte und schwerste Planet – 1318mal größer und 318mal schwerer als die Erde –, er rotiert auch am schnellsten: alle zehn Stunden ist ein Jupitertag um. Und Jupiter ist sicher auch der Ungewöhnlichste unter den Planeten, denn überwiegend aus Wasserstoff und Helium bestehend, ist er aus Sonnenmaterie aufgebaut.

Und genaue Messungen zeigen, daß Jupiter sich auch wie eine Beinah-Sonne benimmt: Er strahlt zwei- bis dreimal mehr Energie ab, als er empfängt – nicht nur als Wärme, sondern auch in Form von Radio- und Röntgenstrahlung. Vermutlich laufen in seinem Innern Kernverschmelzungsvorgänge ab wie in der Sonne.

Dies alles klingt recht exotisch und nicht gerade ähnlich irdischen Verhältnissen, dennoch knüpfen sich an Jupiter einige Erwartungen. Seine Atmosphäre enthält nämlich dieselben Gase wie die Uratmosphäre der Erde vor etwa vier Milliarden Jahren: Ammoniak, Methan und vor allem Wasser. Einige Wissenschaftler glauben deshalb, daß das Leben in der Gashülle des Jupiter eine Chance hatte oder noch haben wird. Vor allem der geheimnisvolle »Rote Fleck«, der in der Atmosphäre zu schwimmen scheint, ist Gegenstand biologischer Spekulationen. So hält der amerikanische Biologe Cyril Ponnamperuma dieses ovale, wabernde, Radiowellen aussendende Auge für »einen riesigen Kessel, in dem Bausteine des Lebens gebraut werden«.

Freilich, auch nach dem Vorbeiflug der Sonde Pioneer 10 im Dezember 1973 wissen wir längst nicht genug über Jupiter, über seine wolkenverhüllte Oberfläche, seine Atmosphäre und vor allem seine eigene »Heizkraft«, um ihn einstufen zu können: tote Welt, Brutstätte oder bereits Heimat von Lebensformen?

Jupiter jedenfalls dürfte die letzte Bastion sein, an die sich die Hoffnung, außerirdische Lebewesen zu finden, klammern kann. Weiter außen, auf den Planeten Saturn, Uranus, Neptun oder gar Pluto, ist es mit Sicherheit zu kalt. Selbst auf Saturn, dem sonnennächsten aus dieser Reihe, strahlt die Sonne hundertmal schwächer als bei uns, und zudem wird auch er von dichten Wolken abgeschirmt. Auf seiner Oberfläche herrschen nicht mehr als minus 180 Grad Celsius.

Rahmenbedingung für Leben

Zwischen dem tödlich kalten Saturn und dem ausgeglühten Merkur liegt eine gemäßigte Zone mit Leben – überquellend auf der Erde, möglicherweise auf dem Mars, ganz vielleicht auf Jupiter. Alle restlichen Planeten scheiden aus, denn als Rahmenbedingung für Leben – auch für außerirdisches Leben – müssen wir (wie es Christian Huygens schon vor dreihundert Jahren tat) die Existenz von Wasser fordern. Und zwar Wasser in flüssiger Form – als Lösungsmittel für die vielen chemischen Substanzen, die den Stoffwechsel eines Lebewesens besorgen. Und damit ist natürlich ein Temperaturbereich abgesteckt: Die Planetenoberfläche darf nicht dauernd über dem Siedepunkt oder unter dem Gefrierpunkt von Wasser liegen! Die Sonneneinstrahlung will genau bemessen sein. Die Dosis macht das Leben. Und so gesehen, ist es kein Zufall, daß wir gerade auf der Erde, auf dem dritten Planeten leben: nahe genug bei der Sonne, daß die Temperatur nie überall unter Null absinken kann, und doch weit genug, daß sie ebenfalls nie die Hundert-Grad-Marke erreicht. Dasselbe müssen wir von andern Planeten – irgendwo im Kosmos – fordern, sollen sie als Lebensträger in Frage kommen.

Und was ist mit den phantastischen Wesen der Science-fiction-Literatur? Mit lebenden Gas-Systemen etwa, mit Wesen, die sich von

Abbildung 12: Sowjetische Venussonde »Venera 8«. Am 22. Juli 1972 landete sie weich auf der Venusoberfläche. Gekühlte Instrumente sandten fünfzig Minuten lang Meßdaten zur Erde und bestätigten die »höllischen« Bedingungen auf dem Nachbarplaneten.

	Merkur	Venus	Erde	Mars	Jupiter	Saturn	Uranus	Neptun	Pluto
Durchmesser	0,4	0,9	1	0,5	11	9,5	4	4	0,5 (?)
Masse	0,06	0,8	1	0,1	318	95	14	17	0,2 (?)
Volumen	0,06	0,9	1	0,15	1318	769	50	59	(?)
Dichte (g/cm^3)	5,5	5,3	5,5	3,9	1,3	0,7	1,7	1,6	(?)
Gravitation	0,4	0,9	1	0,4	2,3	1,3	1	1,1	(?)
Monde	0	0*	1	2	12	10	5	2	0
Eigenrotation	59 Erdtage	243 Erdtage	1 Tag	1 Erdtag	10 Std.	10 Std.	11 Std.	16 Std. (?)	6 Erdtage
Umlauf um die Sonne	88 Erdtage	225 Erdtage	1 Jahr	1,9 Erdjahre	12 Erdjahre	30 Erdjahre	80 Erdjahre	164 Erdjahre	249 Erdjahre
Mittlerer Sonnenabstand	0,4	0,7	1	1,5	5	10	19	30	39

Abbildung 13: Planetendaten im Vergleich zur Erde. Fragezeichen bedeuten noch unbekannte oder unsichere Werte.

Radioaktivität ernähren, oder mit »feuerfesten« Organismen auf Silizium-Basis? Ist die Kein-Leben-ohne-Wasser-Bedingung nicht doch zu eng – oder gar eine neue Variante alten Mittelpunktdenkens: Warum soll ausgerechnet das wasserabhängige Leben der Erde als beispielhaft für alle Lebenskonzepte des Universums gelten? Zugegeben: Die erdachten Lebensentwürfe der Science-fiction sind nicht einfach naserümpfend abzutun; sie lassen sich theoretisch weder widerlegen noch beweisen. Dennoch: Will man die Wahrscheinlichkeit außerirdischen Lebens abschätzen, dann muß man das »Nur-Denkbare«, das »Höchst-Hypothetische« zugunsten des Wahrscheinlichsten ausklammern; denn denkbar ist im Grunde jede Art von Lebewesen (solange man keine detaillierten Bau- oder Funktionspläne anzugeben hat), und damit würde jede Abschätzung wertlos. Erst wenn man die Entwicklung von Leben an einschränkende Voraussetzungen knüpft – an Voraussetzungen, die sich vom einzig bekannten Fall, vom »Fall Erde« ableiten –, erst dann kann man nach ähnlichen Bedingungen im Kosmos fragen und die Lebenshäufigkeit abschätzen. Mag sein, daß wir damit das »Talent« des Kosmos zur Lebenszeugung unterschätzen, daß wir auf diese Weise nur die Mindestzahl lebensfreundlicher Planeten erfassen – selbst diese Zahl aber ist überwältigend groß.

Eine kleine Überschlagsrechnung: In unserer Galaxis, in der Milchstraße also, gibt es rund zweihundert Milliarden Sonnen, die als ganz normales Zubehör – wie man heute annimmt – ein Planetensystem besitzen. Aber nur ein kleiner Teil ist lebensverdächtig: Zunächst sind alle Doppelsterne auszuscheiden, die nur weit entfernte und daher sehr kalte Planeten um sich dulden. Dann bleiben noch vierzig Prozent aller Sonnen in der näheren Auswahl. Hiervon ist wieder nur ein Drittel geeignet –

die anderen sind entweder zu jung (die Entwicklung des Lebens braucht Zeit) oder zu strahlungsschwach. Und schließlich muß diese Zahl nochmals um zehn Prozent verringert werden, um alle ungleichmäßig strahlenden und pulsierenden Sonnen, die wohl kaum eine Lebensentwicklung zuließen, auszuklammern.

Insgesamt könnten hiernach zwölf Prozent aller Sonnensysteme als lebensfreundlich gelten, aber auch bei diesen wird nicht immer in der wohltemperierten Flüssigwasser-Zone gerade ein Planet sitzen. Man schätzt, daß dies nur in der Hälfte der Fälle zutrifft, und dann hätten noch sechs Prozent aller Sonnen einen lebensfreundlichen, erdähnlichen Planeten aufzuweisen: in der Milchstraße also zwölf Milliarden! Zwölf Milliarden Lebensmöglichkeiten!

Die große Frage ist natürlich, wie viele dieser Möglichkeiten genutzt wurden, wie viele dieser Schwesterplaneten der Erde tatsächlich Leben hervorgebracht haben. Die riesige Zahl – zwölf Milliarden – besagt zunächst gar nichts, auch wenn unser Gefühl dagegen spricht, daß zwölfmilliardenmal ganz ähnliche Anfangsbedingungen nur ein einziges Mal zum lebenden Erfolg geführt haben sollen – nämlich auf der Erde. Dem Gefühl ist hier nicht zu trauen. Große Zahlen sind immer nur relativ groß, und zwölf Milliarden könnten durchaus noch zu wenig sein. Ein Gedankenbeispiel mag dies verdeutlichen:

Angenommen, auf jedem dieser zwölf Milliarden Planeten sitze einer und würfle pausenlos – mit dem Ziel, 35mal hintereinander eine Sechs zu würfeln. Dann hätte – gemäß der Statistik – nach sechs Milliarden Jahren ununterbrochenen Würfelns gerade ein einziger diese Aufgabe geschafft – sonst keiner. 35mal eine Sechs zu würfeln, ist so unwahrscheinlich, daß auch die große Zahl der Würfler und eine Zeitspanne, die etwa dem Alter der Erde entspricht, dies nicht aufwiegen. Und wenn

ein ähnlich seltener Zufallstreffer notwendig war, um das Leben auf der Erde in Gang zu setzen, dann allerdings sähe es schlecht aus mit »Brüdern im All«. Entscheidende Frage also: Wie wahrscheinlich war irdisches Leben?

Wie wahrscheinlich war irdisches Leben?

Nirgendwo auf der Erde entsteht heute mehr Leben »von selbst«, aus toter Materie. Urzeugung findet nicht mehr statt. Über den Grund sind sich die Wissenschaftler einig: Zu sehr hat sich das Gesicht der Erde – gerade unter dem Einfluß ihrer Lebewesen – gewandelt (siehe Kapitel 5), als daß sich jener Urstart wiederholen könnte, mit dem vor etwa vier Milliarden Jahren unsere biologische Evolution anlief.

Es war ein turbulenter Start, denn alle Naturgewalten zugleich tobten damals auf der Erde: nicht endende Wolkenbrüche auf glühende Lavaströme, grelle Blitze im schwarzverhangenen Himmel – und eine sauerstofflose, giftige Atmosphäre. Und ausgerechnet dieses brodelnde Inferno, in dem wir keine Sekunde überstehen könnten, hat die ersten Keime des Lebens hervorgebracht! Unter dem Einfluß elektrischer Entladungen und energiereicher Strahlung entstanden in einer Kette von Gasreaktionen jene organischen Substanzen, die – im Wasser der Urozeane gelöst – als Lebensbausteine dienten.

So unwahrscheinlich es klingt, man kann diese Theorie im Experiment nachprüfen. Vor zwanzig Jahren mischte der damalige Biologiestudent Stanley Miller die vermutlichen Bestandteile der Uratmosphäre zusammen: Methan, Ammoniak, Wasserstoff, vor allem Wasserdampf. Das Gemisch leitete er mehrere Tage lang durch einen Glaskolben, in dem zwei Elektroden für eine Funkenstrecke, also Miniaturgewitter sorgten. Millers ebenso einfache wie geniale Idee hatte auf Anhieb Erfolg: Unter den Reaktionsprodukten fanden sich eine Menge organischer Substanzen – sogar Aminosäuren, also Eiweißbausteine, aus denen die Natur alle ihre Lebewesen aufbaut. Millers Versuche wurden vielfach abgewandelt – Elektronenbeschuß, Röntgenstrahlen, Licht oder Ultraschall statt der Blitze und auch andere, jedoch immer anorganische Ausgangsstoffe. Und stets braute sich eine Fülle organischer Substanzen zusammen, darunter auch Zucker, Milchsäure, Aminosäuren, Bestandteile von Nukleinsäuren – um nur eine minimale Auswahl zu nennen. Kein wichtiger Lebensbaustein, der nicht unter diesen nachgestellten urzeitlichen Bedingungen entstanden wäre!

Diese Experimente, die heute schon zum Repertoire vieler Chemiepraktika gehören, machen eines deutlich: Das organische Rohmaterial, aus dem Leben gemacht werden kann, entstand geradezu zwangsläufig aus primitiven Gasen und Wasser – als Folge gewöhnlicher chemischer Reaktionen. Und auch der nächste Schritt, ein Zusammenschluß zu sich selbst reproduzierenden Einheiten, gilt den meisten Evolutionsforschern heute als zwangsläufig und unausbleiblich.

Denn – so argumentieren sie – bei dem ungeheuren Angebot an Rohmaterial gab es nicht nur *eine* Möglichkeit eines lebensfähigen Zusammenschlusses. Im Laufe von Hunderten von Jahrmillionen sind zahllose, irgendwie geartete Lebenskeime entstanden und über kurz oder lang von ihrer aggressiven chemischen Umwelt wieder zersetzt worden. Nach den Berechnungen des Biologen Reinhard W. Kaplan genügten schon zehn Quadratkilometer Urozean für den Zusammenbau eines bereits hochkomplizierten Lebenskeimes. Und einer dieser »Entwürfe« war widerstandsfähig genug, um allen Angriffen zu trotzen: der Urahn irdischen Lebens!

Die Konsequenzen für außerirdisches Leben liegen auf der Hand: Wenn sich auf der Erde die Materie zwangsläufig zu komplizierten organischen Verbindungen und schließlich zu Leben organisierte, dann wird sie dies auch überall im Kosmos getan haben, wo die äußeren Bedingungen es zuließen. Allein in unserer Milchstraße – gar nicht zu denken an die Milliarden anderer Galaxien – wird auf unzähligen Himmelskörpern gelebt, gefressen, gestorben, aber auch gedacht und geforscht, beispielsweise darüber, ob es uns wohl gibt.

Unzählig sind diese Himmelskörper im eigentlichen Wortsinn; wir werden sie nie alle orten und zählen können (siehe Kapitel 2). Vorerst bleibt die Lebenssuche auf unser eigenes Planetensystem beschränkt. Und hier – neben vagen Hoffnungen auf Jupiter mit seiner ur-erdähnlichen Atmosphäre – bleibt Mars das einzige, vielleicht lohnende Ziel.

Automatische Lebenssuche

Bei den Vorbereitungen zum Projekt Viking waren zwei Kernfragen zu klären, die für jede automatische Lebenssuche auf einem fremden Himmelskörper Gültigkeit haben.

Erstens: Wie findet die Sonde einen geeigneten, das heißt möglichst vielversprechenden Landeplatz?

Zweitens: Wie stellt sie fest, ob es dort irgendwie geartete Lebensformen gibt?

Gerade auf dem Mars, wo Leben – wenn überhaupt – nur spärlich vertreten sein wird, ist die Wahl des Landeplatzes von vitaler Bedeutung. Selbst auf der Erde müßte eine Raumsonde außerirdischer Intelligenzen gezielt landen – sonst könnte es passieren, daß sie in der Sahara niedergeht und zurückfunkt: Planet Erde unbewohnbar – nur Sand!

Wo also soll Viking landen? Sicher dort, wo die lebensfreundlichsten Bedingungen herrschen, oder umgekehrt formuliert: wo die Bedrohung für Leben am geringsten ist. Eine solche Bedrohung aber besteht auf dem Mars

Abbildung 14: Landeteil der Raumsonde Viking. Der lange Greifarm vorne links soll Bodenproben entnehmen. Die beiden »Türme« sind ausfahrbare Stereo-Farbkameras. Vorne rechts der meteorologische Meßfühler.

gleich in dreifacher Hinsicht:
erstens durch die tiefen Temperaturen, vor allem nachts,
zweitens durch den Wassermangel,
drittens durch die hohe UV-Strahlung.
Zunächst zur gefährlichen Ultraviolett-Strahlung der Sonne – gefährlich deshalb, weil sie in der Lage ist, Mikroorganismen abzutöten oder komplizierte organische Verbindungen aufzubrechen. Unter dem Beschuß dieser energiereichen Strahlung muß jeder Versuch der Lebensentstehung im Keim ersticken.

Auf der Erde wird die UV-Strahlung größenteils durch den Ozongehalt der Lufthülle abgeschirmt. Nicht aber auf dem Mars: Seine überaus dünne Atmosphäre enthält auch hundertmal weniger Ozon, und die Frage ist, ob dies als Schutzschirm genügt? Die Fachleute sind unterschiedlicher Ansicht, doch man wird für Viking einen Landeplatz wählen, der möglichst viel Atmosphäre über sich hat, also möglichst tief liegt.

Die Forderung nach Feuchtigkeit spricht für ein Landegebiet mit dem höchsten Wasserdampfgehalt in der Atmosphäre, und die milden Temperaturen findet man am ehesten in der Äquatorzone.

Möglichst tief, möglichst feucht, möglichst warm – nach diesen Gesichtspunkten also werden Vikings Meßgeräte während zahlreicher Marsumrundungen nach dem günstigsten Landeplatz Ausschau halten. Dann erst steigt der eigentliche Landeteil ab.

Und hier beginnt ein prinzipielles Problem, die Kernfrage Nummer 2: Wie soll man nach etwas suchen, was man gar nicht kennt? Der lange Greifarm der Sonde wird im Marsboden schürfen und eine Probe entnehmen – aber wie soll diese Probe auf Marsmikroben getestet werden, solange keine einzige Eigenschaft von Marsmikroben bekannt ist? Auch in diesem Fall kommt man – wie schon bei der Frage nach den grundsätzlichen Rahmenbedingungen für außerirdisches Leben – um gewisse Annahmen nicht herum. Man muß eine möglichst allgemeine Eigenschaft von Leben voraussetzen, um dann nach diesem Erkennungsmerkmal suchen zu können.

Allgemeinstes Kennzeichen irdischer Lebewesen ist ihr Stoffwechsel: Alle Organismen nehmen Moleküle aus der Umgebung auf, um daraus ihre Betriebsenergie sowie Materialnachschub zu gewinnen, und scheiden Abfallprodukte aus. Ob das im einzelnen durch Ernährung oder Atmung oder Photosynthese geschieht, braucht hier nicht zu interessieren, aber Leben – auch außerirdisches Leben – ohne irgendeine Art von Stoffaustausch mit der Umgebung ist für uns unvorstellbar.

Die Bodenprobe wird unter mehrere Miniaturlabors aufgeteilt, zusammen mit Marsatmosphäre. Sollten sich in der Probe irgendwelche stoffwechselnden Organismen aufhalten, dann müßte sich auch die umgebende Atmosphäre im Laufe der Zeit ändern. Die Gaszusammensetzung wird daher genauestens überwacht: Jede andauernde Veränderung ist ein Hinweis auf Leben!

Allerdings können auf diese Weise keine ruhenden Lebenskeime festgestellt werden – etwa Sporen, aus früheren und feuchteren Marstagen stammend. Um auch derartige Lebensformen wieder zu aktivieren und zu erfassen, wird ein Teil der Bodenprobe mit Nährlösung getränkt. Unsicherheit besteht freilich in der Größe des Wassermitbringsels von der Erde. Auch bei uns gibt es ja Pflanzen, die bei zuviel Wasser eingehen. Man schließt daher ein weiteres Experiment an, in dem die eingesammelten Bodenkrumen nur minimal befeuchtet werden.

Sollte irgendeines dieser Experimente positiv ausfallen, dann läuft sofort ein Kontrollversuch an, der sicherstellt, daß wirklich Lebensprozesse und nicht irgendwelche anderen Reaktionen oder »Dreckeffekte« angezeigt wurden: dasselbe Experiment, zuvor jedoch erwärmen Heizspiralen die Probe drei Stunden lang auf 160 Grad Celsius – das sichere Ende aller darin enthaltenen Organismen. Erst wenn diese Gegenprobe anders ausfällt als das Originalexperiment, wenn also der Stoffwechsel unterbleibt – erst dann steht fest: Viking hat Leben entdeckt!

Die nächste große Frage würde dann lauten: was für Leben? Besteht es aus denselben zwanzig Aminosäuren, aus denen alles irdische Leben – vom Bakterium bis zum Menschen – aufgebaut ist? Wird die Erbinformation dort auch in Ketten von Nukleinsäuren gespeichert? Oder gibt es ganz andere Makromoleküle, gänzlich andere Bauprinzipien?

Viel nachhaltiger aber als diese wissenschaftliche Ausbeute könnte das Ereignis als solches wirken. Der Haupterfolg von Magellans Weltumsegelung lag auch nicht in den mitgebrachten Schätzen, sondern im handfesten Beweis für bislang graue Theorie. Und der handfeste Beweis für außerirdisches Leben dürfte auf lange Sicht unser Bewußtsein nicht minder prägen als die Erkenntnis, auf einer frei schwebenden Kugel zu wohnen.

Ein Dorf in der Milchstraße

Vor dem Himmel das Fegefeuer: Vierzigstündige Hitze über hundert Grad wird der Marssonde Viking die letzten Spuren niederen irdischen Lebens austreiben. Dann erst darf sie in den Himmel abheben, um pünktlich zum zweihundertsten Jahrestag der amerikanischen Unabhängigkeitserklärung auf dem Mars zu landen.

Mit dieser Hitzeprozedur soll ein peinlich-ärgerlicher Irrtum vermieden werden: Die Sonde könnte irdische Mikroorganismen auf den Mars verschleppen und sie alsdann mit ihren hochempfindlichen Meßgeräten als marsianische Lebensformen wiederentdecken – zum Jubel der Wissenschaftler auf der Erde.

Aber nicht nur gegen derartigen Selbstbetrug ist die Hitze-Sterilisation gedacht. Weit folgenschwerer wäre eine Verseuchung des Mars mit Erdbakterien oder eine Impfung des vielleicht unbelebten Planeten mit irdischen Lebensformen, die sich in unvorhersehbarer Richtung weiterentwickeln könnten. Ein solcher Schöpfungsakt aus Gedankenlosigkeit stünde einer Raumfahrtkultur schlecht zu Gesicht.

Nicht immer freilich mögen Raumfahrer so gedacht haben. Thomas Gold, namhafter US-Wissenschaftler, mutmaßte schon vor anderthalb Jahrzehnten, wir hätten uns aus jenen Mikroorganismen entwickelt, die frühere Besucher der Erde vor Milliarden Jahren in ihrem Müll zurückließen.

Aber auch Theorien entwickeln sich weiter. Die neueste Variante des »gestifteten Lebens« stammt von keinem geringeren als Francis H. Crick, für seine Beteiligung am Knacken des genetischen Codes genobelt. Solange nicht eindeutig bewiesen ist – so argumentiert Crick –, daß das Leben im Eigenbau auf der Erde entstand, solange muß man Alternativen durchdenken.

Seine Alternative: Vor langer Zeit gab es eine technische Kultur, die – zu Recht oder irrtümlich – herausfand, daß außer ihr nichts Lebendiges im Kosmos sei. Aus einem verständlichen Sendungsbewußtsein heraus sandten diese Wesen unbemannte, jedoch tonnenweise mit Algen oder Mikroben beladene Raketen gezielt zu anderen wohnlichen Planeten. Auch zur Erde. Und da Mikroorganismen ideale Raumfahrer sind, was Lebenszeit, Unterbringung und Strahlenresistenz angeht, überstanden sie die lange Reise – vielleicht Jahrhunderttausende – ohne Schaden. Sie vermehrten sich kräftig in der neuen Heimat ... und ihre Nachfahren leben heute noch.

Die ernsthafte Prüfung dieser Theorie, die tatsächlich die Schwächen früherer »Infektions-Hypothesen« vermeidet, müßte nach Crick ganz neue Forschungsgebiete eröffnen: theoretischer Entwurf eines Algen-Raumfrachters. Automatische Ansteuerung eines fremden Planeten. Weltraumtest von Mikroorganismen. Algenzucht unter den Bedingungen der Urerde.

Es winken lohnende Ziele. Vielleicht sind die Lebensspender selbst noch am Leben? Oder vielleicht verfügten sie seinerzeit nur über Kurzstrecken-Raketen, dann könnten wir nicht zu weit entfernt auf unsere kosmischen Vettern treffen? Und »vielleicht ist die Milchstraße tatsächlich ohne Leben außer diesem kleinen abgelegenen Dorf, zu dem auch die Erde gehört«.

Ob Cricks Vettern-Idee viele Anhänger finden wird, muß allerdings fraglich erscheinen. Denn nach dieser Theorie, in der das fertige Leben vom Himmel fiel, wäre es ein merkwürdiger Zufall, daß alle wichtigen Lebensbausteine auch abiotisch unter den Bedingungen der Uratmosphäre entstehen konnten.

Vettern oder nicht – werden wir ihnen jemals begegnen? Werden wir jemals mit außerirdischen Intelligenzen Kontakt aufnehmen – wie es zum Alltag der Science-fiction gehört?

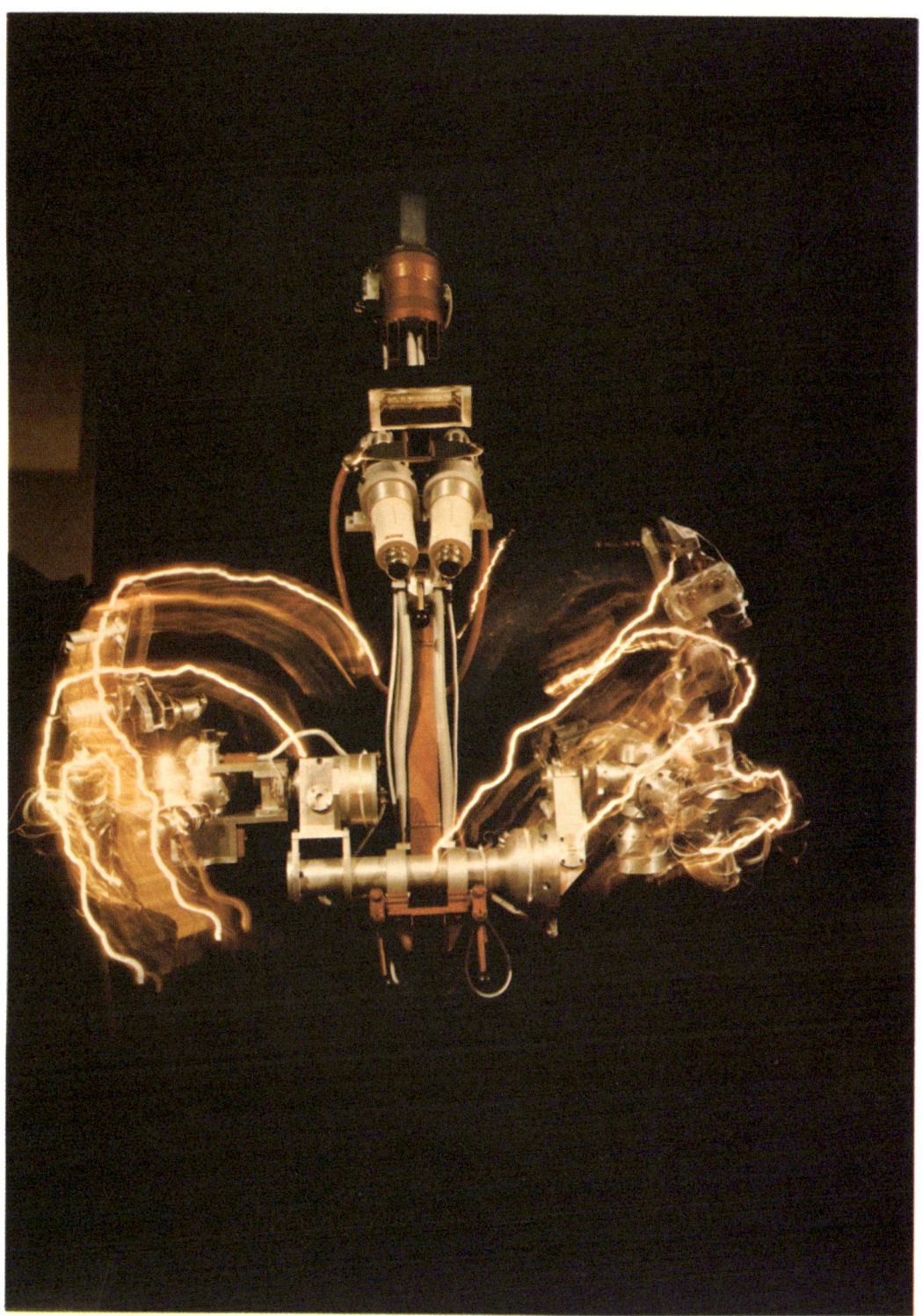

2 Science-fiction – Wirklichkeit von morgen?

Zu einer Zeit, als die Dampfmaschine noch die Spitze technischen Fortschritts bildete, schickte Jules Verne bereits Menschen zum Mond. Mehr noch: In vielen Punkten hat sein Mondflug die Zukunft bis ins Detail vorweggenommen. So verlegt Jules Verne das Projekt des Mondflugs in ein damals zweitrangiges Land, in die Vereinigten Staaten von Amerika. Er setzt seine Raumfahrer bereits der Schwerelosigkeit aus und führt – am Beispiel des toten Hundes »Trabant« – ein Aussteigemanöver vor. Die Wasserung des Mondgeschosses zeigt die entscheidenden Merkmale eines heutigen *splash down,* und schließlich liegt die »Moon-City« Jules Vernes in unmittelbarer Nähe des NASA-Startplatzes Cape Kennedy. Gerade das letztere, Jules Vernes Wahl des Startplatzes, muß wie bare Prophetie anmuten, tatsächlich aber ist es ein Beispiel brillanter Science-fiction. Jules Verne nämlich, nachdem er Amerika als Mondnation auserkoren hatte, ertüftelte ein Kriterium für den günstigsten Startplatz: Er sollte möglichst viel der Erdrotation ausnutzen, also möglichst nahe am Äquator liegen. So verfiel Jules Verne auf die Halbinsel Florida. Konsequentes Durchdenken eines utopischen Sachverhaltes hat ihn zum selben Ergebnis geführt wie die amerikanische Weltraumbehörde – lediglich ein Jahrhundert früher.

Diese Logik in der Sache ist es, die Verne vielen seiner heutigen Kollegen voraushat. Denn nicht jede spannende Geschichte aus dem Jahr 2000 wäre deshalb schon Science-fiction – und schon gar nicht, wenn sie alle Kennzeichen einer auf Raumanzüge und Laserpistolen umgerüsteten Wildweststory trägt.

Aber neben »kosmischen Reißern« dieser Art gibt es heute eine ganze Reihe hervorragender Science-fiction-Literatur. Werden ihre Autoren ebenso falsch eingeschätzt wie einst Jules Verne, der als Phantast gefeiert und als Prophet verkannt wurde? Beschreiben sie vielleicht auch ein Stück Wirklichkeit von morgen? Um diese Frage geht es auf den folgenden Seiten. Dabei sind aus der Vielfalt der Science-fiction zwei faszinierende Konzepte herausgegriffen: Zeitreisen in Vergangenheit und Zukunft sowie Begegnungen mit außerirdischen Intelligenzen.

Reise in die Zeit

In Science-fiction-Geschichten ist es möglich: Sie besteigen eine Zeitmaschine, wählen ein Datum, etwa 1200 v. Chr., und finden sich mitten im Kampfgewimmel um Troja wieder. Und selbstverständlich können sie mit einem ordentlichen Modell auch in der anderen

Abbildung 1: Sind menschenähnliche Roboter die Astronauten der Zukunft? Schon heute beherrschen sie – ferngesteuert – erstaunliche Fähigkeiten und Bewegungsabläufe.

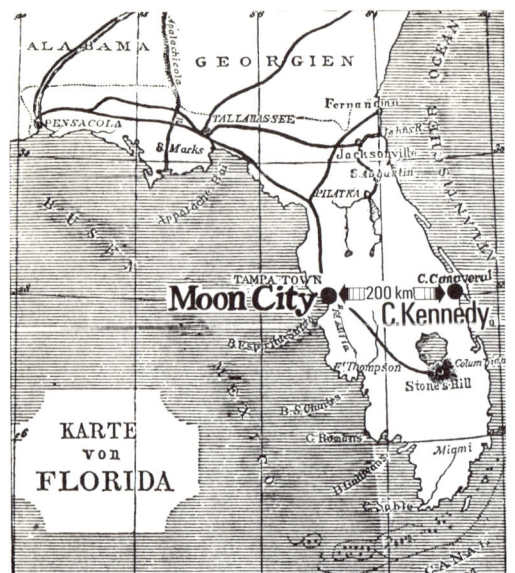

Abbildungen 2, 3 und 4: Hundert Jahre vor dem Apollo-Projekt der NASA ließ Jules Verne seine Helden bereits zum Mond fliegen. Startplatz war »Moon City« in Florida – nur 200 Kilometer von Cape Kennedy entfernt. Ebenso verblüffend: Wasserung und Bergung des Mondgeschosses ähnelten dem *splash down* einer Apollo-Kapsel bis in die Einzelheiten. Jules Vernes Phantasien wurden Wirklichkeit, schildert heutige Sciencefiction die Wirklichkeit von morgen?

Abbildung 5: Wissenschaftler erwarten die Rückkehr eines Zeitreisenden. Szene aus der TV-Reihe »Time Tunnel«.

Richtung reisen: zu ihren Ur-Urenkeln in die Zukunft. Wird es das jemals geben?
Die Idee einer Zeitmaschine scheint gar nicht so abwegig. Denn schon einmal hat unsere jahrtausendealte Vorstellung von der Zeit einen gewaltigen Stoß erhalten: durch die Relativitätstheorie Einsteins, in der die Zeit die Rolle einer vierten Dimension spielt. Warum sollte man in diese vierte Dimension nicht ähnlich reisen können wie mit Flugzeug oder Rakete durch die räumlichen Dimensionen? Aber die Zeit unterscheidet sich (übrigens auch in der Relativitätstheorie) sehr wohl von einer räumlichen Dimension. Sie läuft nämlich stets in einer Richtung ab, sie kann nicht umgekehrt werden wie etwa die Fahrtrichtung auf einem Schienenstrang. Die Zeit ist eine Einbahnstraße.

Die Physiker haben diese Eigenschaft exakt formuliert, aber sie gehört auch zu unserer alltäglichen Erfahrung: Bei rückwärtslaufender Zeit müßten auch alle Vorgänge wie in einem rückwärts projizierten Film ablaufen. Eine zerbrochene Tasse beispielsweise würde sich aus den Scherben zusammenfügen. »Spontane Tassenbildungen« dieser Art wurden aber noch nie beobachtet.

Die einseitige Ablaufrichtung der Zeit nimmt den Physikern auch auf lange Sicht die Hoffnung, durch die Jahrhunderte reisen zu können. Aber nicht nur die Physik verbietet Zeitreisen, auch unsere Logik gerät dabei in Schwierigkeiten. Verfolgen Sie bitte die traurige Geschichte eines Mädchens, das seinen Liebeskummer für immer aus der Welt schaffen wollte (Abbildung 6).

Die Frage ist bei dieser Geschichte nicht, wie es zu einem Happy-End kommt, sondern wie es überhaupt zu einem Ende kommt. Unlösbare Widersprüche dieser Art lassen die Chance für eine künftige Zeitmaschine schrumpfen.

Und noch ein letztes Argument: Für die zukünftigen Erfinder einer Zeitmaschine wäre es ein leichtes, ins 20. Jahrhundert zurückzureisen. Warum hat uns noch niemand besucht? Für diese Leute müßte unsere Zeit doch zumindest von historischem Interesse sein. Es steht also schlecht um eine Reise in die Zeit, sie wird auch weiterhin den Science-fiction-Liebhabern vorbehalten bleiben. Sind die Aussichten auf eine Reise in den Kosmos besser?

Reise in den Kosmos

Der 4. März 1972 ist ein denkwürdiges Datum für die Raumfahrt. Damals wurde die Sonde Pioneer 10 gestartet, das erste technische Gerät, das unser Sonnensystem verlassen und ins offene Weltall treiben wird. Pioneer 10 passierte Ende 1973 den Jupiter und wurde durch dessen Gravitationskräfte endgültig auf eine freie Bahn ins Weltall geschleudert. Wozu eigentlich?

Pioneer 10 trägt eine Botschaft für außerirdische Intelligenzen an Bord. Die Empfänger sind zwar unbekannt, aber daß es mögliche Empfänger gibt, darüber sind sich Wissenschaftler und Science-fiction-Autoren einig. Denn nach einer Überschlagsrechnung (siehe Kapitel 1) haben sechs Prozent aller Fixsterne in unserer Milchstraße einen erdähnlichen Planeten. Und wenn erdähnliche Bedingungen zwangsläufig zu Leben führen – wie die meisten Wissenschaftler heute annehmen – dann existieren augenblicklich zwölf Milliarden Kulturen allein in unserer Galaxis.

Treibt man das Zahlenspiel noch einen Schritt weiter und verteilt diese Kulturen gleichmäßig auf die Milchstraße, dann sind unsere Nachbarkulturen durchschnittlich achtzehn Lichtjahre entfernt.

Was für Kulturen könnten das sein? Wir neigen leicht dazu, sofort an Zivilisationen mit hochentwickelter Supertechnik zu denken: Roboter als Sklaven, Beherrschung der biologischen Lebensvorgänge, Raumfahrt als Selbstverständlichkeit. Aber das hieße wiederum, unsere momentane irdische Entwicklung zu überschätzen. In kosmischem Maßstab nämlich stellen technische Leistungen und Ambitionen einer Kultur allenfalls eine Durchgangsphase dar.

Viel wahrscheinlicher ist, daß unsere Milchstraßen-Nachbarn ganz andere nichttechnische Kulturen aufgebaut haben, wie es jahrtausendelang auch auf der Erde der Fall war, oder daß sie dem »finsteren Elektronikzeitalter« längst entronnen sind. Vielleicht aber – auch diese Möglichkeit wurde schon lange von Science-fiction-Autoren gesehen – sind sie nur noch kränkliche Überlebende einer

Abbildung 6: Die Möglichkeit von Zeitreisen würde zu unlösbaren Widersprüchen führen.

Verfolgen Sie die traurige Geschichte

Es war einmal ein schönes Mädchen, das weinte bitterlich vor Liebesleid: Ach hätte ich doch nie gelebt!

Um sich diesen Wunsch zu erfüllen, nahm sie einen Revolver, betrat eine Zeitmaschine und reiste in die Vergangenheit...

...um ihren Großvater zu erschießen.

Großvater sinkt tot zu Boden. Also hat sie nie gelebt.

Wenn sie aber nie gelebt hat, wie hätte sie Großvater töten können? Also darf er wieder leben.

Folglich lebt auch die Enkeltochter, die den Revolver hebt...

selbstzerstörerischen technischen Entwicklung.

Auf der Erde haben wir derartige Möglichkeiten noch offen, und schon deshalb könnte ein Besuch bei unseren Nachbarkulturen enorme Bedeutung bekommen – auch wenn uns dort keine technischen Errungenschaften erwarten. Achtzehn Lichtjahre entfernt also ein lohnendes Ziel der Raumfahrt!

Wollten wir aber auf eine technische Kultur treffen, die uns dank eigener Raumfahrterfahrung vielleicht bei Landung und Rückstart behilflich wäre, dann müßten wir wesentlich weiter reisen. Denn auf dem einen Planeten mag das technische Zeitalter noch gar nicht angebrochen sein, während es auf einem andern bereits der Vergangenheit angehört – zu Ende gegangen durch Degeneration der Bevölkerung oder durch Krieg oder einfach durch andere, nachtechnische Interessen. Es ist schwer abzuschätzen, wie lange die hochtechnisierte Phase einer Kultur dauern könnte. Die unsrige hat gerade erst begonnen, aber angesichts der zahlreichen, uns zur Verfügung stehenden Vernichtungsmöglichkeiten scheinen 100000 Jahre schon recht hoch angesetzt. Trotzdem, um gerade eine solche 100000jährige Epoche auf einem Planeten zu erwischen, müßten wir achthundert Lichtjahre weit reisen. Erst achthundert Lichtjahre entfernt – statistisch gesehen – leben technisch versierte Intelligenzen!

Ist es bei immer leistungsfähigeren Raketen nur eine Frage der Zeit, bis wir sie besuchen? Es ist eine Frage der *Reisezeit!* Denn achthundert Lichtjahre, die Strecke also, für die ein Lichtstrahl achthundert Jahre braucht, ist eine unvorstellbare Entfernung. Wenn der Abstand Erde-Mond, die bisher größte Distanz bemannter Raumfahrt, auf diese Länge schrumpfen würde: ———, dann müßten wir selbst in diesem Maßstab noch Raumfahrt betreiben, um unsere technische Nachbarkultur zu erreichen. Sie läge nämlich auf dem Mond.

Wird es einer zukünftigen Technologie gelingen, derartige Entfernungen zu überbrücken?

Raketen von morgen

Das in Frage kommende Verkehrsmittel hierfür kann nur die Rakete sein. Eine andere Antriebskraft als das Rückstoßprinzip ist im leeren Weltraum nicht denkbar. Das Ziel der Raketenbauer ist also vorgegeben: möglichst schneller Raketenstrahl aus der Düse.

Unsere heutigen chemischen Antriebe bilden hierbei erst einen kümmerlichen Anfang: Sie erlauben nicht einmal den Personennahverkehr innerhalb unseres Planetensystems.

Abbildung 7: Raumflüge mit Atomantrieb oder Wasserstoffantrieb liegen noch in ferner Zukunft. Aber selbst damit fallen die Reisezeiten hoffnungslos lang aus.

Ziel	Entfernung	Reisezeit (hin und zurück)	
		Atomantrieb	Wasserstoffantrieb
Nächster Fixstern	4 Lichtjahre	40 Jahre	21 Jahre
Nächste Kultur	18 Lichtjahre	380 Jahre	180 Jahre
Technische Kultur	800 Lichtjahre	17 000 Jahre	8 000 Jahre

Abbildung 8: Bei Annäherung an die Lichtgeschwindigkeit läuft die Zeit im Raumschiff langsamer ab. Die Mannschaftsmitglieder spüren davon nichts, aber im Vergleich zu Erdbewohnern altern sie entsprechend langsamer. Eine Lösung des Zeitproblems bei interstellaren Flügen?

Aber bessere Antriebssysteme sind bereits konzipiert: Ionentriebwerke, Atomtriebwerke. Und die heute noch utopische »Zähmung der Wasserstoffbombe« mag dereinst zum Wasserstoffantrieb führen.

Aber der Fahrplan für eine 3-Stufen-Rakete (Abbildung 7) zeigt, daß selbst dieser utopische Antrieb die Reisezeiten noch hoffnungslos lang ausfallen läßt: Der (unsterbliche) Odysseus, wäre er seinerzeit mit einem derartigen Raumschiff gestartet, hätte bis heute noch keine achthundert Lichtjahre zurückgelegt.

Betrachten wir deshalb das Nonplusultra aller Raketenträume: die Photonenrakete. Hier ist der Raketenstrahl ein gewaltiges Lichtbündel, das durch restlose Zerstrahlung von Materie entsteht. Mehr Energie und höhere Strahlgeschwindigkeit liefert kein Antrieb dieser Welt. Die Photonenrakete ist nicht zu überbieten! Tatsächlich käme man damit hart an die höchste Geschwindigkeit, die nach der Relativitätstheorie überhaupt möglich ist: Unsere 3-Stufen-Rakete würde eine »Spitze« von 98 Prozent der Lichtgeschwindigkeit aufbringen.

Die Zeit ist dehnbar

Derartig hohe Geschwindigkeiten verkürzen die Reisezeit in doppelter Hinsicht. Einmal, weil die Flugstrecke schneller durcheilt ist, zum andern aber – und das scheint jeder Erfahrung zu widersprechen –, weil die Zeit im Raumschiff langsamer abläuft. Tatsächlich wird die Zeit – das ist ein gesichertes Ergebnis der Relativitätstheorie – bei Annäherung an die Lichtgeschwindigkeit »gedehnt«. Die Vorstellung einer überall gleichmäßig ablaufenden Zeit wird ungültig: Das Raumschiff hat seine »Eigenzeit« gegenüber der »Erdzeit«.

Bei 98 Prozent der Lichtgeschwindigkeit können Astronauten bereits einen beträchtlichen »Zeitgewinn« verbuchen: Sie altern fünfmal langsamer als ihre Kollegen auf der Erde.

Ist diese relativistische Zeitdehnung das Ei

Ziel	Entfernung	Reisezeit (hin und zurück) Photonenantrieb	
		für Astronauten	für Erdbewohner
Nächste Kultur	18 Lichtjahre	14 Jahre	42 Jahre
Technische Kultur	800 Lichtjahre	300 Jahre	1 600 Jahre

Abbildung 9: Reisezeiten bei Photonenantrieb. Dabei ist vorausgesetzt, daß die Endgeschwindigkeit 98 Prozent der Lichtgeschwindigkeit beträgt und daß Beschleunigung und Bremsung mit 1 g (Erdbeschleunigung) erfolgen.

des Kolumbus für die interstellare Raumfahrt? Leider nicht, denn selbst wenn es gelänge, eine Photonenrakete zu bauen – das Übel der langen Reisezeiten wird dadurch allenfalls gemildert. Hinzu kommt, daß ja zunächst auf diese phantastische Geschwindigkeit beschleunigt und dann auch wieder abgebremst werden muß. Experimente zeigen, daß dies sehr behutsam über Jahre hinweg zu geschehen hat, will man nicht das Leben der Astronauten durch zu hohe Beschleunigungsandrucke gefährden.

Stellt man dies alles in Rechnung, dann müßte man bei einer Photonenrakete die Zeiten aus Abbildung 9 investieren.

Auch Ufos haben's schwer

Sieht man einmal von der Tatsache ab, daß wir noch nicht die leiseste Ahnung haben, wie eine Photonenrakete zu verwirklichen sei, so besteht vielleicht eine geringe Chance, unseren nächsten Nachbarn der Milchstraße aufzuwarten: 14 Jahre müßte man dazu im Raumschiff verbringen, 42 Jahre würden indessen auf der Erde vergehen. Eine technisch gleichwertige oder überlegene Kultur aufzusuchen, das allerdings dürfte uns bei einer Netto-Reisezeit von 300 Jahren für immer versagt bleiben.

Oder kann die Science-fiction hier Einfälle beisteuern? Wie löst sie das Problem der Reisezeit? Ganz einfach: durch überlichtschnelle Raumschiffe. Und warum eigentlich sollte die Lichtgeschwindigkeit nie überschritten werden? Auch die Schallmauer wurde schließlich durchbrochen!

Aber die Lichtgeschwindigkeit ist nicht nur theoretisch eine absolute Grenze. Jeden Tag werden in den großen Beschleunigungsmaschinen bei CERN in Genf oder bei DESY in Hamburg Elementarteilchen bis hart an diese Grenzgeschwindigkeit gejagt; erreicht wird sie nie – und schon gar nicht überschritten. Denn bei Annäherung an die Lichtgeschwindigkeit erhöht jede weitere Energiezufuhr zwar die Masse der Teilchen, aber kaum mehr deren Geschwindigkeit. Die Lichtmauer ist tatsächlich unüberwindbar, und die Relativitätstheorie läßt sich auch nicht überlisten, indem man etwa von einer Rakete, die mit Dreiviertel der Lichtgeschwindigkeit fliegt, eine zweite, ebenso schnelle abfeuert. Nach gewohnter Erfahrung müßten sich die beiden Geschwindigkeiten addieren, und man hätte damit das Anderthalbfache der Lichtgeschwindigkeit erreicht. In Wirklichkeit aber – man kann dies an zerfallenden Elementarteilchen studieren – käme man so nur auf 96 Prozent der Lichtgeschwindigkeit. Der Rest geht

Abbildung 10: Ein ferner Spiralnebel, der unserer Milchstraße ähnelt. Die Reichweite unserer gesamten zukünftigen Raumfahrt liegt innerhalb des eingezeichneten kleinen Kreises.

wieder – so unerbittlich wie Naturgesetze eben sind – als Massenzunahme verloren.

Eine andere sehr beliebte Standardmöglichkeit der Science-fiction ist der »Sprung durch den Hyperraum«. Gemeint ist damit folgendes: Der Weltraum ist kein gewöhnlicher, nur eben sehr großer Raum. Er ist in die vierte Dimension gekrümmt und läuft in sich selbst zurück. Was das heißt, läßt sich an ehesten in niedrigeren Dimensionen verdeutlichen: Auch unsere kugelige Erdoberfläche ist ein Raum, der in sich zurückläuft und in die dritte Dimension gekrümmt ist. Und so wie wir auf der Erdoberfläche im Prinzip abkürzen könnten, indem wir durch die Erde hindurchtunneln, anstatt außen herum zu reisen, könnten Raumschiffe den Hyperraum durchtunneln und dabei erheblich abkürzen.

Aber auch diese Konstruktion der Science-fiction hat einen grundsätzlichen Haken: Auf der Erde sind diese Direktwege lediglich durch dichte Materie versperrt – aber Erdbebenwellen etwa können sie benutzen. Anders im Weltraum, wo das Problem eine Dimension mehr hat: Um hier abzukürzen, müßten wir aus unserem normalen dreidimensionalen Raum heraus und die vierte Raum-Dimension durchdringen. Alle materiellen oder energetischen Erscheinungen dieser Welt aber sind – soweit wir sie kennen – an den gewöhnlichen dreidimensionalen Raum gebunden. Der Sprung durch den Hyperraum wird wohl für immer ein »Schleichweg« der Science-fiction bleiben.

Überlichtgeschwindigkeit und Hyperraum – für uns unerreichbar – stehen aber auch den »Anderen« vom Sirius oder der Wega nicht zur Verfügung. Auch ihnen sind die naturgesetzlichen Geschwindigkeiten und Reiserouten vorgeschrieben. Auch sie müßten mindestens dreihundert Jahre drangeben, wollten sie einen Ausflug zur Erde unternehmen.

Schon aus diesem Grund darf man den »Augenzeugen« von Ufos oder den »persönlichen Vertrauten« von Außerirdischen getrost einen Irrtum unterstellen. Dieser Sachverhalt zeigt noch etwas anderes: Von der Eroberung des Weltraums zu sprechen, ist einfach vermessen. Denn achthundert Lichtjahre, für uns bereits unüberbrückbare Entfernung, nehmen sich innerhalb der gesamten Milchstraße recht kümmerlich aus: Sie sind durch den winzigen Kreis in dem Spiralnebel auf Abbildung 10 abgesteckt. Innerhalb dieser kaum wahrzunehmenden Blase liegt der Aktionsradius unserer gesamten künftigen Raumfahrt. Kreuzfahrten durch die Milchstraße oder gar Flüge zu anderen Spiralnebeln bleiben für immer Wunschtraum – und Domäne der Science-fiction.

Stecken wir also in einer kosmischen Quarantäne? Werden wir nie erfahren, was außerirdische Kulturen denken, wie sie aussehen, was sie über die Entstehung des Lebens und das uns allen gemeinsame Weltall wissen?

Die Schrecksekunde dauert Jahre

Die bemannte Raumfahrt ist hier tatsächlich in der Sackgasse. Aber es müssen ja nicht unbedingt Menschen sein, die man auf die Reise schickt. Vielleicht könnte ein Roboter dasselbe leisten – gleichsam als verlängerter menschlicher Arm? Er hätte keine Sorgen, weder mit Beschleunigungskräften noch mit Alterserscheinungen. Dabei ist das Bild vom verlängerten Arm recht wörtlich zu verstehen, denn schon heute gibt es Roboter, die, von einem menschlichen Meister ferngesteuert, jede Bewegung ihres Herrn exakt nachvollziehen.

Im Fernsehstudio war es Roboter »Syntelman«, der dies eindrucksvoll demonstrierte: Er entkorkte Flaschen, behandelte rohe Eier, wie ihr Name es verlangt, und zerdrückte kraftprotzig dicke Stahlringe. Der steuernde

Abbildung 11: Roboter »Syntelman« entkorkt eine Flasche und schenkt ein. Jede Bewegung des »Meisters« wird exakt nachvollzogen. Bei Raumflügen sind solche Roboter jedoch nur bedingt einsetzbar.

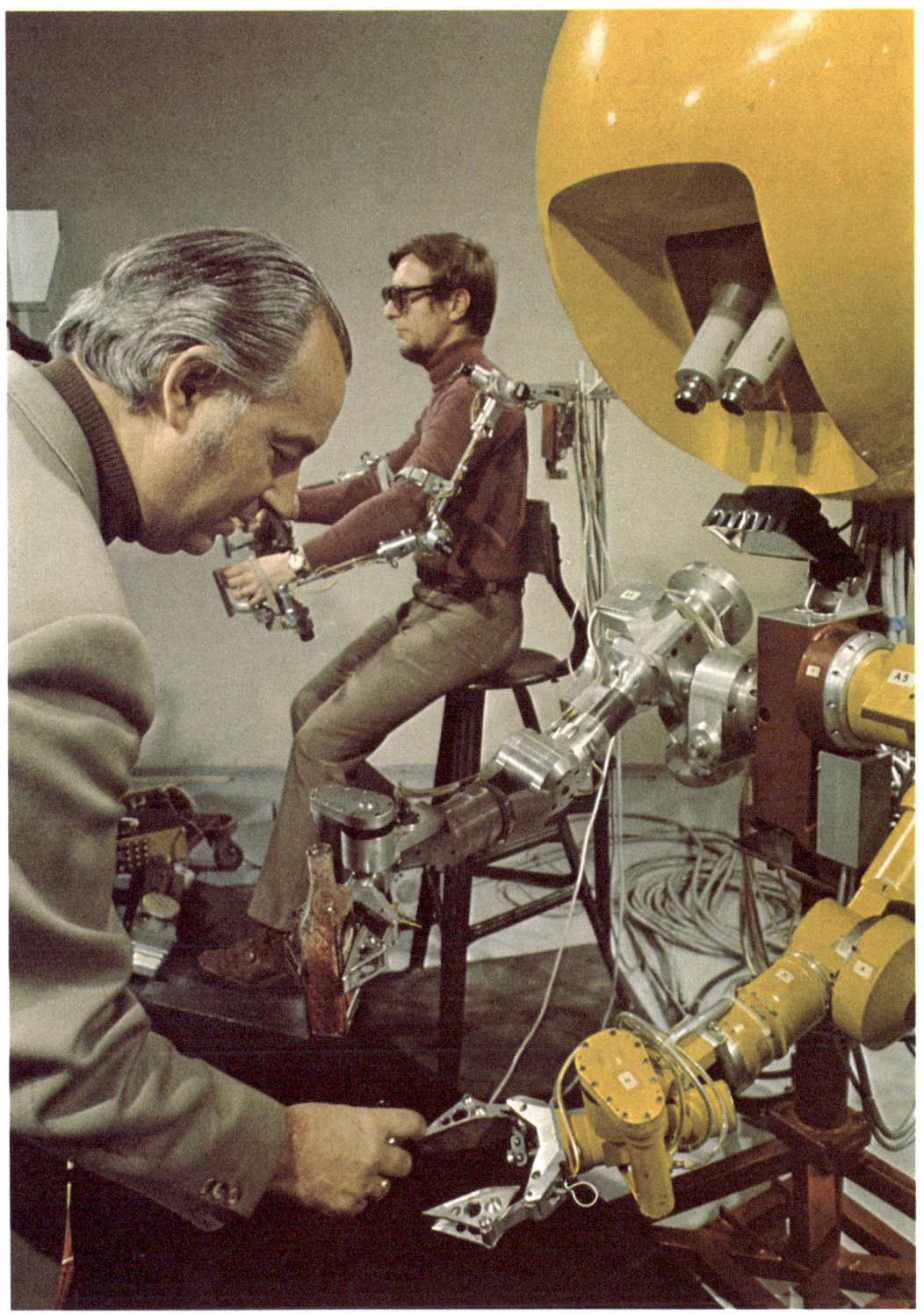

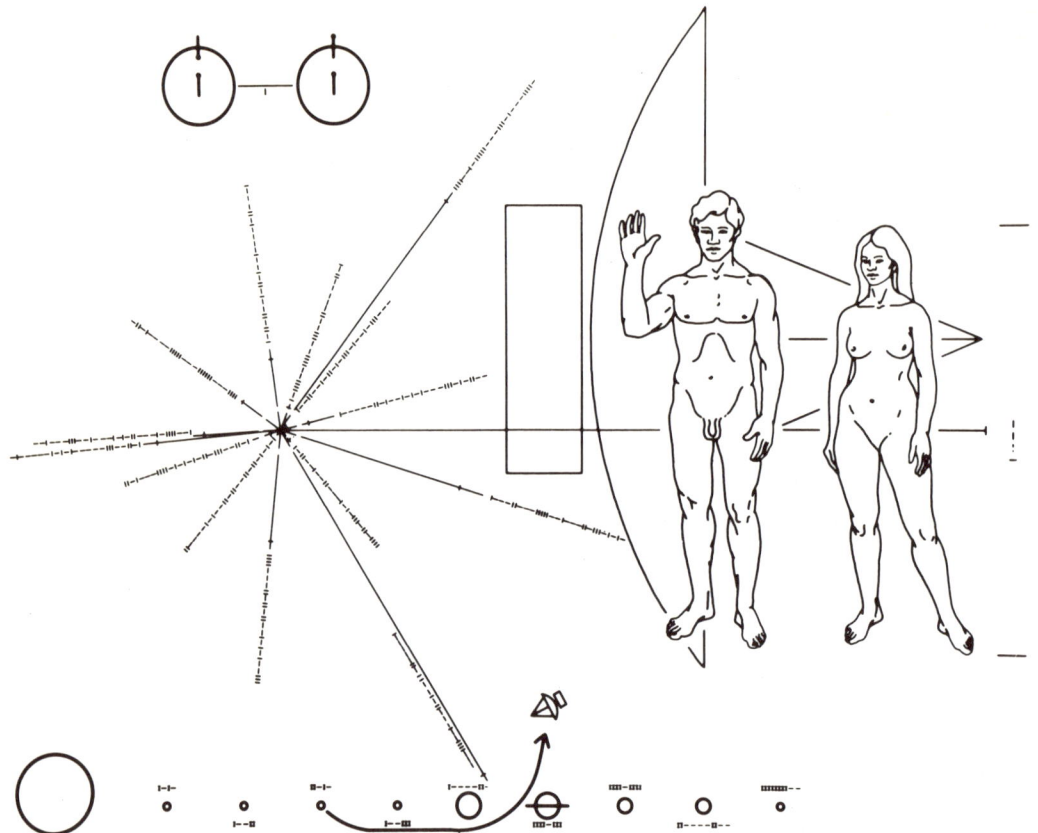

Abbildung 12: Grußbotschaft an außerirdische Kulturen. Das Original wurde am 4. März 1972 mit der Raumsonde »Pioneer 10« abgesandt.

Meister hatte sich hierzu ein Außenskelett übergestreift und orientierte sich – abgewandt vom Ort des Geschehens – nach einem räumlichen Fernsehbild, das ihm die Fernsehaugen Syntelmans lieferten (Abbildung 11). Jede Bewegung des Meisters wurde durch das Außenskelett exakt auf den Roboter übertragen – über mehrere Kabelstränge. Aber ebenso hätte dies drahtlos über riesige Entfernungen hinweg erfolgen können.

Syntelman, ein Raumschiff steuernd, ferngelenkter Botschafter der Erde? Auf den ersten Blick ein bestechender Gedanke – aber leider undurchführbar! Denn sowohl die Fernsehbilder als auch die Steuerbefehle von der Erde aus reisen »nur« mit Lichtgeschwindigkeit. Die Folge: Eine gefährliche Felsspalte kann erst Jahre oder Jahrzehnte später auf der Erde erkannt und umgangen werden, und dieselbe Zeit verrinnt nochmals, bis die Reaktion des irdischen Meister wirksam wird. Syntelmans Schrecksekunde dauert Jahre!

Diese gedehnte Schrecksekunde ließ sich bereits bei den letzten Mondflügen beobachten. Dort war es zwar kein Roboter, aber eine

Abbildung 13: Beispiel einer Bildnachricht. Zur Übermittlung braucht man nur zwei Typen von Funksignalen – hier als Einsen und Nullen wiedergegeben –, insgesamt 1271 Signale. Setzt man die beiden Signaltypen mit hellen und dunklen Rasterpunkten gleich, dann läßt sich daraus ein rechteckiges Fernsehbild von genau 41 × 31 Bildpunkten zusammensetzen. Da 1271 eine Primzahl ist, gibt es nur diese Möglichkeit.

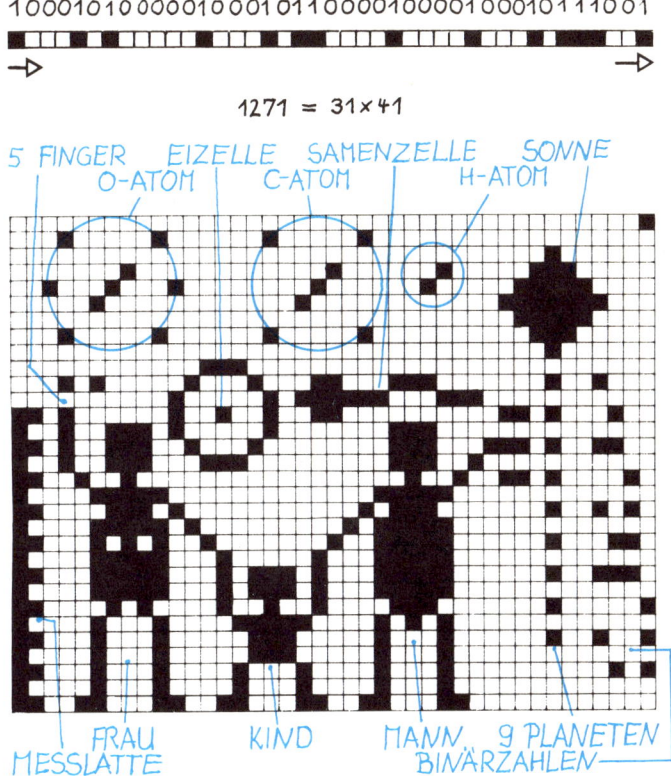

Fernsehkamera, die von der Erde aus bedient wurde. Auf dem Mondauto montiert, sollte sie stets die beiden Astronauten im Bild haben. Die Kameraschwenks jedoch, wenn sich die Astronauten in Bewegung setzten, erfolgten stets zwei Sekunden zu spät – gerade die Zeit also, die ein Funksignal vom Mond zur Erde und zurück benötigt.

Diese Laufzeit würde für den Mars schon zweimal drei Minuten betragen, und Syntelman wäre dort kaum einsetzbar – es sei denn, der Meister steuerte ihn von einem umlaufenden Raumschiff aus. Tatsächlich ist Syntelman, wenn ihm seine Konstrukteure noch das Laufen beibringen, der ideale Hilfsastronaut – solange der Meister in der Nähe bleibt. Für den Einsatz in fernen Kulturen aber wäre er ein allzu träger Botschafter.

Unter diesen Umständen ist es sinnvoller, auf einen menschenähnlichen Botschafter überhaupt zu verzichten und lediglich die Botschaft an den Mann zu bringen.

Kosmische Flaschenpost

Die Botschaft der erwähnten Pioneer-10-Sonde ist auf eine vergoldete Platte eingraviert (Abbildung 12) und bedeutet soviel wie: Hallo, wir grüßen Euch!
So sehen wir Menschen aus!
Absendeort: 3. Planet des Sonnensystems
Absendedatum: 1972
Eine Grußbotschaft also, beinahe so, wie unter Amateurfunkern üblich. Aber wie soll sie von fremden Intelligenzen verstanden werden, von gänzlich anders entwickelten Wesen, mit denen uns nichts verbindet? Irrtum! Mit

diesen Wesen – und mögen sie noch so andersartig sein – verbindet uns eine ganze Menge: unser gemeinsames Weltall und die Gesetze, nach denen es sich entwickelt. Das ist der Grundgedanke, der zur Gestaltung der Pioneer-10-Botschaft geführt hat:

Links oben wird die Längen- und Zeiteinheit mitgeteilt, die der Absender verwendet (Meter und Sekunde sind ja willkürliche Einheiten). Die beiden »Kreise« stellen ein strahlendes Wasserstoffatom dar, das häufigste Atom im Kosmos. Seine Radiostrahlung hat eine Wellenlänge von 21 Zentimetern und eine Schwingungsdauer von 70 Nanosekunden und legt damit die Längen- und Zeiteinheit der Botschaft fest.

Alle Zahlenwerte sind im Zweiersystem geschrieben, das mit zwei beliebig gewählten Symbolen (I und –) auskommt. Am unteren Rand: unser Sonnensystem mit dem Weg der Sonde am Jupiter vorbei. Die Lage dieses Sonnensystems innerhalb der Milchstraße ist aus dem vielstrahligen Stern zu entnehmen. Die Strahlen zeigen, in welchen Richtungen wir außergewöhnliche Himmelskörper, sogenannte Pulsare, beobachten. Diese Pulsare strahlen regelmäßig Radiopulse ab und dürften auch den »Anderen« bekannt sein. Sie können daraus unseren Standort erschließen. Aber auch der Zeitpunkt des Starts läßt sich daraus ableiten. Pulsare sind »kosmische Uhren«, ihr Pulsrhythmus verlangsamt sich stetig im Laufe der Zeit. Statt einer Jahreszahl (das wäre natürlich unsinnig!) ist daher angegeben, wie schnell die Pulsare zum Zeitpunkt des Starts pulsierten (Zahlsymbole bei den Strahlen). Aus der langsameren Pulsfolge bei Ankunft der Botschaft können die Empfänger das Startdatum von Pioneer 10 errechnen.

Wahrscheinlich gibt es dann lange Gesichter, denn einer ersten Schätzung nach wird Pioneer 10 etwa hundert Millionen Jahre unterwegs sein, bis eine Raumfahrt treibende Kultur ihn zufällig aus dem Weltall fischt. Pioneer 10 ist nur eine kosmische Flaschenpost. Dennoch, es bleibt die Tatsache, daß hier zum erstenmal eine Botschaft in »interstellarer Sprache« abgesandt wurde.

Nachrichten von Stern zu Stern

Der nächste Schritt wird sein, das Transportmittel zu verbessern. Statt einer Rakete wird man lichtschnelle Radiowellen benutzen. Im Prinzip nämlich läßt sich die Botschaft von Pioneer 10 auch in den Weltraum funken – als Fernsehbild. Dann könnte man gezielt einzelne »verdächtige« Sterne anpeilen.

Umgekehrt können unsere Radioastronomen im Weltall nach fremden Funksignalen suchen und sie zu Fernsehbildern zusammensetzen. Wie man das macht, wird aus Abbildung 13 deutlich. Die nächsten Fixsterne wurden bereits auf diese Weise abgehorcht, freilich ohne Erfolg. Aber das sollte kein Grund sein, die Suche nicht mit verbesserten technischen Mitteln fortzusetzen.

Denn der Kontakt mit einer außerirdischen Kultur wäre eines der größten Ereignisse der Menschheitsgeschichte – auch wenn es kein persönlicher Kontakt ist. Der größte Teil unseres Wissens, unserer Kunst- und Literaturgüter erreicht uns ja ebenfalls nur als Nachricht, ohne daß wir deren Urheber – Sokrates etwa, Shakespeare oder Einstein – jemals zu Gesicht bekämen.

Science-fiction aber ist bereits einen Schritt weiter. Dort übermittelt man per Funk den genetischen Code eines Menschen, und die Biochemiker auf einem fernen Stern lassen nach diesem Bauplan in ihren Laboratorien Menschen entstehen.

Auf diese Weise könnten wir eines fernen Tages doch noch Menschen auf fremde Planeten »senden« oder, umgekehrt, außerirdische Wesen zu Gesicht bekommen. Das ist eine

Science-fiction-Idee des bekannten englischen Astrophysikers Fred Hoyle, die, so phantastisch sie klingt, durchaus eine Zukunft hat. Aber wie auch immer der Kontakt zwischen Kulturen der Milchstraße vor sich gehen wird, sicher ist, daß Science-fiction dabei mehr als eine phantasievolle Vorausschau war, Anregung und Herausforderung nämlich, die Tragweite eines solchen Ereignisses rechtzeitig zu durchdenken.

Galaktische Kultur und Weltraum-Zoo

Der Kosmos war schon voll von Sonnen- und Planetensystemen und folglich auch von Intelligenzen, als die Erde noch im Stadium eines Staubwirbels steckte. Wir gehören zu den Nesthäkchen der Galaxis: Fast alle Zivilisationen sind älter, erfahrener und höherentwickelt. Sie dürften längst miteinander in Verbindung stehen und Informationen austauschen – vielleicht im Rahmen einer großen galaktischen Kultur. Warum werden wir nicht miteinbezogen? Man muß doch annehmen, daß interstellar denkende Zivilisationen laufend Kontaktsignale aussenden – vollautomatisiert wie ein Leuchtturm im Ozean –, um auf sich aufmerksam zu machen. Warum empfangen wir keine Signale?

Harvard-Professor John A. Ball hat dafür nur eine, allerdings fatale, Erklärung: Wir stecken in einem Weltraum-Zoo, in einer Art Naturschutzpark! Die Brüder im All sind übereingekommen, unsere Region der Galaxis als Reservat zu erhalten – ohne jeden Kontakt mit der Außenwelt, um eine ungestörte und unverfälschte Entwicklung zu sichern.

So gesehen, muß es wahrhaft befreiend wirken, wenn sowjetische Wissenschaftler neuerdings auf verdächtige Funksignale hinweisen, die sie bei systematischer Suche aufgefunden hätten. Wladimir S. Troitski, Radioastronom in Baku, ist davon überzeugt, »daß es sich um die technischen Aktivitäten einer Zivilisation handeln könnte«.

Doch die Ortung der Quellen scheint noch auszustehen, und es bleibt zu hoffen, daß sich das Mißgeschick des amerikanischen Astronomen Frank Drake nicht wiederholt. Drake hatte im Rahmen des Such-Projektes Ozma den Stern Tau Ceti angepeilt und auf Anhieb auffällige Signale registriert. Leider waren sie – wie sich bald herausstellte – höchst irdischer Natur: Sie stammten aus Geheimversuchen der US-Luftwaffe. Andere Erfolge blieben aus.

Vielleicht hat Drake die falsche Himmelsregion angepeilt, auf der falschen Frequenz gesucht oder vorhandene Signale einfach nicht erkannt? Doch hinter solchen technischen Fragen steht das eigentliche Problem: unsere völlige Ahnungslosigkeit über den Entwicklungsstand anderer Intelligenzen. Wie weit sind sie uns voraus? Vielleicht erfüllen wir erst in einigen Jahrtausenden die galaktische Norm für interstellare Kommunikation?

Aber allen – noch so intelligenten – Kulturen des Universums dürften Grenzen gesetzt sein, die sie schwerlich übersteigen können: Sie sind Kinder des Weltalls, ihre Geschichte ist eingebettet in die Geschichte unserer Galaxis, und ihr Leben ist abhängig vom Lebenslauf ihrer Sonne. Denn auch Sonnen durchlaufen ein wechselhaftes Schicksal von der Geburt bis zum – mitunter dramatischen – Ende.

3 Lebenslauf einer Sonne

Ob wir essen, Auto fahren oder heizen – stets sind wir Nutznießer der Sonne. Sie hält mit ihrer Energie die gesamte Maschinerie des Lebens in Gang. Mit Sonnenenergie bauen Pflanzen ihre Substanzen auf, von denen sich alle übrigen Lebewesen letztlich ernähren, und Sonnenenergie wird wieder frei, wenn jene eingelagerten Tier- und Pflanzenreste verbrennen, die unsere Kohle-Öl-Gas-Vorkommen ausmachen. Die Sonne ist jeden Augenblick die Grundlage unserer Existenz. Aber auch die Sonne ist vergänglich. Wie lange noch geht sie wärmend jeden Morgen auf? Die Antwort hängt natürlich vom Brennmaterial der Sonne ab, und hier standen frühere Wissenschaftlergenerationen vor einem Rätsel: Selbst wenn der gesamte riesige Sonnenball – 1,3 Millionen mal größer als die Erde – aus bester Steinkohle bestehen würde, wäre er nach etwa 25000 Jahren verbrannt. Leuchtdauer der Sonne also von der Steinzeit bis heute. Natürlich muß die Sonne älter sein! Aus versteinerten Pflanzenfunden weiß man sogar, daß sie seit Hunderten von Millionen Jahren unvermindert strahlt. Mit gewöhnlichen Brennmaterialien ist das nicht mehr zu erklären, woraus also besteht dann die Sonne?

Die Sonnenforscher haben es – wie ihre Kollegen vom Nachthimmel – mit einem Stern zu tun: Die Sonne ist einer der Milliarden Sterne unserer Milchstraße. Aber die Sonne ist insofern einzig, als man ihre Oberfläche studieren kann – alle andern Sterne sind zu weit entfernt.

Sie bleiben auch im größten Fernrohr nur durchmesserlose Lichtpunkte, die allenfalls durch Beugungs- oder Überstrahlungseffekte auf der Fotoplatte »auseinanderlaufen«. Die Oberfläche der Sonne aber – durch zahlreiche Filter beobachtet – entpuppt sich als wildbewegtes, tosendes Chaos: Strahlende Gasmassen, heißer als 5000 Grad, ballen sich zu turbulenten Wolken und werden mitunter Tausende von Kilometern als Fontänen hochgeschleudert. Die Sonne ist ein riesiger Gasball, fast nur aus Wasserstoff und Helium bestehend. Außen sind diese Gasmassen sehr dünn, so daß man vierhundert Kilometer tief in die Sonne hineinsehen kann. Aber dann steigen Dichte und Temperatur rapide an: Der Gasball wird undurchsichtig, und wie es weiter drinnen aussieht, können die Sonnenforscher nur noch berechnen – unterstützt von fleißigen Computern.

Computer rechnen sich buchstäblich ins Innere der Sonne hinein. Von bekannten Oberflächendaten ausgehend, stellen sie fest, wie die nächst tiefer liegende Schicht aussehen muß – unter zwei Bedingungen: Erstens sollen sich dort Druck und Schwerkraft gerade

Abbildung 1: Das Spiegelteleskop auf dem Mount Palomar in Kalifornien gehört zu den mächtigsten Werkzeugen der Astronomen. Sie schauen damit nicht nur weit in den Weltraum, sondern auch weit zurück in die Vergangenheit.

Abbildung 2: Sonnenprotuberanzen. Strahlende Gasfontänen werden mitunter Tausende von Kilometern hochgeschleudert, bevor sie wieder in den Sonnenball zurückstürzen.

die Waage halten (andernfalls würde die Sonne schrumpfen oder auseinander gehen), zweitens soll dort keine Energie versickern oder sich anhäufen. Schicht für Schicht wird so errechnet, und vom Sonnenmittelpunkt schließlich melden die Computer Unvorstellbares: 15 Millionen Grad Hitze bei einem Druck von 221 Milliarden Atmosphäre.
Aber so extreme Zustände erst machen den Sonnenkern zur eigentlichen Brennkammer: Dort zünden energieliefernde Atomreaktionen. In jeder Sekunde verschmelzen 657 Millionen Tonnen Wasserstoff zu 652 Millionen Tonnen Helium. Der Masseverlust von 5 Millionen Tonnen wird dabei in reine Strahlungsenergie umgesetzt. Wasserstoff also – auf der Erde bislang nur in vernichtenden Bomben zündbar – ist das lang gesuchte, hochwirksame Brennmaterial der Sonne. Jedes einzelne Gramm liefert die Energie von 10000 Kilogramm erstklassiger Steinkohle.

Doch diese Energie liegt zunächst nur als unsichtbare Röntgen- und Gammastrahlung vor – im Kern der Sonne ist es stockdunkel. Erst nach einem langen, 20000 Jahre dauernden Marsch durch dichte Sonnenmaterie ist die harte Strahlung so weit abgeschwächt, daß sie uns als wohltuende Licht- und Wärmequelle dienen kann.

Wie entsteht ein Stern?

Der Mechanismus des atomaren Sonnenfeuers ist bekannt, wie aber konnten sich derartige Mengen Wasserstoffs anhäufen – mitten im leeren Weltall? Mit anderen Worten: Wie entsteht ein Stern? Einen ersten Hinweis erhielten die Astronomen durch eine negative Entdeckung. Sie sahen, daß sie etwas nicht sahen: In vielen Himmelsregionen fehlten die Sterne (Abbildung 4). In diesen »Sternleeren« aber ist der Himmel nicht leerer als anderswo

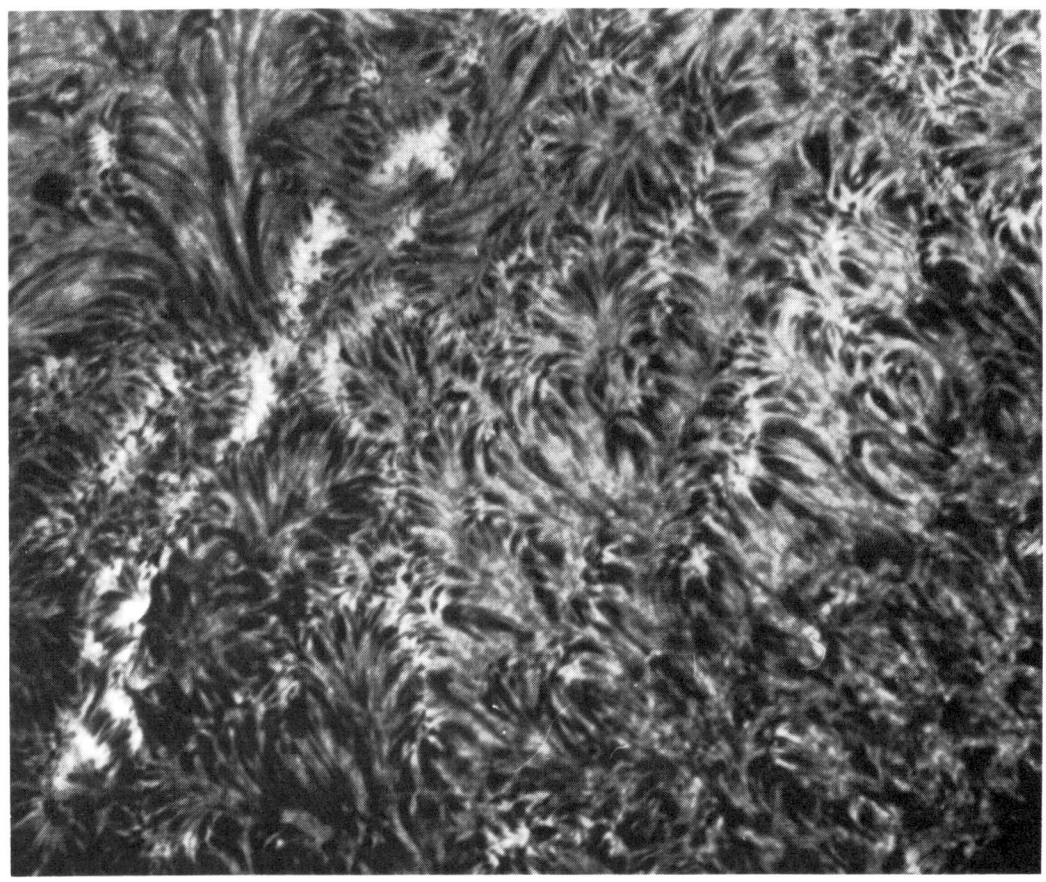

Abbildung 3: Die Sonnenoberfläche, in einfarbigem Licht aufgenommen, läßt etwas von den turbulenten Vorgängen ahnen, die sich dort jeden Augenblick abspielen.

– im Gegenteil: Undurchsichtige Gas- und Staubwolken verdecken lediglich die dahinter liegenden Sterne und täuschen so die »Löcher« im Himmel vor. Nur manchmal, wenn sehr heiße Sterne in der Nähe sind, leuchten die Gaswolken selbst und können direkt beobachtet werden – der Orion-Nebel schon mit einem gewöhnlichen Feldstecher (Abbildung 5). Solche leuchtenden Nebel sind eine willkommene Gelegenheit, die Zusammensetzung der interstellaren Materie (also der Materie zwischen den Sternen) zu erkunden: nur zwei Prozent schwere Elemente – von ihrer überragenden Bedeutung wird noch die Rede sein –, der Rest ist Helium und vor allem Wasserstoff. Mit diesem wasserstoffreichen Gemisch aber hatten die Astronomen das Reservepotential unserer Milchstraße entdeckt – das Rohmaterial, aus dem neue Sterne entstehen. Sterne werden aus dem Gas und Staub der Milchstraße geboren.

Wie das im einzelnen vor sich geht, wurde freilich noch nie beobachtet. Zu lang sind die Zeiträume, in denen sich die Geburt eines Sterns vollzieht. Aber fest steht: Treibende

Abbildung 4: In einigen Himmelsregionen, den sogenannten Sternleeren, scheinen die Sterne zu fehlen. (Die gerade Leuchtspur stammt von einem durchziehenden Satelliten.)

Kraft ist die Gravitation. Die gegenseitige Anziehungskraft der Gas- und Staubteilchen kann eine kosmische Materiewolke mehr und mehr verdichten, bis schließlich im Zentrum ein – rotierender – Kern zusammenwächst. Je massiver er wird, desto heftiger zieht er neue Masseteilchen an sich. Lawinenartig stürzt schließlich die Materie in den rapide wachsenden Zentralkern. Druck und Temperatur erreichen immer höhere Werte, bis bei 15 Millionen Grad das atomare Feuer zündet: Der Wasserstoff brennt.

Noch aber ist der neue Stern nicht beständig. Mehrmals bläht er sich zu vielfacher Größe auf und fällt wieder zusammen. Denn in der jetzt entfesselten Kernenergie ist der Gravitation eine gleichwertige, ja überlegene Gegenkraft erwachsen: Der ungeheure Strahlungsdruck treibt die Gasmassen auseinander – bis das atomare Feuer nachläßt und die Schwerkraft wieder die Oberhand gewinnt. Der Stern schrumpft, und das Spiel beginnt von neuem. Erst nach mehreren solcher Pulsationen kommt es zu einem stabilen Gleichgewicht: Ruhig strahlt die neue Sonne.

Abbildung 5: Der leuchtende Orion-Nebel ist schon mit einem guten Feldstecher zu beobachten.

Die Glut des Roten Riesen

Rund fünf Milliarden Jahre ist es her, seit unsere Sonne in jene ruhige Phase getreten ist, und für abermals fünf Milliarden Jahre hat sie Wasserstoff. Aber dann beginnt die große Krise und mit ihr das Ende unserer Erde. Das Überraschende aber: Die Erde wird dabei nicht erfrieren, sondern verglühen. Die Astronomen wissen dies, obwohl sie den – nach Jahrmilliarden zu bemessenden – Werdegang einer Sonne natürlich niemals verfolgen können. Aber sie sehen Sterne im Weltall, die älter sind als unsere Sonne – viele bereits in ihrer kritischen Phase, andere sogar endgültig ausgebrannt oder noch im Todeskampf liegend. Lauter Einzelbilder verschiedener Entwicklungsstadien! Aber diese Einzelbilder können mit Hilfe von Computern zu einem eindrucksvollen Film verknüpft werden – zu einem extremen Zeitraffer-Film vom Lebensende einer Sonne:

Wenn die Wasserstoffvorräte eines Sterns zur Neige gehen, sammelt sich in seinem Innern zunehmend Helium an – die Asche des atomaren Feuers. Aber diese Asche hat eine ungewöhnliche Eigenschaft: Unter bestimmten Umständen ist auch sie wieder zündbar und kann ungeheure Energien freisetzen. Tatsächlich kommt es im Laufe der weiteren Sternentwicklung dazu.

Mit Erlöschen des Wasserstoff-Brandes nämlich kommt die – bislang gezügelte – Schwerkraft wieder ungehindert zum Zuge: Sie läßt den Stern hemmungslos schrumpfen. Die Materie verdichtet sich. Druck und Temperatur schnellen nach oben wie nie zuvor im Leben des Sterns, und schließlich – bei fünfzig Millionen Grad – zündet der neue Lebensfunke: Das Helium brennt! Genauer gesagt: Die Heliumkerne verschmelzen über bestimmte Zwischenkerne zu Kohlenstoff. Damit ist eine neue Energie- und Strahlungsquelle angezapft – und zwar so vehement, daß sich die wiedererstandene Sonne bis zum Hundertfachen ihrer einstigen Größe aufbläht. Sie wird – im Fachjargon der Astronomen – zum Roten Riesen.

Zunächst noch pulsierend, strahlt der Rote Riese bald gleichmäßig und überaus stark. Denn seine Riesenoberfläche – obwohl kühler und damit röter als bei normalen Sternen – schleudert auch Riesenenergiemengen in den Weltraum: Eine Rote-Riesen-Sonne am Himmel würde die Erde auf 540 Grad erhitzen.

Aber der Heliumbrand ist ein atomares Strohfeuer: heftig und, in kosmischen Maßstäben, kurz. Nach wenigen hunderttausend Jahren erloschen! Doch dies muß nicht das Ende bedeuten. Noch öfter kann das Sternenleben aufflackern, indem sich die Asche neu entzündet und zu schweren Elementen – Schwefel, Aluminium, Eisen – verschmilzt. Irgendwann aber werden alle Kernreaktionen abgelaufen, alle Brennstoffe verbraucht sein. Dann beginnt unweigerlich das Ende.

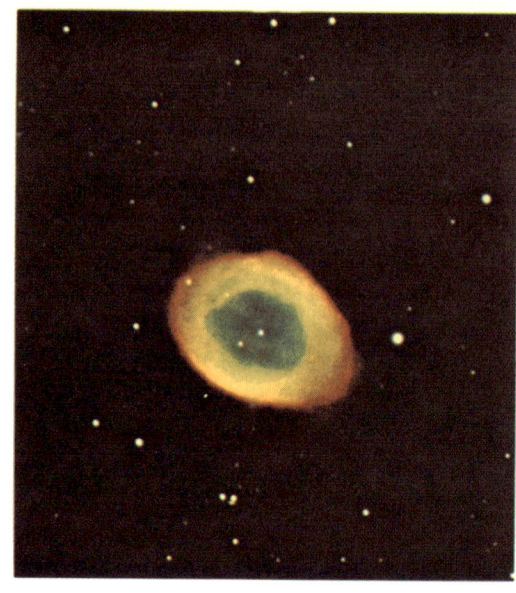

Abbildung 6: Leuchtender Ringnebel, der wahrscheinlich beim Zusammenbruch eines Roten Riesen abgestoßen wurde. Als heller bläulicher Stern im Zentrum: ein Weißer Zwerg.

Sterntod: Weißer Zwerg

Unter der Alleinherrschaft der Gravitation stürzt der Rote Riese in sich zusammen. Keine Energiequelle ist mehr da, die den Kollaps stoppen könnte. Die Riesensonne wird auf Planetengröße zusammengepreßt. Dann stößt ein Atomkern an den andern, die Materie ist dicht gepackt. Jeder Kubikzentimeter wöge auf der Erde eine Tonne! Diese überdichten Ministerne verraten sich durch ihr heißes weißbläuliches Licht. »Weiße Zwerge« heißen sie daher in der bildhaften Astronomen-Sprache.

Nicht selten sind Weiße Zwerge von einer Art Heiligenschein umgeben, einer ringförmig auseinanderfliegenden Materiewolke (Abbil-

Abbildung 7: Der Crab-Nebel – Explosionswolke einer Supernova-Explosion im Jahr 1054.

dung 6), für die Astronomen ein Indiz, daß beim Zusammenbruch des Roten Riesen ein kleiner Teil der Sternhülle abgestoßen wurde. Doch dieser Heiligenschein ziert einen toten Stern. Ohne jede eigene Energiequelle erkaltet ein Weißer Zwerg – langsam, aber unerbittlich, bis er nach einigen Milliarden Jahren dunkel und unsichtbar geworden ist.

Eines aber stellten die Astronomen mit Genugtuung fest: Unter all den Weißen Zwergen am Nachthimmel hat keiner mehr als das 1,4fache der Sonnenmasse. Und dies ist in der Tat eine theoretisch berechnete Grenze: Weiße Zwerge von mehr als 1,4 Sonnenmassen darf es nicht geben. Sie könnten nach den Gesetzen der Kernphysik nicht stabil sein!

Sterntod: Pulsar

Aber hier stellt sich sofort die Frage: Wie gehen denn Sterne von doppelter, zehn- oder hundertfacher Sonnenmasse zugrunde? Das Ende solcher schwerkalibrigen Sterne gehört zu den spektakulärsten Geschehnissen im

Kosmos. Und es gibt Augenzeugen: Vom Jahr 1054 beispielsweise berichten chinesische Chronisten, daß ein neuer Stern erschienen sei – so hell, daß er sogar bei Tag erstrahlte. Doch was damals als neuer Stern erschien, war in Wirklichkeit die Supernova-Explosion einer mächtigen Sonne: Rote Riesen von vielfacher Sonnenmasse erleiden nach Brennschluß einen so heftigen Kollaps, daß in einer ungeheuren Explosion die gesamte Sternhülle in den Weltraum zerstiebt – begleitet von gigantischen Licht- und Strahlungsausbrüchen. In Stunden kann die Helligkeit auf das Hundertmillionenfache hochschnellen. Bis zu einem Zehntel des mächtigen Sterns wird als Explosionswolke ins Weltall geschleudert.

Die Supernova-Explosionswolke aus dem Jahr 1054 ist immer noch zu bestaunen: Der bizarre Crab-Nebel (Abbildung 7) sieht heute noch aus wie die Momentaufnahme einer Explosion, obwohl er mit 1300 Kilometern in der Sekunde auseinanderjagt. Doch der Crab-Nebel enthält nur einen Teil der ursprünglichen Sternmaterie. Wo ist der Rest? Gibt es auch hier eine Sternleiche, die freilich ganz anders aussehen müßte als ein Weißer Zwerg? Bis vor wenigen Jahren war diese Frage nicht zu entscheiden. Zur Debatte stand ein phantastisch anmutendes Gebilde, das der Astronom Zwicky schon 1934 errechnet hatte: eine Kugel von nur zehn bis dreißig Kilometern Durchmesser, aber schwerer als die Sonne! Ein solcher, theoretisch denkbarer Neutronenstern müßte gewissermaßen aus einem einzigen Atomkern bestehen und wäre extrem dicht – so dicht, daß selbst ein Weißer Zwerg dagegen als luftiges Gebilde erschiene. In jedem Kubikzentimeter eines Neutronensterns wären hundert Millionen Tonnen Materie! Um ähnlich kompakte Materie herzustellen, hätte man 20 000 schwerste Flugzeugträger in einer Streichholzschachtel unterzubringen. Da schien selbst bei an Superlative gewöhnten Astronomen Skepsis angebracht.

Doch im Juli 1967 gelang der jungen Radioastronomin Jocelyn Bell in Cambridge eine aufsehenerregende Entdeckung – aus purem Zufall: Auf ihrer Registrierkurve fanden sich regelmäßige Störimpulse. Mit solchen Einstrahlungen von Sendern oder Satelliten haben die Radioastronomen häufig zu kämpfen – hier aber kamen die Pulse von einem festen Punkt am Himmel. Und vor allem: Sie wiederholten sich mit unglaublicher Exaktheit alle 1,33730113 Sekunden. Das entsprach der Ganggenauigkeit einer Quarzuhr, und so dachte man an das Naheliegendste: eine ferne Raumsonde. Aber dann hätte sich der Ort der Radioquelle wenigstens minimal verändern müssen. Er tat es nicht. Und als man in Cambridge noch zwei weitere Stellen am Himmel fand, von denen ebenso exakt, wenn auch in anderem Abstand, Radiopulse ausgingen, da war an eine ferne Raumsonde nicht mehr zu denken. Hatte man etwa außerirdische Zivilisationen aufgespürt, die untereinander Signale austauschten? Die Wissenschaftler in Cambridge konnten diese Möglichkeit nicht ausschließen. Sie hielten die ganze Angelegenheit erst einmal geheim und bezeichneten – halb im Scherz – die unsichtbaren, rätselhaften Objekte als LGM: *Little Green Men*, kleine grüne Männchen.

Weitere Untersuchungen aber zeigten, daß diese Pulse kaum technischen Ursprungs sein konnten, sondern wahrscheinlich von schnell rotierenden Himmelskörpern ausgingen, die – in der Art eines Leuchtturms – einen kreisenden Radiostrahl aussenden. Und jedes-

Abbildung 8: An der Pulsarforschung maßgeblich beteiligt: das zur Zeit größte frei schwenkbare Radioteleskop bei Effelsberg in der Eifel.

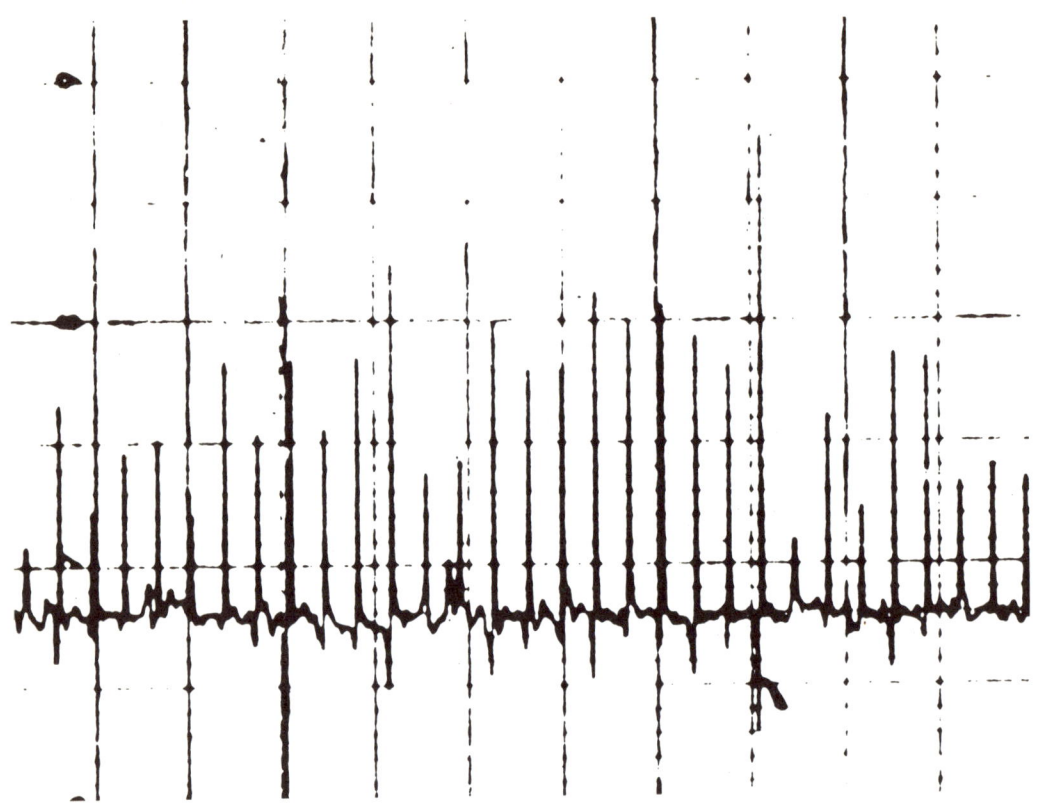

Abbildung 9: Radiosignale des ersten, zufällig entdeckten Pulsars. Mit atemberaubender Genauigkeit wird alle 1,337301 Sekunden ein Radioimpuls abgestrahlt.

mal, wenn der Strahl die Erde trifft, wird ein Puls registriert. Welcher Stern aber könnte so rasend schnell rotieren – bis zu dreißigmal in nur einer Sekunde –, ohne selbst durch die Zentrifugalkräfte auseinandergerissen zu werden?

Zudem müßte es ein sehr massereicher Stern sein, wenn er einen derartigen Energieausstoß zuwege bringt. Die Berechnungen lieferten ein eindeutiges Ergebnis: Hinter den Pulsaren – wie man sie jetzt nannte – verbargen sich die bislang rein hypothetischen Neutronensterne: winzige, kreiselnde übersonnenschwere Sterne.

Der Verdacht lag nahe, in diesen Pulsaren auch die Sternleichen von Supernova-Explosionen gefunden zu haben. Er wurde zur Gewißheit, als man 1968 im Zentrum des Crab-Nebels auf einen kräftigen Pulsar stieß – offensichtlich das Überbleibsel der Katastrophe vor gut 900 Jahren.

Dieser Crab-Pulsar ist der schnellste, den man kennt: Dreißigmal in jeder Sekunde blitzt er auf. Er blitzt tatsächlich! Er ist der bislang einzige Pulsar, den man wirklich sehen kann.

Sein Energiestrahl enthält neben Radiowellen auch sichtbares Licht. Dreißig Lichtblitze pro Sekunde sind freilich so schnell, daß bei allen Beobachtungen – und erst recht auf allen langbelichteten Fotos – nur ein gleichmäßig leuchtender Stern zu sehen ist. Erst durch einen simplen, aber überzeugenden Trick konnte die Blitzfolge nachgewiesen werden: Man brachte einen rotierenden Spalt in den Strahlengang des Teleskops, der ebenfalls dreißigmal pro Sekunde umlief. Gab dieser Spalt den Strahlengang stets im Augenblick der Blitze frei, dann erhielt man ein Foto wie üblich. Anders, wenn der Strahlengang nur zwischen den Blitzen frei wurde: Dann war der Stern auf dem Foto einfach verschwunden (Abbildung 10).

Daß der Crab-Pulsar so ungestüm rotiert, hängt mit seiner Jugend zusammen – er ist ja »gerade erst« entstanden. Mit zunehmendem Alter wird auch er erschlaffen. Denn alle energetischen Aktivitäten hat ein Pulsar aus seiner Rotationsenergie zu bestreiten. Diese Aktivitäten aber beschränken sich nicht nur auf die Aussendung eines Energiestrahls. Pulsare sind auch – wie die Astronomen vermuten – die langgesuchten Urheber der kosmischen Strahlung: jener superschnellen Teilchen, die überall durch den Weltraum flitzen.

Je älter ein Pulsar, um so langsamer ist sein Blinkfeuer geworden. Bereits in achtzig Jahren braucht der Crab-Pulsar eine tausendstel Sekunde mehr für jeden Umlauf. Damit aber sind Pulsare als kosmische Uhren einsetzbar: Die Verlangsamung der Pulsfolge zeigt an, wieviel Zeit verflossen ist (siehe Kapitel 1).

Auf etwa eine Million schätzt man die Pulsare in der Milchstraße. Als Reste ausgebrannter Sonnen aber haben sie nur noch eine Zukunft: immer langsamer, immer kühler, immer schwächer.

Abbildung 10: Pulsar im Zentrum des Crab-Nebels. Als bislang einziger sichtbarer Neutronenstern blitzt er dreißigmal in jeder Sekunde. Links: bei Dauerbelichtung. Rechts: bei Belichtung zwischen den Lichtpulsen.

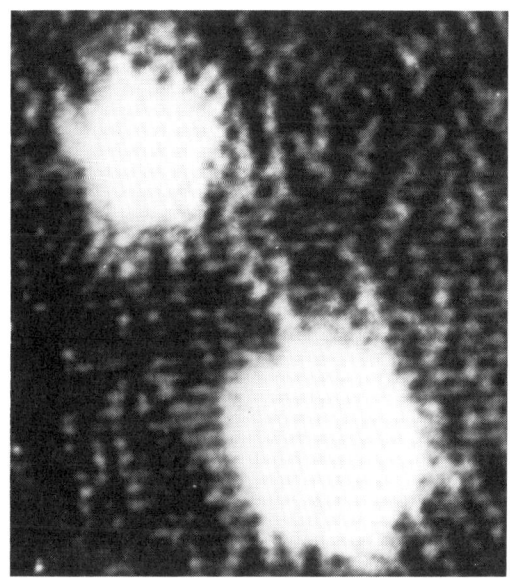
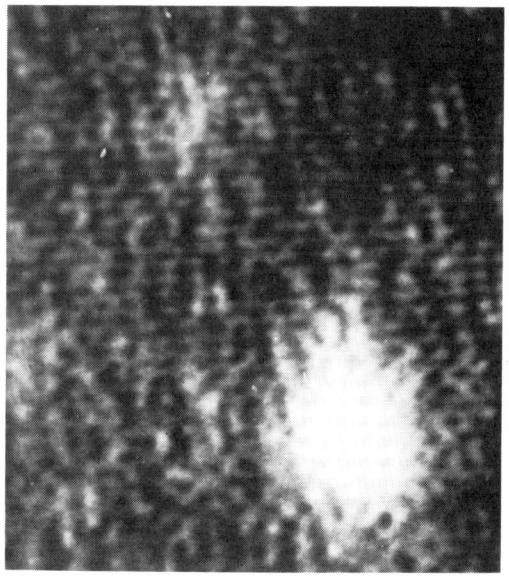

Sterntod: Schwarzes Loch

Die Astronomen mögen aber eine dritte Sterbeart von Sonnen nicht ausschließen. Denn wie bei den Weißen Zwergen wurde auch für Pulsare eine obere Massegrenze errechnet: Schwerer als etwa zwei Sonnenmassen dürfen sie nicht sein! Es gibt jedoch Sterne von über hundert Sonnenmassen – und auch sie leben nicht ewig. Doch der Untergang, der für sie erdacht wurde, mutet paradox an: Solche Riesensonnen müßten bei ihrem Gravitationskollaps buchstäblich aus dem Weltall herausschrumpfen! Sie würden die Pulsarphase einfach »durchschlagen« und sich weiter kontrahieren. Was dann passiert, hat der Physiker Oppenheimer bereits 1939 durchgerechnet: Die Materiedichte – und damit auch die Schwerkraft des Sterns – wächst so gewaltig, daß schließlich nichts mehr diesem Gravitationsfeld entrinnen kann – weder Partikel noch Licht noch sonstige Strahlung.

Der Stern ist unsichtbar – selbst aus nächster Nähe. Abgeschnitten von der Welt, sind diese Gebilde weder durch Radar zu orten noch durch eine Nachbarsonne zu beleuchten. Jede Strahlung, die sie trifft, halten sie für immer fest. Es sind allesschluckende »Schwarze Löcher« oder *black holes,* wie die Astronomen sie nennen.

Es ist heute noch offen, ob derartig kompakte Materie wirklich existiert. Die Sonne müßte, um die Eigenschaften eines Schwarzen Loches anzunehmen, auf mindestens drei Kilometer schrumpfen, die Erde auf wenigstens drei Zentimeter! Immerhin glauben zwei Astronomen – wiederum aus Cambridge – ein Doppelsternsystem entdeckt zu haben, dessen einer Partner – unsichtbar und 23 Sonnenmassen schwer – sich wie ein Schwarzes Loch benehme. Vielleicht wird demnächst zur Realität, was bislang nur in den Köpfen der Theoretiker existiert – wie seinerzeit die Neutronensterne.

Das Ende ist ein Anfang

Im Wechselspiel handfester Entdeckungen und genialer Überlegungen konnten die Astronomen Stück für Stück den Lebenslauf der Sterne zusammensetzen:
Gas und Staub der interstellaren Materie klumpen sich zusammen – ein wasserstoffreicher Himmelskörper entsteht. Der Wasserstoff verbrennt zu Helium – wie bei unserer Sonne. Der nachfolgende Heliumbrand bläht den Stern zum Roten Riesen auf. Zurück bleibt Kohlenstoff als Asche. Mehrmals noch kann die Asche zünden. Schließlich leitet die Gravitation das Ende ein. Dabei können Sternteile weggeschleudert werden. Je nach Sternmasse bleibt ein Weißer Zwerg, ein Pulsar oder vielleicht ein Schwarzes Loch als Endzustand zurück.

Aber so seltsam es klingt: Ohne Sternuntergänge würden wir nicht existieren. Es gäbe keine Erde, geschweige denn Leben. Denn Sternuntergänge sind zugleich ein Anfang. Indem ausgebrannte Sonnen explodieren, geben sie einen Teil ihrer Materie wieder zurück an den Weltraum. Entscheidend aber: Diese Materie besteht jetzt überwiegend aus neuen, schweren Elementen – zusammengeschmolzen im atomaren Feuer. So kommen die schweren Elemente (zwei Prozent) in die interstellare Materie – der Rohstoff für neue Sterngenerationen wird veredelt. In einem Kreislauf der Materie entstehen aus dem Urelement Wasserstoff schließlich alle anderen Elemente. Auch unsere Sonne ist kein Stern der ersten Generation, auch sie enthält schon schwere Elemente wie Sauerstoff oder Eisen: die Flugasche von Supernova-Explosionen.

Fast ausschließliches Supernova-Produkt aber sind die Erde und die anderen »schweren Planeten«. Nahezu jedes Atom unserer Umgebung und unseres eigenen Körpers stammt aus dem Innern einer – zugrunde gegangenen – Sonne.

Lichtspiele

Was die Astronomen beobachten, ist längst passé. Zehn Jahre braucht das Licht vom Sirius bis zu uns, zehn Jahre laufen wir der Siriuszeit hinterdrein. Und als im Jahr 1054 die Supernova aufleuchtete, da war sie schon 3000 Jahre lang erloschen: Die Ereignisse des Kosmos erreichen uns – in Lichtwellen archiviert – wie historische Dokumentarfilme. Je nach dem Ort der Handlung sind sie jünger oder älter. Einige berichten sogar aus der Anfangszeit der Welt. Doch für uns werden diese Filme alle zugleich abgespielt: So wie wir das Weltall sehen, hat es niemals existiert! Und umgekehrt: So wie das Weltall ist oder zu irgendeinem Zeitpunkt war, werden wir es nie zu Gesicht bekommen. Gleichzeitigkeit ist nicht beobachtbar.

Doch unsere Cineastenrolle schließt eine weitere Möglichkeit mit ein: das Weltall in Zeitlupe. Tatsächlich könnten manche der kosmischen Lichtspiele nur in Zeitlupenfassung vorliegen. So der – noch hypothetische – Sternkollaps zu einem Schwarzen Loch. Alles, was in einem derart starken Gravitationsfeld passiert, müßte, von außen betrachtet, langsamer ablaufen. Die Zeit selbst wäre gedehnt, und der Gravitationskollaps würde aus unserer Sicht zusehends verzögert – bis zum völligen Stillstand. Solche Folgerungen aus der Allgemeinen Relativitätstheorie mögen noch so surrealistisch klingen – vielleicht sind sie der Grund, warum bislang noch kein Schwarzes Loch in statu nascendi aufgespürt wurde.

Möglicherweise aber kann der jüngste Zweig der Astronomie hier weiterhelfen: die Schwerewellenastronomie. Ihr Nestor, Joseph Weber von der Universität Maryland, ist überzeugt, bereits jene Schwerewellen empfangen zu haben, die kollabierende Sterne abstrahlen müßten. Die Kontrollversuche seiner Kollegen blieben zwar erfolglos, aber eines steht bereits fest: Die gewaltigsten Ereignisse des Universums machen sich auf der Erde allenfalls in winzigsten Dimensionen bemerkbar. Das Kernstück aller Empfangsgeräte, ein tonnenschwerer Metallzylinder, schwingt beim Eintreffen eines Schwerewellensignals nur um ein Zehntausendstel eines Atomdurchmessers. Zum Nachweis bedarf es großtechnischer Geräte und modernster Elektronik. Der Einfluß der Gestirne will bemerkt sein!

Um so überraschender muß es erscheinen, wenn so handfest Erfahrbares wie unser Wetter mit dem Zustand der Milchstraße in Verbindung gebracht wird. Nicht die »böigen Winde« zwar oder die »Schauerneigung« aus dem meteorologischen Alltag, aber die großen Klimaepochen der Erde könnten durchaus vom Kosmos aus gesteuert sein – insbesondere jene rätselhaften und folgenschweren Kälteperioden, die immer wieder die Erde überfallen: die Eiszeiten.

4 Die nächste Eiszeit kommt bestimmt

Hamburg dreitausend Meter tief unterm Eis! Ebenso London und Berlin. Die Alpengletscher erdrücken Wien und Bern. Zwischen diesen beiden Eispanzern nur waldlose Tundra mit kümmerlichen Zwergpflanzen. Mit solchen Folgen müßten wir bei einer neuen Eiszeit rechnen. Die Vergangenheit lehrt es.

Immer wieder in ihrer Geschichte hat die Erde Temperaturstürze erlitten und derartige Vereisungen durchgemacht. Und auch in Zukunft – so vermuten die Wissenschaftler – wird sich dies wiederholen: Die nächste Eiszeit kommt bestimmt. Grund genug, sich etwas näher mit diesen Frostperioden unseres Planeten zu befassen. Woher weiß man um die längst geschmolzenen Eismassen? Warum sind sie entstanden? Wann ist mit einem neuen Eisvorstoß zu rechnen, und welche Überlebenschancen hätten wir?

Der erste Hinweis auf eine Eiszeit kam von metergroßen Gesteinsblöcken, die mitten in der Norddeutschen Tiefebene lagen. Für die Geologen waren es Steine des Anstoßes, denn eigentlich durften sie dort gar nicht liegen: Keiner paßte zu den Gesteinsarten der Umgebung. Auch die Größe dieser Brocken machte jedem deutlich, daß sie nicht »aus der Gegend« stammen konnten, und wie Kinder mit unbekannten Eltern nannte man sie »Findlinge«.

Zahlreiche Geschichten und Mythen von Riesen und Zauberern versuchten auf ihre Weise, die Herkunft dieser Findlinge zu erklären. Für die Wissenschaftler aber löste sich das Rätsel erst, als man in Skandinavien auf ein Felsmassiv stieß, das exakt aus dem Gestein einzelner Findlinge bestand. Hatte man – tausend Kilometer entfernt – das Muttergestein gefunden? Ohne Zweifel! Denn von dort – so stellte sich heraus – zieht sich ein Streufeld aus Granitblöcken nach Süden bis hin zu den anstößigen Findlingen.

Einmal aufmerksam geworden, fand man auch für andere Findlinge das Heimatmassiv und den Wanderweg, markiert durch gleichartige Gesteinsbrocken (Abbildung 3). Es gab keine andere Möglichkeit: Irgend etwas hatte die Findlinge nach Süden verfrachtet. Was aber war dieses »Irgend etwas«, welche Kraft konnte solche Massen über solche Entfernungen transportieren?

Zunächst glaubte man an Eisberge als Transportmittel – eine gar nicht so abwegige Theorie. Denn Eisberge entstehen, wenn ein Gletscher ins Meer abbricht, wenn er kalbt. Als schwimmende Gletscherteile können Eisberge durchaus Steine und Geröll des ehemaligen Untergrunds enthalten, rosinengleich eingebacken ins Eis. Driftet ein solcher Eisberg nach Süden in wärmere Gebiete, dann

Abbildung 1: Ein Gletscher von innen. Schmelzwasserströme stürzen durch das eisumschlossene Gletschertor ins Freie.

Abbildung 2: Findling südlich von Lüneburg. Lange Zeit blieb die Herkunft solcher Riesensteine unerklärlich.

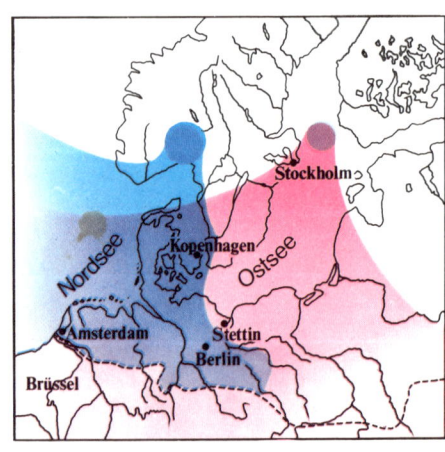

Abbildung 3: Fächerartige Ausbreitungsgebiete zeigen, daß die Findlinge aus Skandinavien verschleppt wurden.

Abbildung 4: Eisberge sind groß genug, um auch stattliche Felsbrocken zu transportieren. Könnten sie die Findlinge nach Süden verfrachtet haben?

schmilzt er ab und gibt nach und nach seine Last frei. Die Steine sinken auf den Grund, und wenn später dieser Meeresteil austrocknet, liegen sie als Findlinge auf dem Land.
Eine hübsche Theorie: Eisberge als Frachtschiffe – aber leider falsch. Denn immer mehr Spuren fand man in der Landschaft, die nicht zur Eisberg-Theorie passen wollten: etwa die langgezogenen Schleif- und Kratzspuren auf vielen Felsplateaus, die alle vom Ursprungsort der Findlinge zu ihrem jetzigen Standort führten. Mit Eisbergen war das nicht mehr zu erklären, und so tauchte kurz nach der Jahrhundertwende der Verdacht auf, es könnten riesige Gletscher gewesen sein, die – aus Skandinavien bis nach Mitteleuropa vorstoßend – diese Spuren eingeritzt und auch die Findlinge mit sich geführt haben. Das war eine kühne Annahme; denn sie setzte unvorstellbare Eismassen und Naturkräfte voraus. Aber sie konnte Schritt für Schritt durch eine lückenlose Indizienkette bewiesen werden – ausgehend von den Eigenschaften eines gewöhnlichen Gletschers.

Anatomie eines Gletschers

Ein Strom aus Eis – das ist ein Gletscher. Freilich ein ungewöhnlicher Strom: Er fließt, ohne vorwärts zu kommen, er entsteht ohne Quelle, endet ohne Mündung, und was da fließt, ist starres, festes Eis. Dieses wunderliche Benehmen eines Gletschers liegt an den wunderlichen Eigenschaften seines Materials – gemeint ist: Wasser. In Form zarter Gebilde schneit es vom Himmel: winzige Eiskristalle, leichter als ein tausendstel Gramm (Abbildung 5). In ihrer Gesamtheit aber ergeben sie eine schwere Schneedecke, backen zusammen, werden zu hellen Eiskörnchen und schließlich unter dem Druck nachfallenden Schnees zu festen, grünlichblauen Eismassen. Je stärker der Schneefall, desto mächtiger das Eis. Vor allem hoch oben im Firnfeld eines Gletschers, wo es nur selten taut, wird aus den Niederschlägen ständig neues Eis gebildet.
Aber auch dieses Eis wandelt sich weiter. Unter dem Druck des eigenen Gewichts wird es in den unteren Schichten plastisch: Es kann fließen wie eine sehr, sehr zähe Flüssigkeit – und natürlich fließt es bergab.
So langsam allerdings ist diese Gletscherströmung, daß sie sich dem bloßen Auge entzieht. Selbst die schnellsten Gletscher Grönlands schaffen nur einige Kilometer im Jahr, und die großen Alpengletscher mit etwa hundert Metern Jahresleistung sind nicht schneller als der kleine Zeiger einer Küchenuhr.
Gletscher fließen immer – egal ob sie dabei vorrücken, ob die Gletscherzunge stehen-

Abbildung 5: Winzige Eiskristalle, vom Himmel schneiend, bilden die Grundbestandteile jedes Gletschers.

Abbildung 6: Milliarden solcher zarter Gebilde ergeben einen Strom aus Eis – einen Strom mit seltsamen Eigenschaften.

bleibt oder gar zurückwandert. Taut das Eis unten im Tal schneller weg, als es nachströmt, dann zieht sich der Gletscher zurück – obwohl er ständig talwärts fließt. Überwiegt umgekehrt der Eisnachschub, so rückt die Gletscherzunge vor, und sie bleibt stehen, wenn sich Abschmelzen und Nachströmen gerade die Waage halten. Solche Vorstöße und Rückzüge eines Gletschers bleiben nicht ohne Spuren. Sie hinterlassen Abdrücke in der Landschaft, Stempel gewissermaßen: Hier war ein Gletscher. Und genau so etwas brauchte man, um die vermuteten Riesengletscher aus Skandinavien nachweisen zu können. Was sind das nun für Spuren?

Das Eis versetzt Berge

Niemand wird erwarten, daß eine Gletscherzunge sanft über den Boden gleitet. Durch ihr ungeheures Gewicht schürft sie Vertiefungen aus, und wie eine überdimensionale Planierraupe schiebt sie Geröll und zerriebenes Gestein vor sich her. Bei einem anschließenden Rückzug des Gletschers bleiben diese Massen liegen: als Erhebungen, als Endmoränen. Die ausgeschabten Mulden füllen sich zu kleinen Seen, hier und da ein Findling – so hinterläßt der Gletscher das Gelände. Hinzu kommt – nicht weniger prägend – das Schmelzwasser, das überall in der Tauzone entsteht: unzählige Rinnsale, Bäche auf dem Eis, Bäche im Eis, Gletschermühlen, wo sich Schmelzwasser wirbelnd in die Tiefe bohrt. Welchen Weg das Wasser auch nimmt, irgendwo tritt es aus der Eisfront hervor – oft durch eindrucksvolle Gletschertore – und fließt in breiten Tälern, sogenannten Urstromtälern ab.

Abbildung 7: Dieser Wallberg bei Flensburg ist das Überbleibsel eines früheren Gletscherflusses.

Diese Landschaftsmerkmale gilt es also zu finden. Seen, Moränen und Urstromtäler – dies mußten auch einstige Riesengletscher, wenn es sie jemals gegeben hat, hinterlassen haben.

Je größer die Gletscher, desto auffälliger die Spuren. Schon ein Blick auf die Landkarte Europas verrät ausgedehnte Seengebiete: im Norden die Holsteinische Seenplatte, die sich fortsetzt bis nach Rußland und Finnland, im Süden der Bodensee und die bayerischen Seen. Und tatsächlich sind diese Gebiete von langgestreckten Hügelketten begrenzt – die gesuchten Endmoränen. Daß sie viel Geröll enthalten, haben mit den Geologen auch die Kieshändler herausgefunden.

So ließ sich die Vergletscherung vor etwa 20 000 Jahren rekonstruieren. Ganz Skandinavien und die gesamte Ostsee lagen unter dem Eis und wurden tief in die Erdkruste gedrückt. Von der Last befreit, hat sich Skandinavien seither wieder um sechshundert bis achthundert Meter gehoben, und noch heute hält dieses »Auftauchen« an. Dennoch: Der letzte Eisvorstoß war relativ bescheiden – längst nicht so weit wie in vorausgegangenen

Abbildung 8: Die kanadischen Wälder sind weit artenreicher als die unsrigen – auch dies eine Folge der Vergletscherung.

Kälteperioden, als die Gletscher bis an die Mittelgebirgsschwelle stießen.

Von der Gewalt des Schmelzwassers aber zeugen heute noch zahlreiche Urstromtäler. Bei Itzehoe beispielsweise überspannt eine der längsten Straßenbrücken Europas ein winziges Flüßchen: die Stör, die sich bequemerweise ein altes Urstromtal als Bett gewählt hat. Und selbst die Elbe nimmt sich dürftig aus in ihrem zu groß bemessenen, fünf bis zehn Kilometer breiten Tal. Vor 20 000 Jahren sammelte sich hier ein Großteil der Schmelzwasserströme: Eine Art Superurstrom flutete an der Eisfront entlang in die Nordsee.

Aber nicht nur der grobe Verlauf der einstigen Gletscher steht fest, Geologen haben erstaunliche Einzelheiten aufgespürt, beispielsweise Felder flachgeschliffener und zermahlener Gesteine – die Reste gewaltiger Gletschermühlen – oder eigenartige Wälle, die sich durch die Landschaft schlängeln. Das sind ehemalige Flüsse, die im Gletschereis verliefen und sich nach und nach mit Geröll füllten. Beim Abtauen sanken sie mit allen Steinen nach unten und bilden jetzt diese Wallberge (Abbildung 7). Es sind ausgestopfte Flußläufe.

Die Eiszeit hat existiert – es gibt keinen Zweifel –, und sie hat den Lebensraum in unseren Breiten rigoros eingeschränkt: Die Vegetation entsprach etwa der Tundra Nordsibiriens – kein einziger Baum. Die Baumgrenze lag damals südlich der Alpen, und dies hat spürbare Auswirkungen bis heute: Der deutsche Wald ist geradezu arm an Baumarten, vergleicht man ihn beispielsweise mit einem kanadischen Laubwald (Abbildung 8). Aber auch Nordamerika war von Gletschern überdeckt. Woher also der Unterschied?

Es sind die Gebirge und Täler, die unterschiedlich verlaufen. In Nordamerika erstrecken sie sich von Norden nach Süden: Der

Baumbestand konnte in die Täler nach Süden ausweichen, als das Eis kam, und die Gebiete später wieder zurückerobern. Anders bei uns: Hier verlaufen die Gebirge quer, und die Bäume wurden an dieser Schwelle zu Tode gequetscht. Nur wenige Arten konnten später auf Umwegen das Terrain zurückerobern.

Wesentlich anpassungsfähiger waren die Tiere der Eiszeit. Im Gegensatz zu den kümmerlichen Polarpflanzen entwickelten sich hier stattliche Exemplare: Riesenelche, Riesenhirsche, Rentiere, wollhaarige Nashörner oder Mammuts (Abbildung 9).

Warum die Eiszeittiere so groß waren, wissen wir nicht. Vielleicht hängt es mit dem günstigen Wärmehaushalt zusammen: Je größer ein Körper, desto länger kann er die Wärme bewahren.

Wie aber unsere Vorfahren diese frostige Zeit überleben konnten und von ihr geprägt wurden – davon soll später die Rede sein.

Abbildung 9: Tiere von imponierender Größe bevölkerten während der Eiszeit unsere Breiten.

Woher kam die Kälte?

Eiszeiten sind globale Angelegenheiten. Von einem anderen Stern betrachtet, würden sie sich als Ausdehnung der Polkappen bemerkbar machen. Das Polareis beider Pole, das heute etwa ein Zehntel der Erdoberfläche einnimmt, überzog im Höhepunkt der Vergletscherung ein Drittel der Erde: Eis vom Nordpol bis Köln, vom Südpol bis Feuerland. Was kann solche katastrophalen Vereisungen hervorrufen? Es muß – das steht fest – eine jahrtausendelange Folge kühler Sommer gewesen sein; denn Winterkälte ist nicht entscheidend: Es schneit bei minus ein Grad und bei minus zehn Grad. Ein kühler Sommer aber bringt das im Winter gebildete Eis nicht mehr zum Abschmelzen.

Kühle Sommer also! Doch was in der Welt kann für kühle Sommer verantwortlich gemacht werden? Um es gleich zu sagen: Man weiß es nicht. Und wie immer in solchen Fällen gibt es mehrere Theorien – jede mit einem anderen Schönheitsfehler. Eine davon stammt von dem jugoslawischen Astronomen Milankovič, der – wie könnte es anders sein – die Lösung bei den Sternen suchte: Die wechselnden Jahreszeiten rühren daher, daß die Erdachse bei ihrem jährlichen Lauf um die Sonne schief steht. Ist die nördliche Halbkugel der Sonne zugeneigt, dann haben wir Sommer. Schaut sie von der Sonne weg, dann ist es bei uns Winter (Abbildung 10). Die Schräglage der Erdachse aber schwankt um wenige Grade, mal steht sie senkrechter, mal etwas schiefer, in einem sehr langsamen Rhythmus von 40 000 Jahren. Es ist klar, daß die Sommer um so kühler ausfallen, je senkrechter die Erdachse steht, denn um so flacher, um so streifender fällt die Sonnenstrahlung ein.

Allerdings reicht diese Abkühlung nicht aus, um eine Eiszeit einzuleiten. Es muß noch ein anderer Faktor hinzukommen: Alle 90 000 Jahre zieht der Planet Jupiter die Erdbahn in

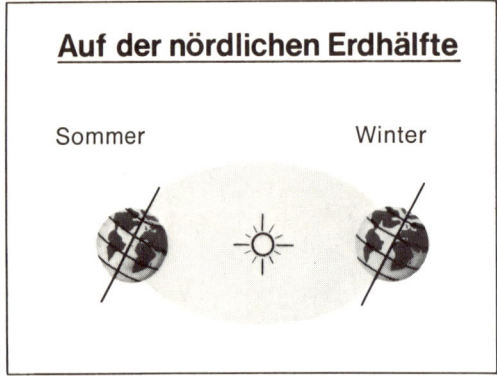
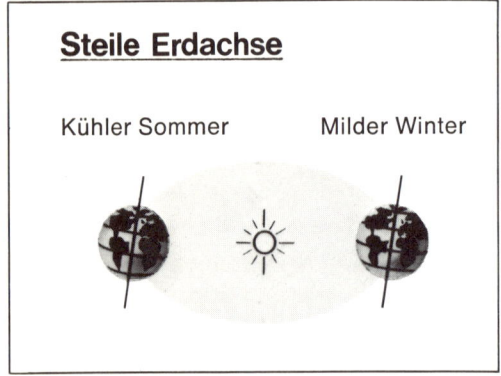
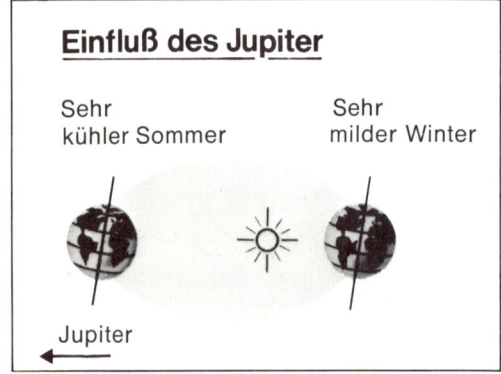

Abbildung 10: Der Astronom Milancovič macht die Schrägstellung der Erdachse (hier übertrieben dargestellt) und den Einfluß des Jupiter verantwortlich für eine langanhaltende Folge kühler Sommer.

die Länge, so daß die Erde exzentrisch um die Sonne läuft. Wenn beide Faktoren – viele Sommer hindurch – zusammenfallen: aufgerichtete Erdachse und größerer Abstand von der Sonne, dann müßte es zu einer merklichen Abkühlung kommen. Milancovič hat diese Zusammenhänge (und noch einige mehr) berücksichtigt und daraus die Sonneneinstrahlung auf die Erde berechnet. Abbildung 11 zeigt seine berühmte Strahlungskurve: Die Zacken nach unten bedeuten Tiefstwerte der sommerlichen Sonneneinstrahlung, und tatsächlich fallen sie meist mit den nach Flüssen benannten Eiszeiten zusammen. Die drei Zacken rechts beispielsweise entsprechen unserer letzten Eiszeit, der Würm-Eiszeit, die vor rund 120000 Jahren einsetzte und vor etwa 20000 Jahren zu Ende ging.

So bestechend diese Theorie auch sein mag, sie kann nicht stimmen. Milancovič hat sie für die nördliche Halbkugel aufgestellt, für die Südhalbkugel jedoch wäre der Einfluß des Jupiter gerade umgekehrt. Hier müßten die Sommermonate – weil die Erde näher an der Sonne vorbeiläuft – um so wärmer ausfallen. Tatsache aber ist, daß Nord- und Südhalbkugel zur selben Zeit vereist waren.

Ganz anders hat der amerikanische Geophysiker Wilson das Problem angepackt. Als Erdwissenschaftler macht er nicht die Sterne, sondern die Erde selbst verantwortlich für ihre Eiszeit: Wenn das Eis an den Polen, vor allem in der Antarktis, eine gewisse Höhe erreicht, dann beginnt es unter dem eigenen Druck auseinanderzufließen. Die Eiskappen vergrößern sich und – das ist entscheidend – reflektieren immer mehr der Sonnenstrahlung zurück in den Weltraum. Verlorene Wärme! Eine Abkühlung der Erde ist unausbleiblich. Hierdurch aber dringt das Eis noch weiter vor, spiegelt noch mehr Sonnenwärme zurück und so weiter. Das Eis selbst schafft sich das Eiszeitklima!

Mit seiner Theorie kann Wilson sogar die pe-

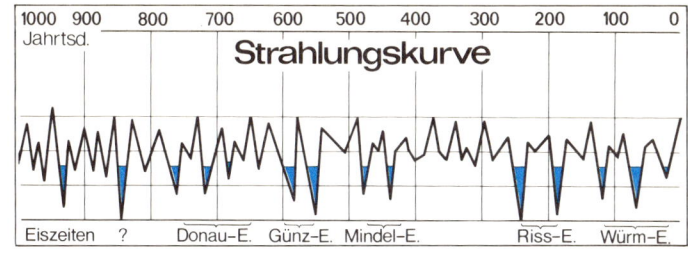

Abbildung 11: Die Sonneneinstrahlung auf die Erde, berechnet für die letzten tausend Jahrtausende. Die Minima fallen mit den bekannten Eiszeiten zusammen.

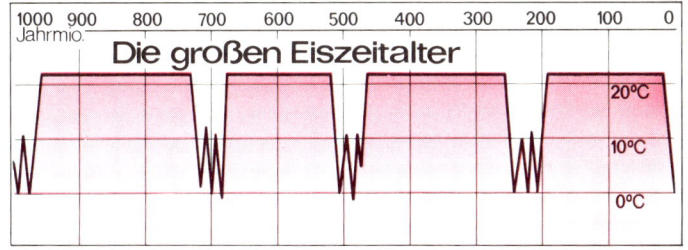

Abbildung 12: Betrachtet man einen Zeitraum von tausend Jahrmillionen, dann traten Eiszeiten nur in sogenannten Eiszeitaltern auf, die regelmäßig das warme Klima unterbrachen.

riodische Wiederkehr der Eiszeiten erklären. Ist der Eispanzer an den Polen so dünn geworden, daß kein Nachschub mehr erfolgt, dann kehrt sich das Spiel um: Die Schmelzvorgänge gewinnen die Oberhand, und die ausgedehnten Eiskappen beginnen auf Normalgröße abzutauen. Erst nach den Schneefällen von Jahrzehntausenden erreicht das Polareis erneut seine kritische Höhe und löst die nächste Eiszeit aus.

Was aber als Stärke dieser Theorie erscheint, daß sie nämlich die Periodik der Eiszeiten so elegant erklärt, das ist in Wahrheit ihre Schwäche. Denn diese Periodik gab es gar nicht immer! Eiszeitfolgen traten – wenn man einen größeren Zeitraum der Erdgeschichte betrachtet – nur stoßweise auf, in sogenannten Eiszeitaltern. Dazwischen: lang anhaltende Warmzeiten. Unser letztes Eiszeitalter beispielsweise – bestehend aus Donau-, Günz-, Mindel-, Riß- und Würm-Eiszeit – hat vor etwa einer Million Jahren eingesetzt. Davor aber gab es zweihundert Jahrmillionen lang eine Warmzeit – so warm, daß in unseren Breiten tropisches Klima herrschte, daß der Nordpol eisfrei und der Südpol üppig mit Pflanzen bewachsen war. Ähnliche Warmzeiten trennten auch frühere Eiszeitalter, die man noch weiter zurück in der Erdvergangenheit aufspüren konnte (Abbildung 12). Das ließ sich mit Wilsons Theorie nicht mehr erklären!

Die Ursachen für die Eiszeitalter waren wohl doch im Kosmos zu suchen, und so verfiel man auf kosmische Staubwolken, die sich zeitweise zwischen Erde und Sonne geschoben haben könnten. Tatsächlich gibt es im Weltraum zahllose solcher Dunkelwolken, die dahinter liegende Sonnen verdunkeln und deren Strahlung abschirmen. Aber auch diese Theorie ist zusammengebrochen, seit man weiß, daß die großen Eiszeitalter regelmäßig, etwa alle 230 bis 250 Millionen Jahre, die Erde überfallen haben. Bei zufällig durchziehenden Staubwolken ist eine derartige Regelmäßigkeit undenkbar.

Was aber löst dann die Eiszeitalter aus? Der Jupiter ist es nicht, die Wärmereflexion des Eises ebensowenig wie Dunkelwolken. Was noch könnte die Kraft der Sonnenstrahlung mindern? Man vermutet heute, daß es an der Sonne selbst liegt. Sie besitzt ja bereits einen

Abbildung 13: Eine berühmte Dunkelwolke: der Pferdekopfnebel. Könnten derartige Staubwolken die Sonnenstrahlung abgeschwächt und zu Eiszeiten geführt haben?

inneren Rhythmus: Alle elf Jahre ist sie besonders unruhig, zeigt Sonnenflecken und schleudert riesige Gasfontänen in den Weltraum. Niemand weiß, warum dies alle elf Jahre passiert, und niemand weiß, warum die Sonne ausgerechnet alle 250 Millionen Jahre einen Schwächeanfall erleiden sollte. Aber es gibt doch einen Hinweis von höchster Verdächtigkeit: die Rotation unserer Milchstraße. Die Milchstraße dreht sich um ihr Zentrum – innen schneller, außen langsamer. Unser Sonnensystem aber, das relativ weit am Außenrand liegt, benötigt für einen Umlauf just etwa 250 Millionen Jahre. Freilich: Wie die Rotation der Milchstraße die Aktivität der Sonne beeinflussen könnte, das steht noch in den Sternen.

Aber was auch immer die Ursachen für die Eiszeitalter waren, fest steht, daß wir in einer abnormen Epoche der Erdgeschichte leben. Das Normale sind die Warmzeiten mit einem Jahresdurchschnitt von achtzehn bis fünfundzwanzig Grad Celsius. Zum Vergleich: Heute liegt der Kölner Jahresdurchschnitt bei knapp zehn Grad. Dies unterstreicht, daß wir vielleicht mitten in einem Eiszeitalter stecken – glücklicherweise zwischen zwei Eisvorstößen. Denn bisher haben diese Eiszeitalter stets zehn bis zwanzig Millionen Jahre gedauert, und man kann nicht damit rechnen, daß es diesmal mit knapp einer Million Jahren schon sein Bewenden habe. Die Frage ist nicht, ob eine neue Eiszeit kommt, sondern wann sie kommt.

Überleben in der Eiszeit?

Es wäre nicht das erstemal, daß die Menschheit eine Eiszeit durchsteht. Ja, so paradox das klingt, ohne Eiszeit wären wie vielleicht heute noch äffische Vormenschen. Als die Natur nämlich zur Entwicklung des Homo sapiens ansetzte, da geschah dies nicht in einer paradiesischen Warmzeit, sondern zu Beginn des letzten Eiszeitalters. Der Mensch oder Vormensch geriet unter Leistungsdruck. Plötzlich wurde es lebenswichtig, warme Kleider zu fertigen. Die Nahrung wuchs nicht mehr in den Mund. Jagdmethoden und Verwertung der Tiere mußten verfeinert werden. Man war angewiesen auf Waffen und Werkzeuge und den gekonnten Einsatz von Feuer. Nur mit Erfindungskraft und planender Vorausschau ließ sich der Eiseskälte trotzen.

Die Menschheit erfuhr damals einen gewaltigen Entwicklungsschub, der sich heute noch an der technischen Verbesserung ihrer Steinwerkzeuge ablesen läßt. Abbildung 14 zeigt links ein primitives Steingerät zum Bohren oder Schaben, gut eine Million Jahre alt. Ein

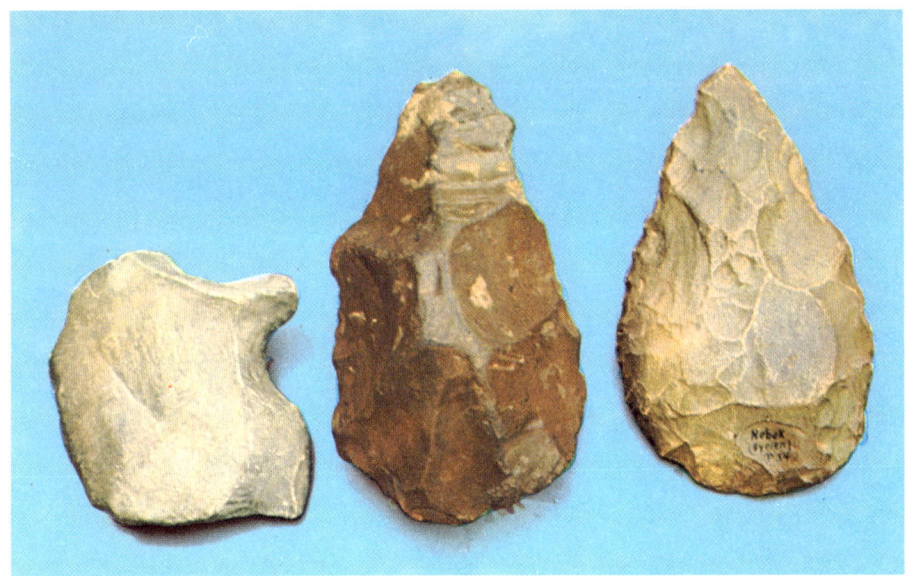

Abbildung 14: Steinwerkzeuge aus der Eiszeit, von links nach rechts in fortschreitender Perfektion.

deutlicher Fortschritt: der Faustkeil in der Mitte. Er wurde vor 300000 Jahren hergestellt. Roh behauen, aber messerscharf, diente er als eine Art Universalwerkzeug zum Schneiden, Sägen oder Schaben. Der Faustkeil rechts, 100000 Jahre alt, ist bereits technisch perfekt und hochelegant – offensichtlich auch unter ästhetischen Gesichtspunkten gefertigt. Eine beschleunigte Entwicklung im Werkzeugbau, herausgefordert durch die widrigen Umstände der Kaltzeit, ist schon aus diesen drei Beispielen unverkennbar.

Was der Steinzeitmensch mit seinen Werkzeugen bewältigt hat, sollte auch unserer fortgeschrittenen Technik möglich sein: Die nächste Eiszeit braucht uns keine Sorgen zu machen. Und schließlich rechnen die Wissenschaftler mit Jahrtausenden bis zu einem neuen Eisvorstoß. Bleibt zu hoffen, daß ein Entwicklungsschub, der auch Kriege und Ausbeutung als menschliche Merkmale hinter sich läßt, nicht erst in jener fernen Zukunft eintritt.

Eiszeitalltag

Entwicklungsschub durch die Eiszeit! Entwicklungsschub – die Sprache beschönigt, sie zeichnet das Bild vom hilfreichen Schub: als ob die Natur, die Evolution oder wer auch immer unterstützend eingegriffen und die bedrohte Menschheit auf ein höheres Niveau gehoben hätte. Eine solche Schubkraft, der man sich passiv hätte anvertrauen können, gab es natürlich nicht. Hier verrät die Sprache unsere Distanz – die Distanz der biologischen, in Arten und Generationen denkenden Betrachtungsweise sowie die Distanz der Jahrzehntausende. Denn für die Betroffenen damals bestand der Entwicklungsschub in einem permanenten Härtetest auf Leben und Tod. Der Eiszeitalltag stellte außergewöhnliche Forderungen: Mit einem Fellüberwurf oder gar Lendenschurz war es nicht mehr getan, man brauchte passende Fellschuhe und Fellhosen – warm gegen die Eiseskälte, bequem und geschmeidig für die Jagd. Geräte zum Nähen. Transportable Familienzelte, weitreichende Bögen und Harpunen. Herstellung und Handhabung von Messern, Bohrern, Schabern. Das Außergewöhnliche wurde zur Norm erhoben, und wer die Norm nicht schaffte, hatte dies mit Verhungern oder Erfrieren zu bezahlen – zumindest mit dem genetischen Tod, dem Aussterben seiner Sippe. So kam der Entwicklungsschub zustande!

Sicher ist, daß die Eiszeitmenschen kein Interesse an einem derartigen Entwicklungsschub hatten. Warum also nahmen sie solche Strapazen auf sich? Sie hätten abwandern können in den wärmeren Süden. Statt dessen suchten sie die Kälte auf. Von den Menschen der Jungsteinzeit zumindest wissen wir, daß sie freiwillig jeden Sommer nach Norden zogen, in die Nähe des Eisrandes.

Der Grund war das Rentier. Das Ren zog zuerst, der Mensch folgte lediglich seinem Nahrungsmittel – und seiner Rohstoffquelle: Felle für Kleidung und Behausung, Sehnen als Nähfäden, hartes Horn für Waffen und Werkzeug. Angewiesen auf diese Materialien – und auch der Tradition der Väter verpflichtet –, machte der Mensch den Zug der Tiere mit. Und warum zogen die Rentiere?

Sie standen unter ähnlichem Zwang: Auch sie suchten im Sommer ihr bevorzugtes Nahrungsmittel, eine bestimmte Flechtenart. Dieses Rentiermoos, das in kalten Zonen besonders gedeiht, lockte bei einsetzender Schneeschmelze die Tiere nach Norden.

Der Mensch zog mit, abhängig vom Ren, das seinerseits abhängig war von Pflanzen – Pflanzen, die heimlichen Herrscher?

Damals offensichtlich! Aber im Zeitalter der Kunstprodukte und Raumfahrt ist diese Abhängigkeit nicht minder stark. Es gibt dringende Gründe, sich ihrer zu erinnern.

5 Pflanzen – die heimlichen Herrscher

Salvatore, der italienische Bergführer, wiederholte zweifelnd: ein Bericht über Pflanzen? Lediglich die schwere Kameraausrüstung auf seinen Schultern hinderte ihn daran, die Hände über dem Kopf zusammenzuschlagen. Denn weit und breit war keine Pflanze, kein einziger Grashalm zu sehen. Nichts als schwarze Lavabrocken und alles durchdringende Vulkanasche. Schwefelgeruch, Dampfschwaden, heißer Boden. An Schlaf war nicht zu denken, als das *Querschnitt*-Team eine Nacht auf dem Stromboli-Vulkan verbrachte. Zu gewaltig donnerten die Ausbrüche und zu aufregend waren auch die Eindrücke, wenn drei Krater im Wechsel Fontänen glühenden Gesteins emporschleuderten. Man fühlte sich zurückversetzt in die rauhe Anfangszeit unseres Planeten, als die Erde vulkanisch noch wesentlich aktiver war, als der ganze Boden aus heißem Vulkangestein bestand, ausgestoßen aus dem Erdinnern. Damals vor vier bis fünf Milliarden Jahren verdunkelte Wasserdampf die Sonne, gewaltige Gewitterschauer stürzten auf die Erde um gleich darauf vom heißen Boden wieder als Dampf emporgeschleudert zu werden. Unvorstellbare, vernichtende Naturgewalten, denen kein Organismus hätte standhalten können. Und dennoch schuf dieser Vulkanismus – das hat die Wissenschaft in den letzten Jahren herausgefunden – eine der Voraussetzungen für die Entstehung von Leben.

Diese Vulkane nämlich beförderten nicht nur festes oder flüssiges Gesteinsmaterial ins Freie, sondern – wie es heute noch der Fall ist – auch gewaltige Gasmengen. Eine Gashülle legte sich um den Erdball und bildete so die Uratmosphäre der Erde. Hauptbestandteil war der erwähnte Wasserdampf – dichte Wolkenschichten, die wieder abregneten und schließlich, als die Erde weiter ausgekühlt war, die Senken der Erdkruste mit Wasser füllten. In anderen Worten: Das Wasser aller Ozeane und Meere stammt aus Vulkanen. Die Erde hat es buchstäblich aus ihrem Innern ausgeschwitzt:

Vulkanismus = Wasser + Atmosphäre.

Diese Rechnung freilich ist zu einfach: Auch auf dem Mond gibt es neben Meteoriteneinschlägen deutliche Zeichen vergangener Vulkantätigkeit. Riesige Krater zeigen, daß auch dort einst Gase an die Oberfläche befördert wurden, und selbst in jüngster Zeit konnten noch Gasausbrüche auf dem Mond fotografiert werden. Warum hat der Mond keine Atmosphäre mehr? Apollo-Astronauten haben eindrucksvoll demonstriert, woran das liegt: Sie hüpften und stolperten »in Zeitlupe«, und ihre Werkzeuge schwebten zu Boden. Auf dem Mond ist alles sechsmal leichter – Astronauten wie Gasmoleküle –, denn die Anzie-

Abbildung 1: Giftige Gase dringen durch Krater und Spalten aus dem Erdinnern – seit Milliarden Jahren. So entstand die Atmosphäre unseres Planeten. Aber erst Pflanzen haben sie zu dem gemacht, was wir heute atmen.

Abbildung 3: Bei Tage sieht man gewaltige Wasserdampfschwaden hervorquellen. Alles Wasser der Erde wurde auf diese Weise aus dem Erdinnern »ausgeschwitzt«.

Abbildung 2: Mehrere Male in jeder Stunde spukken die Krater des Stromboli. Glühende Gesteinsbrocken und unsichtbare Gasmassen werden herausgeschleudert.

hungskraft des Mondes beträgt nur ein Sechstel der irdischen Schwerkraft. So genügt bereits eine Fluchtgeschwindigkeit von 2,4 Kilometer pro Sekunde, um dem Anziehungsbereich des Mondes zu entkommen, und das ist für Wasserstoffmolcküle bei etwa 180 Grad Celsius die normale Durchschnittsgeschwindigkeit. Auf diese Weise hat der Mond seine Atmosphäre, kaum daß sie entstanden war, immer wieder an den Weltraum verloren. Die Erde dagegen mit ihrer höheren Schwerkraft konnte die Uratmosphäre größtenteils festhalten.

Abbildung 4: Ein kleines Bäumchen zeigt, was es kann: Es reichert die – in Plastiksäcken zu Tal getragene – Uratmosphäre mit Sauerstoff an.

Ohne Pflanzen müßten wir ersticken

Der frisch erworbene Gasmantel allerdings unterschied sich wesentlich von unserer heutigen Atmosphäre. Er enthielt neben Wasserdampf Gase wie Methan, Ammoniak, Kohlendioxid – aber so gut wie keinen Sauerstoff. Und das ist der Punkt, an dem die Pflanzen ins Spiel kommen: Sie verwandelten diese Uratmosphäre in das, was wir heute atmen. Auf Stromboli ging es darum, diesen globalen Umwandlungsprozeß in kleinerem Maßstab zu wiederholen: Kratergas sollte von Pflanzen verarbeitet werden. Allerdings: Woher Kratergas nehmen, ohne sein Leben zu riskieren, denn die Ausbrüche erfolgten unregelmäßig, spontan, ohne jede Anmeldung? Aber Salvatore kannte seinen Berg gut genug, um eine Bodenspalte ausfindig zu machen, aus der Vulkangas strömte. Zwei große Plastiksäcke, eine Fußpumpe und einiger Schweiß – so gelang es, die Uratmosphäre abzufüllen und auf dem Rücken zu Tal zu tragen. Das Ziel: ein kleines unscheinbares Bäumchen an der Vegetationsgrenze, das – für dieses Experiment ausgewählt – mit Vulkangas gespeist werden sollte. Es steckte hierzu luftdicht in einer Plastikhülle. In diese Hülle, den künstlichen Lebensraum des Bäumchens, wurde das sauerstofffreie Vulkangas umgefüllt (Abbildung 4) und über Schlauchleitungen an ein hochempfindliches Meßgerät angeschlossen. Es registrierte den Sauerstoffgehalt um das Testbäumchen: Langsam zwar, aber unübersehbar stieg die Anzeige. Das Bäumchen produzierte Sauerstoff – in vier bis fünf Stunden immerhin einige Liter!

Auf diese Weise kam der Sauerstoff in unsere Atmosphäre. Durch Pflanzen! Unter Ausnutzung des Sonnenlichts haben sie das Kohlendioxid der Uratmosphäre größtenteils verbraucht und durch Sauerstoff ersetzt.

Diese Veredelung der Uratmosphäre erst hat den Weg frei gemacht für höheres Leben: Jetzt konnten Tiere entstehen. Ihre Sauerstoffatmung sorgt weit schneller und wirkungsvoller für Energie. Tiere brauchen keinen Platz mehr an der Sonne. Tag und Nacht steht ihnen der Sauerstoffabfall der Pflanzen zur Verfügung. Umgekehrt atmen Tier und Mensch dann Kohlendioxid aus und erhalten damit den Pflanzen ihre Lebensgrundlage.

So eng und wechselseitig also ist das Leben auf unserem Planeten mit dessen Gashülle verflochten. Aber diese Verzahnung beginnt schon viel früher: Denn nur in der sauerstofflosen Jugendzeit der Erde, als weder Uratmosphäre noch Urozeane Sauerstoff enthielten, konnten die ersten Eiweißbausteine entstehen – unbelebt zwar, aber notwendiges Rohmaterial für späteres Leben. Sauerstoff nämlich ist chemisch derart aggressiv, daß er diese Eiweißbausteine schon bei ihrer Bildung wieder zerstört hätte.

Es ist erstaunlich und bewundernswert, wie hier geophysikalische und biologische Abläufe ineinanderpassen und rückblickend fast wie aufeinander abgestimmt erscheinen. Ob auch das heutige Wechselspiel zwischen Atmosphäre und Bewohnern der Erde rückblickend einmal so positiv erscheint, ist allerdings offen: Schon heute reichen die Pflanzen des nordamerikanischen Kontinents nicht mehr aus, um den dort verbrauchten Sauerstoff bereitzustellen. Denn industrielle Verbrennung verzehrt um ein Vielfaches mehr Sauerstoff als alle Menschen und Tiere beim Atmen. Achtzig Prozent seines Sauerstoffs muß Nordamerika »importieren« – aus den angrenzenden Ozeanen, wo ausgedehnte Algengebiete, also winzige Meerespflanzen, ebenfalls Sauerstoff liefern.

Und hier setzen die Warnrufe der Umweltforscher ein: Die Meeresalgen nämlich stoppen ihre Sauerstoffproduktion, wenn sie zuviel des Pflanzenschutzmittels DDT abbekommen, das sich bereits über die ganze Erde verteilt hat. Zehn Mikrogramm DDT in einem Liter Meerwasser – so haben Versuche gezeigt – genügen für ein Versiegen dieser Sauerstoffquelle. Noch aber gibt es keinen gleichwertigen Ersatz für DDT.

Von der Sonne leben

Ohne Land- und Meerespflanzen wäre es mit der Atemluft in ein paar Jahrhunderten zu Ende, wir würden ersticken. Aber bevor es dazu käme, wären wir (und alle Tiere) längst verhungert. Denn jeder – ob Vegetarier oder nicht – ernährt sich letztlich von Pflanzen: kein Schnitzel ohne grüne Weide, kein Fisch ohne Wasserpflanzen. Den Anfang jeder Nahrungskette, mag sie noch so viel fleischfressende Glieder enthalten, bilden immer Pflanzen. Sie sind nicht nur die alleinigen Sauerstofflieferanten, sondern auch die einzigen wirklichen Nahrungsproduzenten der Erde. Der Grund ist in beiden Fällen der gleiche: Pflanzen leben von der Sonne! Als einzige Organismen können sie das Sonnenlicht verwerten und damit ihre Körpersubstanzen aufbauen: Eiweiß, Fette oder Zucker – und dies aus einfachsten anorganischen Rohstoffen wie Wasser, Kohlendioxid, Stickstoff. Das ist die berühmte Photosynthese!

In diesem Punkt ist uns jede kleinste Algenzelle überlegen: Unser Organismus ist

77

Abbildung 5: Algenzucht am Kohlenstoffbiologischen Institut in Dortmund. In den Becken werden einzellige Algen gezüchtet, um eine billige eiweißhaltige Nahrungsquelle zu erschließen.

außerstande, Sonnenenergie zu verwerten. Wir, wie auch alle Tiere, können nur existieren, indem wir andere Lebewesen töten, sie verzehren und hieraus unsere Energie beziehen.

Mit diesem tiefgreifenden Unterschied hängt es vielleicht zusammen, daß Hunger und Aggressivität so dicht beieinander liegen. Umgekehrt wäre die Friedfertigkeit der Pflanzen eine Folge davon, daß sie ihre Energie frei Haus von der Sonne erhalten. Wer seine Nahrung selbst herstellt, braucht sich längst nicht in dem Maße gegen Konkurrenten durchzusetzen, und wer weder Futter noch Beute erjagen muß, kann sogar auf Fortbewegung verzichten und einen festen Standort einnehmen.

Festgewachsen – aber flink

Aber selbst wenn sie festgewachsen sind, die Annahme, daß Pflanzen sich nicht bewegen könnten, ist nur ein weitverbreitetes Vorurteil. Jede Bohnen- oder Hopfenpflanze widerlegt es, wenn sie sich nach oben windet und

Abbildung 6: Die anspruchslosen Pflanzen brauchen nur Wasser, einige Mineralstoffe, Kohlendioxidgas und Sonnenlicht. Schaufelräder sorgen für ausreichende Belüftung des Wassers mit Kohlendioxid.

dadurch trotz zarten Körperbaus enorme Höhen erreicht. Und wenn ihnen der Halt entzogen wird, dann führen diese Winden kreisende Suchbewegungen aus und durchlaufen in etwa einer Stunde ihren Rundgang.
Trotzdem lassen wir dies nur ungern als Bewegung gelten; einmal, weil sie zu langsam abläuft, um direkt wahrgenommen zu werden. (Wir schließen ja nur aus Indizien, aus der veränderten Position der Windenspitze, daß sie sich bewegt haben *muß*.) Zum anderen sind diese Bewegungen unwiderruflich, sie können nicht rückgängig gemacht werden. Niemand wird den Besuch beim Friseur mit der schnellen Bewegung seiner Haare begründen, und ebenso ist die Windenbewegung nichts anderes als schraubenförmiges Wachstum: In der Außenkurve wächst der Stengel schneller als innen. Dennoch gibt es hier einen wesentlichen Unterschied: Die Pflanzen reagieren gezielt auf Umweltreize. Ein Ast, eine Schnur oder Stange leitet die Krümmbewegung ein. Hierbei übertrifft der Tastsinn der Pflanzen den unserer Fingerkuppen bei weitem: Ein Wollfaden von weniger als einem

viertelmillionstel Gramm kann bereits die Krümmung einer Ranke auslösen. Die viel schwereren Regentropfen dagegen werden als haftungeeignet ignoriert – für Ranken ein lebenswichtiges Unterscheidungsvermögen.
Aber die Bewegungstechniken der Pflanzen sind keineswegs auf gezieltes Wachstum beschränkt. Viele sind mit Gelenken ausgerüstet, sie heben und senken ihre Blätter und richten sie optimal nach dem Stand der Sonne aus. Und wem das alles noch zu langsam und unauffällig geht, der möge eine Mimose kneifen! Es ist geradezu unheimlich, was dann passiert: Wie unter Schmerzen klappen die einzelnen Fiederblättchen zusammen – eines nach dem anderen, in Sekundenschnelle. Man sieht förmlich, wie sich der Schmerzreiz von der verletzten Stelle ausgehend nach allen Seiten fortpflanzt. Schließlich kippen noch die Hauptblattstiele nach unten. In dieser abgeschlafften Haltung verharrt die Pflanze zehn bis fünfzehn Minuten, bevor sie wieder ihre alte Stellung einnimmt (Abbildung 8 und 9). Noch heftiger, das heißt schneller, reagiert die Mimose, wenn man sie mit einem brennenden Streichholz verwundet. Ein Durchschneiden des Stengels aber – man hat wirklich Hemmungen, es zu tun – ruft die stärkste Antwort hervor: Nach einer Schrecksekunde von nur 0,08 Sekunden breitet sich der Reiz mit einhundert Millimeter pro Sekunde über die ganze Mimose aus – für Pflanzen eine unglaubliche Geschwindigkeit.
Natürlich fühlt eine Mimose keinen Schmerz – hierzu fehlen ihr Nerven und Gehirn, aber eine Reizleitung ist unbestritten. Hierbei werden die elektrischen Eigenschaften der Zellmembranen beeinflußt, es ändert sich deren Durchlässigkeit und damit der Quellungszustand der Zellen: Die Gelenkzellen werden schlagartig weniger prall und rufen so die verblüffend raschen Blattbewegungen hervor.
Lange vor den Tieren haben die Pflanzen also eine Reizleitung erfunden, und die elektrischen Änderungen der Zellmembranen sind vielleicht einfachste Vorstadien unserer Nervenleitung. Wie um das zu unterstreichen, läßt sich eine Mimose durch denselben Stoff betäuben, der auch unsere Nerven stillegt: durch Äther. Bei mehrstündiger Äthernarkose werden die Bewegungen der Mimose erst langsamer, und schließlich reagiert sie überhaupt nicht mehr auf Verletzungen.

Einfallsreicher Samenversand

Pflanzen, obwohl festgewachsen, sind also keineswegs unbeweglich. Aber einen gravierenden Nachteil scheint die Ortsgebundenheit doch mit sich zu bringen: Wie sollen sich die Nachkommen ausbreiten? Wie entfernen sich die Samen von der Mutterpflanze? Denn schließlich können an derselben Stelle nicht beliebig viele Pflanzen wachsen.
Diesem drohenden Handikap begegnen die Pflanzen mit einem ungeheuren Einfallsreichtum beim Transport ihrer Samen. Im Vergleich zu der hier geschaffenen Fülle von Bewegungsmöglichkeiten erscheint die Fortbewegung der Tiere als geradezu eintönig.
Bekannte Beispiele: die kleinen Fallschirme der Löwenzahnsamen, die sich kilometerweit vom Wind tragen lassen, und die Fruchtstände der Linde, die – mit einem Rotorblatt ausgerüstet – langsam durch die Luft zwirbeln. Kokosnüsse sind so seetüchtig, daß sie ganze Meeresarme überqueren können. Und wer sich nicht auf Wind und Wasser verlassen

Abbildung 7: Auf einer heißen Walze wird der Algenschlamm getrocknet. Entsprechend gewürzt, läßt sich daraus eine nahrhafte Suppe bereiten.

Abbildungen 8 und 9: Links: Eine Mimose in Normalstellung mit geöffneten Fiederblättchen. Rechts: Dieselbe Pflanze nach einer Verletzung. In Sekundenschnelle haben sich die Fiederblättchen geschlossen und die Blattstiele abgesenkt.

will, der versucht es mit Tieren: Kletten heften sich einfach an. Früchte und Beeren lassen sich fressen, damit andernorts die Samen mit den Exkrementen wieder ausgeschieden werden. Das Veilchen hat sogar an seine Samen Leckerbissen angeheftet, speziell für Ameisen, die denn auch eifrig Veilchensamen verschleppen.

Aber nicht immer lassen Pflanzen andere für sich arbeiten. Wer kennt nicht das elektrische Kribbeln in den Fingerspitzen, wenn man das Springkraut berührt: Die unter Spannung stehende Fruchtkapsel platzt auf und schleudert dabei die Samen aus. Eine andere Technik benutzt die Spritzgurke: In den Gurkenfrüchten bildet sie einen Überdruck bis zu fünf atü. Das entspricht dem Reifendruck eines Lkw. Und wenn sich der als Pfropfen dienende Gurkenstiel löst, dann schießen die Samen zehn Meter weit ins Gelände. Nicht so schnell, aber mindestens so originell schickt ein Wildhafer *(avenna sterilis)* seine Samen aus: Die Ähren krabbeln und hüpfen buchstäblich über den Boden, angetrieben durch einen zuverlässigen Quellmotor. Die Antriebswelle besteht aus verdrillten Fasern, die sich je nach Luftfeuchtigkeit dehnen und strecken und dadurch den ganzen Faserstrang in Rotation versetzen.

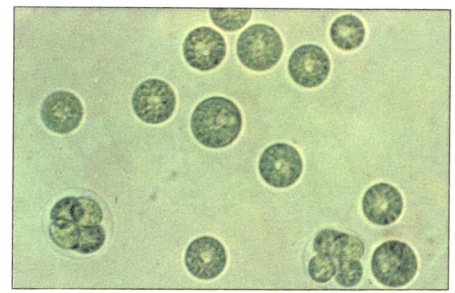
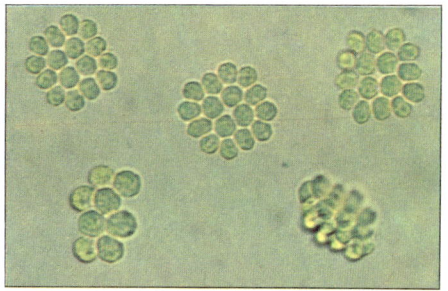
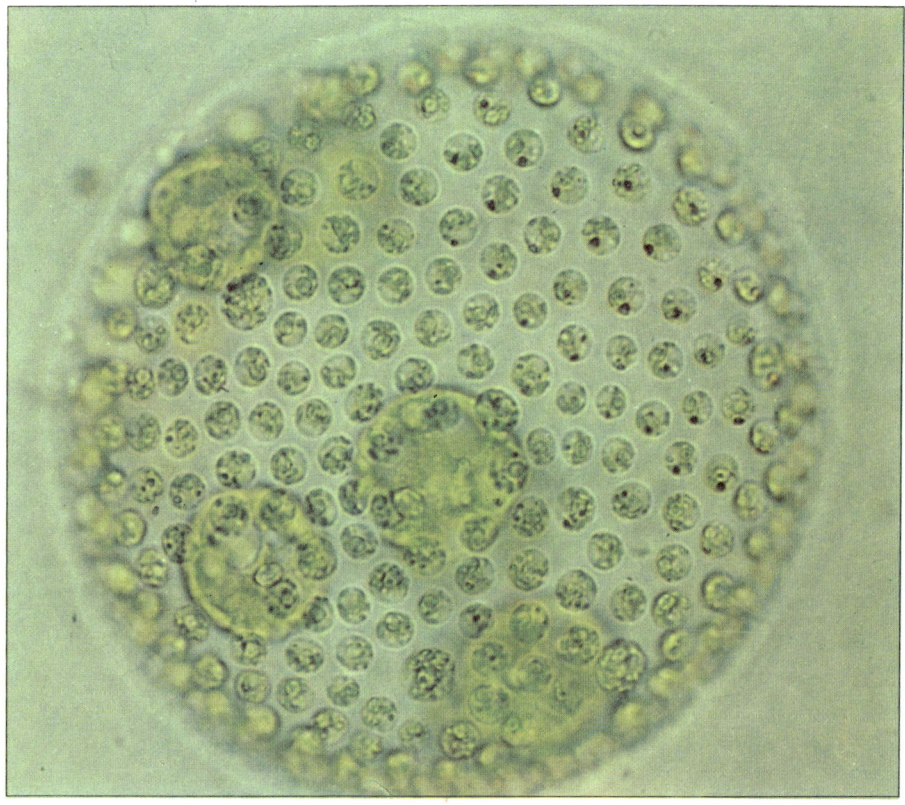

Abbildungen 10, 11 und 12: Oben links: Einzelne Algenzellen – jede ein Individuum. Oben rechts: Hier legen sich Algen zu Klumpen zusammen. Unten: Volvox mit spezialisierten Zellen. Nur die inneren teilen sich und bilden Tochterkugeln.

Nach all dem wird man sich kaum mehr darüber wundern, daß die Pflanzen die Bewegung überhaupt erfunden haben – in einer Form übrigens, der jeder von uns sein Leben verdankt. Einzellige Pflanzen waren es, die als erste den Geißelantrieb entwickelten, die sich erstmals durch den rhythmischen Schlag eines Plasmafadens fortbewegten – rückwärts oder vorwärts, je nach Schlagtechnik. Die Geschwindigkeiten hierbei sind beachtlich: Bakterien, die ja zu den niedrigsten Pflanzen gehören, legen bei Geißelantrieb im Wasser in einer Sekunde gut das Zehnfache ihrer Körperlänge zurück. Für ein Motorboot von fünf Meter Länge entspricht das einer Geschwindigkeit von 180 Stundenkilometern. Geißeln sind also ungeheuer wirkungsvolle Schiffsschrauben, und sie sind es auch, die menschliche Spermien auf dem Weg zur Eizelle antreiben – ein von den Pflanzen übernommenes Prinzip.

Geteilte Arbeit ist halbe Arbeit

Auf das Erfinderkonto der mikroskopischen einzelligen Pflanzen entfällt neben der Beweglichkeit ein weiterer Punkt, ohne den sich höheres Leben nie hätte entwickeln können: Sie schließen sich zusammen! Die einzelligen Algen auf den Abbildungen 10 und 11 haben sich zu einem geordneten Haufen, zu einer Kolonie zusammengelagert. Jede Algenzelle darin kann zwar wie als Einzelgänger schwimmen, sich teilen, sich ernähren. Aber das ist bereits die Vorstufe zum nächsten entscheidenden Entwicklungsschritt. Der kugelige Zellverband auf Abbildung 12 nämlich ist das erste mehrzellige Individuum in der Geschichte des Lebens: der Volvox. Hier teilen sich die Zellen ihre Aufgaben. Außen liegen solche mit kräftigen Geißeln, die ihren Schlag genau aufeinander abstimmen. Andere Zellen übernehmen die Fortpflanzung, teilen sich und bilden »Tochterkugeln«. Und Zellen, die in Schwimmrichtung liegen, zeigen besonders ausgeprägte Lichtrezeptoren, sogenannte Augenflecke. Hier ist zum erstenmal die Arbeitsteilung der Zellen verwirklicht: die Spezialisierung auf bestimmte Aufgaben, die dann bei den höheren Tieren und beim Menschen – bis ins Extrem gesteigert – zu so unter-

Abbildung 13: Die afrikanische Leuchterblume spielt virtuos auf dem Instinktrepertoire kleiner Insekten. Die Tiere stürzen dabei von einem Abenteuer in das andere.

schiedlichen Formen wie Knochen-, Drüsen- oder Nervenzellen geführt hat. Die Arbeitsteilung bedeutet noch eine weitere Marke in der Geschichte des Lebens. Jetzt gibt es zum erstenmal das eingeplante Sterben! Bis dahin waren die Lebewesen – im Prinzip jedenfalls – unsterblich, denn jede Zelle pflanzte sich durch Teilung fort und lebte in ihren Tochterzellen weiter. Anders beim Volvox: Zellen, die nicht zur Fortpflanzung bestimmt sind, erleiden den Tod. Sicher, der Tod war von Anfang an der Begleiter, sogar ein notwendiger Begleiter des Lebens, doch er trat immer als feindliche Umwelt auf. Für den Volvox aber und seine Nachfahren können die Umweltbedingungen noch so lebensfreundlich sein, der Tod ist einprogrammiert.

Wie intelligent sind Pflanzen?

Je genauer man die Pflanzen unter die Lupe nimmt, um so mehr sieht man die vermeintliche Vormachtstellung, die Überlegenheit der Tiere schwinden. Eines allerdings scheint nur ihnen vorbehalten: die Intelligenz. Planendes Handeln, Vorausschau, die Schwächen eines Gegners ausnutzen – das ist bei Pflanzen undenkbar. Dennoch, wer die Kesselfallen kennenlernt, beginnt zu zweifeln. Normalerweise ist es ein ehrlicher Handel, der sich zwischen Blumen und Insekten abspielt: Die Insekten erhalten Nektar, die Blumen laden dafür ihren Blütenstaub, den Pollen, auf den Besucher ab und lassen damit die nächste Blume befruchten. Ein zweiseitiges Abkommen: Ernährung gegen Befruchtung. Manche Pflanzen allerdings nutzen dies nun geradezu hinterlistig aus. Die Kannenpflanze beispielsweise lockt mit blütenkelchähnlichen Blättern und Honigdrüsen, aber wehe dem Insekt, das sich auf dem einladend roten Rand niederläßt: Er führt nicht zum Nektar, sondern in den sicheren Tod. Dem Rand nämlich schließt sich eine tückisch präparierte Gleitzone an. Sie ist nicht einmal sehr glatt, aber mit Wachs überzogen, und damit verstopft sie die winzigen Saugnäpfe der Insektenbeine: Der Absturz in das Kanneninnere ist unvermeidlich. Und dort dauert es nur ein paar Sekunden: Die klare Kannenflüssigkeit – es ist Verdauungssekret – lähmt das Opfer und beginnt es aufzulösen. Eine unheimliche Fallgrube – unheimlich deshalb, weil wir gewohnt sind, Pflanzen immer als die Dummen, die

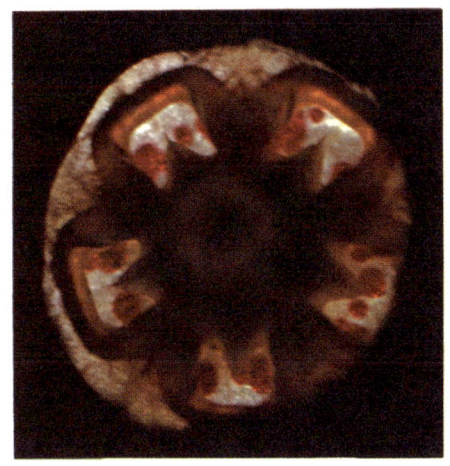

Abbildung 14: Dieses erleuchtete »Fenster« am unteren Ende des Blütenkelches hat eine besondere Aufgabe: Es soll die gefangenen Insekten anlocken.

Unterlegenen anzusehen. Hier sind die Rollen vertauscht: Pflanzen fressen Tiere.
Bei allem Raffinement aber – die Art, mit der hier Insekten überlistet werden, verblaßt gegen das Vorgehen der afrikanischen Leuchterblume. Auch sie fängt kleine Fliegen. Aber nicht, um sie zu fressen, sondern um – mit sanfter Gewalt – die eigene Befruchtung zu erzwingen. Die Fliegen stürzen dabei von einem Abenteuer ins nächste: Einem lockenden Duft folgend, entdecken sie zunächst die winzigen, nur daumengroßen Blüten (Abbildung 13). Insbesondere interessiert der kopfförmige Duftstrahler, denn dort scheint sich bereits eine Anzahl von Fliegen aufzuhalten. Das stachelt den Herdentrieb und vor allem den Paarungstrieb an. In Wirklichkeit sind es nur feine Wimperhärchen, die sich im Luftzug bewegen. Wenn sich eine Fliege dann hinzugesellt und ihren Landeplatz näher erkundet,

ist sie fast schon verloren: Ein Tritt auf eine der senkrechten Gleitflächen, und sie stürzt ab in den Blütenkelch. Jetzt ist es vorbei mit Paarungsgelüsten, nach dem unerwarteten Absturz gibt es nur noch ein Bestreben: Flucht! Doch die Gleitflächen bieten keinen Halt. Nach zahlreichen vergeblichen Versuchen bleibt die Fliege ermattet am Boden des Kessels liegen. In dieser finsteren Umgebung aber leuchtet vom Ende des Ganges ein schwaches Licht: Instinktiv krabbelt die Gefangene darauf zu. Sie findet zwar keinen Ausgang – lediglich die Kesselwand ist dort durchscheinend –, aber der Weg zu diesem Fenster war nicht umsonst: Dort gibt es Honigdrüsen! Sobald die Fliege sich etwas beruhigt hat, setzt sie zum Trinken an. Genau dies ist der entscheidende Augenblick, der Zweck des ganzen bisherigen Unternehmens! Denn beim Trinken klemmt sich der Pollen an der Fliege fest oder umgekehrt, die Fliege lädt mitgebrachten Pollen ab und befruchtet die Leuchterblume. Das Gefängnis wird hierbei zu einem angenehmen Aufenthaltsraum mit Honigverpflegung und sogar Klimaanlage – denn winzige Wandlücken sorgen laufend für Frischluft und Feuchtigkeit. Am Morgen des nächsten Tages neigt sich die ganze Blüte in die Waagerechte, die Gleitflächen werden begehbar, und alle Gefangenen krabbeln ohne Hast heraus – mit Pollen beladen für den Besuch der nächsten Leuchterblume.

Die Leuchterblume hat ihr Ziel erreicht und dabei virtuos auf dem Instinktrepertoire dieser Insekten gespielt. Das geht sogar so weit, daß Insektenforscher bei Kesselfallenblüten in die Schule gehen. Aus dem Vorgehen der Blüte schließen sie zurück auf das Instinktverhalten der Insekten. Sind Pflanzen wirklich dumm?

Eines steht jedenfalls fest: Sie sind nicht – wie oft geglaubt wird – die Mauerblümchen der Natur, sondern viel eher die heimlichen Herrscher.

Hormone statt Gift

Man braucht nicht darüber zu diskutieren, ob Pflanzenschutzmittel nötig sind. Eine unvorstellbare Hungerkatastrophe wäre die Alternative. Ein indischer Regierungssprecher formulierte es deutlicher: Verbot von DDT ist Völkermord! Aber dieses berüchtigte DDT, das fast schon als Chiffre für Umweltverseuchung steht, hat die Diskussion über das richtige Pflanzenschutzmittel in Gang gebracht. Zum erstenmal wurde deutlich, daß wir – ohne es zu wollen – die Erde als Ganzes vergiften könnten: DDT findet sich in den Geweben arktischer Pinguine ebenso wie in der Milch für Großstadtkinder.

Einigkeit herrscht über das Hauptübel dieses Insektennervengiftes: Es ist zu stabil. Erst im Laufe von Jahrzehnten wird es abgebaut. Von den Feldern in die Flüsse und Ozeane gespült, reichert es sich in Mikroorganismen an und gelangt so in immer größeren Konzentrationen die Nahrungskette aufwärts. Möven beispielsweise haben das zweitausendfache der zulässigen DDT-Menge im Körper.

Uneinig ist man sich über die Schädlichkeit des DDT. Niemand weiß bis heute definitiv, wie das Nervengift auf den Menschen wirkt. Veränderungen im Stammhirn oder in der Erbsubstanz sind nicht auszuschließen. Einige Industrieländer schränken daher die DDT-Verwendung ein, während die meisten Entwicklungsländer, und mit ihnen die Weltgesundheitsorganisation, den Nutzen dieses billigsten Insektizids hervorkehren – nicht nur als Schutz für Kulturpflanzen, sondern auch als Schutz vor Malaria, Gelbfieber, Typhus: Infektionskrankheiten, die durch Insekten übertragen werden können. Doch selbst dieser unbestrittene Nutzen droht zu schwinden: Immer mehr resistente Insektenstämme entstehen. Sie werden unempfindlich, nicht nur gegen DDT.

In diesem Dilemma zwischen Hunger, Krankheit und Verseuchung setzt die Wissenschaft große Hoffnungen auf eine neue Generation von Insektiziden: keine chemischen Gifte, sondern natürliche Stoffe – Hormone. Das Rezept hört sich genial einfach an: Insektenlarven produzieren ein Hormon, das die Umwandlung zum fertigen Insekt hinauszögert. Man verabreiche ihnen eine Überdosis dieses Jugendhormons, dann verharren sie in ewiger Jugend, ihre Weiterentwicklung wird gestoppt.

Tatsächlich wurden solche Hormonwaffen in den letzten Jahren entwickelt und erfolgreich getestet. Dabei haben die Biochemiker die Natur weit übertroffen: Ihre synthetischen Stoffe sind tausendmal wirksamer als die insekteneigenen Hormone, aber ebenso kurzlebig und ungefährlich für Menschen und Haustiere. Es sieht so aus, als wäre – im Prinzip zumindest – ein DDT-Ersatz gefunden.

Doch nicht die Biochemiker waren es, die als erste auf die hormonelle Insektenabwehr verfielen. Sie haben es abgeschaut – bei Pflanzen! So unglaublich es klingt, manche Pflanzen imitieren Insektenhormone, sie stellen chemisch ähnliche Substanzen her, die meist sogar wirkungsvoller sind als die echten Hormone. Raffinierte Selbstverteidigung der Pflanzen! Man möchte dies nur einem intelligenten Gehirn zutrauen. Doch das Beispiel steht nicht allein: Gerade unter den niederen Lebewesen gibt es ein vielfältiges Arsenal geistreich anmutender Tricks und Täuschungsmanöver – zusammengefaßt unter der Bezeichnung »Mimikry«.

6 Mimikry: Verstand ohne Gehirn

Schon der Versuch, die Intelligenz einer Raupe oder eines Glühwürmchens zu testen, erscheint uns lächerlich. Wo ein Gehirn nur in allerersten Ansätzen vorhanden ist, wie soll sich da Intelligenz einstellen, wie soll es zu Einfallsreichtum, zu listigem oder phantasievollem Handeln kommen? Verstand ohne Gehirn, so scheint es, ist ein Widerspruch in sich. Um so größer die Verblüffung, als man primitive Lebewesen fand, die mit ausgeklügelter Hinterlist vorgehen, die raffinierte Täuschungsmanöver beherrschen oder sich so geschickt der Verfolgung entziehen, wie man es nur von einem schlauen, einfallsreichen Kopf erwarten würde. Wenn sich etwa Charlie Chaplin, um seinem bombenstarken Verfolger zu entgehen, in ein Spiegelkabinett flüchtet, dann spielt er wie in vielen seiner Filme Grips gegen Kraft aus. Denn hundert Charlie Chaplins, die nun plötzlich auftauchen, sind fast so schwierig zu fassen wie keiner: Nach ein paar Fehlattacken, die lediglich Chaplins Doppelgänger im Spiegel verletzen, gibt der Verfolger auf.

Dasselbe geistreiche Prinzip, sich durch Doppelgänger zu tarnen und damit der Verfolgung zu entgehen, verwendet eine kleine Raupe, die auf Laubbäumen in Assam lebt. Als Schmetterling ist sie unter dem Namen »Kaiseratlas« bekannt, aber bevor sie sich verpuppt, trifft sie umfangreiche Vorbereitungen, um dieses heikle, bewegungslose Stadium zu überstehen. Als Behausung dient ihr ein zusammengerolltes Blatt. Wie aber rollt man als Raupe ein Blatt zusammen? Man beißt den Stiel durch und darf nicht vergessen, ihn vorher mit ein paar Fäden am Zweig festzuheften. Von der Wasserzufuhr getrennt, welkt das Blatt und formt sich von selbst zur passenden Röhre. So weit, so gut. Aber damit ist die verpuppte Raupe keineswegs vor immer neugierigen und hungrigen Vögeln geschützt. Im Gegenteil: Unter lauter grünen Blättern fällt ein welkes auf und würde sehr bald auf seinen freßbaren Inhalt hin untersucht. Um dem vorzubeugen, verwendet die Raupe Chaplins Trick: Sie schafft sich Doppelgänger. Mehrere Blätter werden in derselben Weise behandelt, so daß schließlich eine Reihe gleichartiger welker Blätter am Baum hängt. Jetzt braucht ein Vogel viel Glück, um gerade das Blatt mit Puppe zu erwischen (bei fünf Blättern stehen die Chancen eins zu fünf). Aber selbst dann war das Unternehmen Doppelgänger nicht umsonst. Denn der fündig gewordene Vogel, der sich daraufhin an die übrigen Blätter macht, wird eine Enttäuschung nach der anderen erleben. Welke Blätter gelten für ihn fortan als uninteressant – ein Vorteil nicht mehr für diese, aber für andere Raupen der Art.

Abbildung 1: Trotz aller Ähnlichkeit: Diese beiden Insekten gehören gänzlich verschiedenen Ordnungen an. Oben sitzt eine gefährliche Wespe, unten ein harmloser Schmetterling, ein Hornissenschwärmer. Die zum Verwechseln ähnliche Färbung ist kein Zufall. Dahinter steckt der Plan, für eine wehrhafte Wespe gehalten und von hungrigen Vögeln verschont zu werden.

Das Aufregende an dieser Geschichte ist nicht, daß hier Vögel ausgetrickst werden, sondern die geistreiche Art, in der dies geschieht – so als wäre sie eigens erdacht und geplant. Aber wer sollte hier denken? Wie können sich derart scharfsinnige Täuschungsmanöver herausbilden? Denn die kleine Raupe ist kein Einzelfall, es gibt unzählige Varianten solcher Täuschung. Nicht wenige darunter scheinen dem Repertoire des Homo sapiens entlehnt zu sein – besonders dann, wenn er sich auf dasselbe Niveau der Auseinandersetzung begibt, dem diese hirnlosen Kreaturen unterliegen: Übliche Kriegslisten wie Tarnung, Attrappenbau, Abschreckung und Bluff bis hin zur Störung des gegnerischen Funkverkehrs – all dies findet sich auch bei

Abbildung 2: In einem der zusammengerollten Blätter steckt eine Raupe. In welchem?

Abbildung 3: Dieser Schmetterling spielt Blatt. Selbst die Blattrippen auf der Rückseite seiner Flügel sehen täuschend echt aus.

Abbildung 4: Die »Wandelnden Blätter«, eine Heuschreckenart, kommen in verschiedenen Farbabstufungen vor. Als Futterplatz wählen sie sich das passende Laubwerk aus.

Insekten. Die entscheidende Frage, wie dies möglich ist, sei hier zurückgestellt. Zunächst einige weitere Beispiele geschickter Täuschung.

Die älteste Methode, sich unsichtbar zu machen

Ein Kalauer Walt Disneys: Die treudoofe Daisy bekommt eine schwarzweiß gefleckte Dogge. Aus lauter Begeisterung für das Tier läßt sie auch alle Räume schwarzweiß gefleckt ausmalen. Resultat: Daisy hilflos. Der Hund in den Räumen nicht mehr auffindbar.
So aussehen wie die Umgebung! Nach diesem Motto spielt sich alle Tarnung ab. Das gilt für die grüne Blattlaus wie für den weißen Eisbären. Beide wollen möglichst unauffällig sein. Wie aber, wenn sich die Farbe der Umgebung gar nicht eindeutig festlegen läßt? Vor diesem Dilemma stehen die meisten Fische. Denn von oben betrachtet, ist der Untergrund dunkel, von unten aber blickt man gegen die silbrig helle Wasseroberfläche. Jeder weiß, wie die Fische dieser Lage begegnen: Ihr Rücken ist im allgemeinen dunkel, der Bauch dagegen hell gefärbt – eine genial einfache Lösung. Nicht anders tarnen sich die Militärflugzeuge in aller Welt. Unten silbrig, sind sie gegen den hellen Himmel nur schwer auszumachen, während die braungrüne Oberseite gegen Entdeckung von oben schützen soll.
Derartige Parallelen erscheinen unmittelbar einleuchtend, aber sie verleiten leicht zu voreiligen Schlüssen. Daß Tarnanstriche ihre Wirkung auf den Menschen nicht verfehlen, ist erwiesen. Wer aber garantiert, daß die helle Unter- und dunkle Oberseite auch unter Fischen als Tarnung wirkt? Könnte diese Färbung nicht ganz andere, uns unbekannte Gründe haben? Auch viele Säugetiere sind ja hell am Bauch, ohne daß man daraus einen Tarneffekt ableiten könnte.
Als Beweisstück kann hier ausgerechnet ein Fisch gelten, dessen Bauch dunkel ist, dunkler sogar als sein Rücken. Eine große Ausnahme, aber sie hat ihren Sinn. Denn dieser »Schiffsanhalter«, wie er genannt wird, trägt am Rücken einen Saugnapf und heftet sich damit an Schiffsrümpfe, Holzstücke oder andere Fische. Er ist also sehr selten gegen die helle

Wasseroberfläche zu sehen und hat dementsprechend auch keine helle Unterseite. Hier bestätigt also die Ausnahme die Regel.

Tarnfarben sind gut, aber es sind noch wesentlich bessere Anpassungen an die Umwelt entwickelt worden. Mit welchem Ausmaß an Phantasie das geschehen ist, wird einem am ehesten klar, wenn man sich selbst in einer Art Kreativitätsübung vor die Aufgabe stellt, einen Schmetterling zu entwerfen, der auf den Zweigen eines Laubbaumes sitzend möglichst wenig auffallen soll. Abbildung 3 zeigt eine Lösung der Natur: Auf den ersten Blick erkennt man nur ein Blatt, bei genauerem Hinsehen scheint es auf dem Rücken eines Insekts zu sitzen. Aber in Wahrheit ist dieses Blatt samt Blattrippen und Stiel die Unterseite zusammengeklappter Schmetterlingsflügel. Der Schmetterling selbst spielt Blatt! Sollte er dennoch von einem Vogel belästigt werden, dann klappt er die Flügel auseinander und wartet mit einer neuen Überraschung auf. Doch davon später.

Ebenso täuschend echt sind die »Wandelnden Blätter« (Abbildungen 4a, b, c), eine Heuschreckenart, die in verschiedenen Farbabstufungen vorkommt, sich in das passende Laubwerk setzt – und frißt. Gibt es noch eine Steigerung? Bitte sehr: Ein Blattinsekt in Südamerika besitzt nicht nur Form und Farbe der Blätter, auf denen es haust, es trägt sogar die Löcher zur Schau, die es selbst frißt. Hier überschlägt sich fast der Einfallsreichtum der Natur. Aber bei aller Perfektion dieser Blatt-

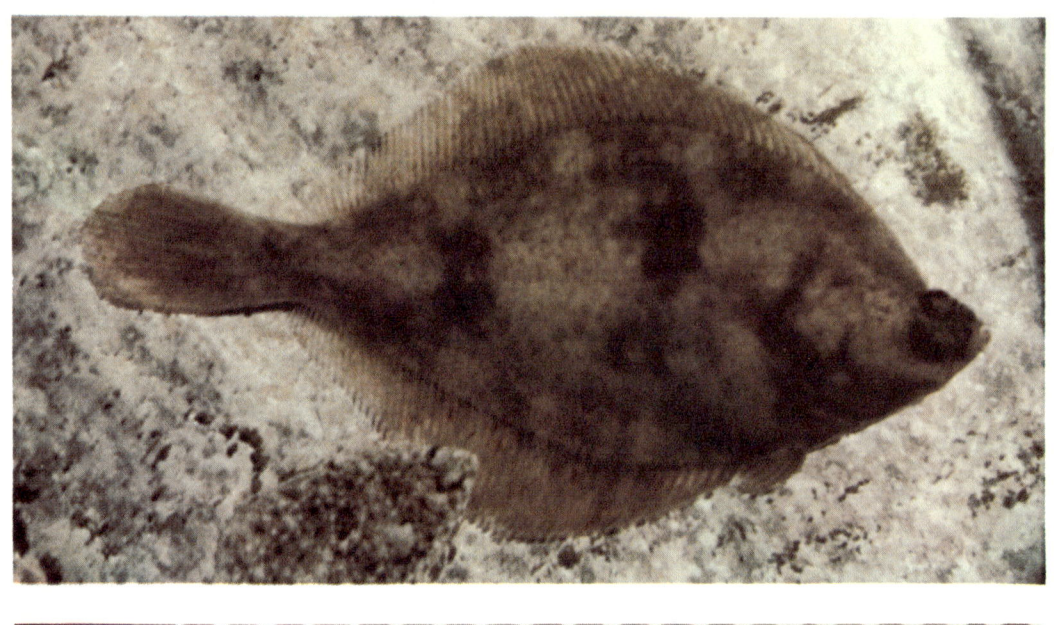

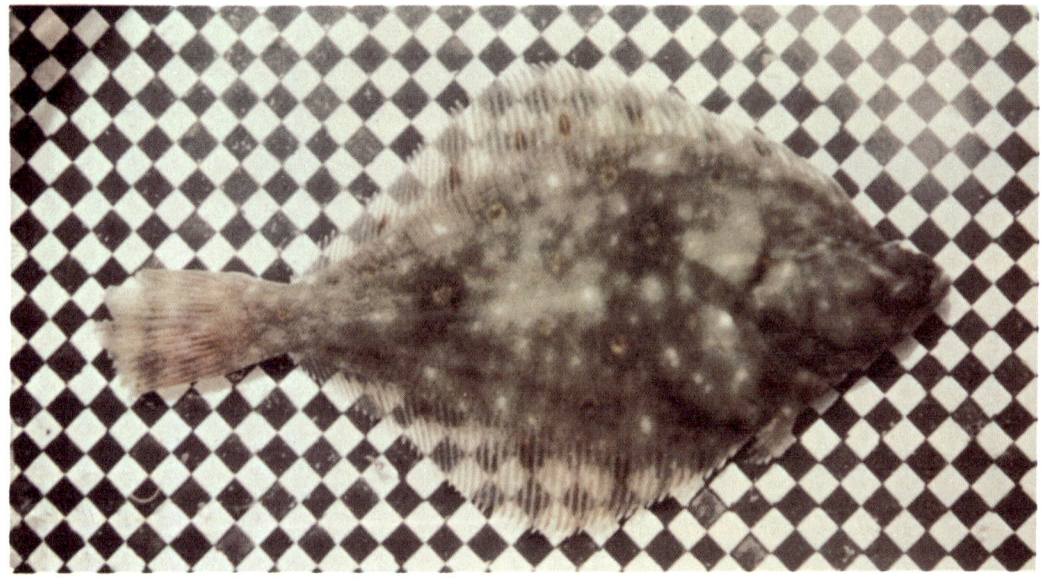

Abbildung 5: Zwei Schollen – eine große, die sich noch nicht an die Bodenfärbung angepaßt hat, und eine kleine, die kaum mehr vom hellen Untergrund zu unterscheiden ist.

Abbildung 6: Auf ein Schachbrettmuster als Untergrund reagiert diese Scholle nur mit einigen auffälligen weißen Flecken.

nachahmer, sie sind verloren, sobald sie in anderes Laubwerk geraten. Sie können ihre Farbe nicht nachregulieren und werden dann sehr schnell Opfer ihrer Auffälligkeit.

Anpassungskünstler auf dem Meeresboden

Wer es dagegen fertigbringt, sein Farbkleid zu wechseln und es verschiedenen Untergründen anzupassen, hat einen enormen Vorteil: Er ist nicht ortsgebunden, er kann sich neue Futterstellen oder Jagdgründe suchen. Paradebeispiel scheint das Chamäleon zu sein mit seiner sprichwörtlichen Fähigkeit zum Farbwechsel. Aber genau dies ist ein weitverbreiteter Irrtum. Die Farbe des Chamäleons ist Ausdruck seiner Stimmungen wie Zufriedenheit, Angst oder Gereiztheit. Sie richtet sich nicht nach dem Untergrund.

Anders bei Plattfischen wie den Schollen. Da diese Fische schwerer sind als Wasser, leben sie auf dem Meeresgrund. Gleich wie der Meeresboden aber aussieht, die Schollen zaubern dieselbe Färbung, dasselbe Muster auf ihren Rücken. Das dauert ein bis zwei Tage, dann aber ist die Schutztracht so perfekt wie auf Abbildung 5. Erst bei näherem Hinsehen entdeckt man, daß dort zwei Schollen abgebildet sind. Die kleinere (am unteren Bildrand), die schon einige Tage auf dem hellen Untergrund zugebracht hat, ist vortrefflich angepaßt und dürfte es jedem Raubfisch schwermachen. Die größere wird in ein paar Tagen ähnlich unsichtbar sein.

Weißlich, rotbraun, schwarz oder gesprenkelt – es ist verblüffend, welches Farbspektrum diese Plattfische beherrschen. Manche Wissenschaftler vermuten sogar, Schollen könnten geometrische Muster imitieren. Um dies zu testen, haben wir eine Scholle für einige Tage unbeweglich auf ein Schachbrettmuster gesetzt. Das Resultat zeigt Abbildung 6: Von einer karierten Scholle keine Spur, allenfalls ein paar helle Flecken! Wen wundert's? Bei der geringen Zahl von Schachbrettern auf dem Meeresgrund wäre der biologische Sinn einer solchen Fähigkeit auch schwer einzusehen.

Welche Technik aber erlaubt den Schollen ihr Farbenspiel? Wie etwa kommt es zu einem Wechsel von Rot nach Schwarz? Der Schollenrücken ist mit zahllosen Farbzellen übersät. Die Farbflüssigkeit kann sich in der Zellmitte konzentrieren, dann wirkt sie nur als unauffälliger Farbtupfer. Fließt sie aber in die ausgedehnten Zellfortsätze, so färbt sie eine größere Fläche ein und ruft den dominierenden Farbeindruck hervor. Wie freilich die Zellen ein- und ausgeschaltet werden und wie die Scholle das richtige Farbregister zieht – das ist noch so gut wie unbekannt.

Auffallen um jeden Preis

So unscheinbar wie möglich, das ist das Ziel aller Tarnung. Aber auch das genaue Gegenteil kommt vor: Auffallen um jeden Preis! Wer sich seiner Wehrhaftigkeit sicher ist, der muß sie zeigen. Die auffallend schwarzgelben Warnfarben von Wespen, Hornissen oder Bienen haben genau diesen Zweck. Achtung, Stachel! Der eigentliche Schutz einer Wespe liegt nämlich nicht darin, daß sie einen Angriff durch Stechen abwehrt, sondern daß Frösche, Vögel oder sonstige Feinde von vornherein auf einen Angriff verzichten. Der Frosch, der einmal nach einer Wespe geschnappt hat, wird diese schlechte Erfahrung nicht so schnell vergessen. Schwarzgelb heißt für ihn fortan: Nicht zum Verzehr geeignet! Im Grunde genommen beruht jede Strategie der Abschreckung auf eben dieser Taktik: Protzen mit seiner Stärke, Säbelrasseln, Militärparaden, Manöver. Eine ständige Präsentation der eigenen Waffen soll den Gegener vom Angriff zurückhalten.

Abbildung 7: Warnfarben müssen erlernt werden. Ein Blauhäher, der – die Warnfarben mißachtend – einen giftigen Schmetterling verspeist, muß sich danach heftig erbrechen.

Aber zurück zu den schwarzgelben Warnfarben. Warum gerade schwarzgelb? Gibt es unter Vögeln eine angeborene Abneigung gegen diese Farbkombination? Keineswegs! Vögel müssen den Sinn dieses Signals erst aus bitterer Erfahrung lernen. Ein einfacher Versuch zeigt das. Füttert man Mehlwürmer an Stare und mischt einige vergällte und gleichzeitig grün angemalte Mehlwürmer darunter, so setzt sich Grün bei den Vögeln als Warnsignal fest: Fortan meiden sie grüne Mehlwürmer, ob vergällt oder nicht. So nimmt es nicht wunder, daß es außer schwarzgelb noch andere Warnfärbungen gibt. Einzige Bedingung: Sie müssen auffallen. Bunte Fische sind ungenießbar – eine alte Anglerweisheit. Die Warntracht ungenießbarer Schmetterlinge aber soll uns hier näher beschäftigen; denn in diesem Zusammenhang ist sie fast von historischer Bedeutung.

Wer blufft, braucht keinen Stachel

Der Biologe Henry Bates war leidenschaftlicher Schmetterlingssammler. Als er im Jahr 1860 von einer Forschungsreise aus Brasilien zurückkehrte und seine Ausbeute ordnete, machte er eine seltsame Entdeckung: In seiner Sammlung fand er des öfteren Schmetterlinge, die sich in Farbe und Musterung fast aufs Haar glichen und trotzdem, wie sich eindeutig aus dem Körperbau ergab, zu völlig verschiedenen Arten gehörten. Bates, dem dieser Sachverhalt nicht ganz geheuer vorkam, forschte weiter nach und stellte schließlich eine aufregende Theorie auf: Hier imitiert eine Schmetterlingsart die andere! Auch den Grund wußte Bates anzugeben: Die eine Art ist ungenießbar für Vögel, schmeckt scheußlich und wird entsprechend gemieden. Auffällige Warnfarben erinnern die Vögel rechtzeitig daran. Die andere Schmetterlingsart aber ahmt diese Warnfärbung nach und profitiert davon: Obwohl vielleicht ein Leckerbissen, wird sie nun ebenso gemieden wie das ungenießbare Vorbild. Bates nannte diese Erscheinung Mimikry: das Erlangen eines Vorteils durch Nachahmung oder Täuschung. Und einmal aufmerksam geworden, entdeckte man Mimikry in allen nur denkbaren Abwandlungen. Auch unsere bisherigen Beispiele der Tarnung, wo es um Nachahmung des Untergrundes ging, lassen sich unter diesen Begriff einordnen.

Ein heimischer Parallelfall zu den Schmetterlingen Bates verschreckt so manchen Spaziergänger: Eine schwarzgelbe Schwebfliege löst meist dieselben abwehrend-fuchtelnden Armbewegungen aus wie eine Wespe. Und in der Tat, man erkennt erst bei näherem Hinsehen

die völlig harmlose Schwebfliege (Abbildung 8), die lediglich auf Wespe mimt: Wer blufft, braucht keinen Stachel.

Wie entsteht Mimikry?

Mit der Bezeichnung Mimikry war freilich noch nichts für ihr Verständnis gewonnen. Wie kommt die Schwebfliege auf den listigen Einfall, und wie gelingt es ihr, die Färbung einer Wespe anzunehmen? Mimikry wurde zu einem Prüfstein für die Darwinsche Evolutionslehre. Denn wenn diese Theorie die gesamte Entwicklung des Lebens beschreiben sollte, dann mußte sie auch die Erscheinung der Mimikry erklären können, dann müßte

Mimikry allein durch Mutation und Selektion entstanden sein. Was sich hinter diesen beiden Begriffen verbirgt, sei gleich an einem berühmten Fall von Mimikry erörtert, der sich in unserer Zeit abgespielt hat und von Anfang an beobachtet werden konnte: die Farbänderung des Birkenspanners.

Diese Schmetterlinge sitzen normalerweise auf Birkenstämmen und waren von jeher entsprechend getarnt: weiß mit schwarzen Punkten und Streifen (Abbildung 9 unten). Als aber im vorigen Jahrhundert die Industrialisierung einsetzte und in einigen Gebieten die Birkenstämme durch Ruß und Staub dunkel wurden, da zogen die Birkenspanner nach: Auch sie färbten sich dunkel und blieben damit weiterhin gut getarnt (Abbildung 9 oben).

Abbildung 8: Links eine Wespe, rechts ihre völlig harmlose Nachahmerin: eine Schwebfliege.

Abbildung 9: Die Birkenspanner paßten sich der Industrialisierung an. Als Ruß und Staub die Birkenstämme schwärzten, färbten sich auch die Schmetterlinge dunkel (oben). So blieben sie weiterhin gut getarnt.

Aber hier gab es eine einleuchtende Erklärung. Schon früher waren unter Birkenspannern vereinzelt dunkle Exemplare aufgetreten, entstanden durch zufällige Erbsprünge, sogenannte Mutationen. Diese schwarzgefärbten Spanner aber hatten keine Chance, sich zu vermehren, da sie auf den hellen Birken sofort erkannt und von Vögeln gefressen wurden. Dieses Aussortieren durch die Umwelt – in unserem Fall durch Vögel – wird mit Selektion umschrieben. Als aber die Birkenstämme ihren Rußüberzug bekamen, da drehte sich der Spieß um: Die vereinzelten schwarzen Birkenspanner waren plötzlich getarnt. Sie entgingen den hungrigen Vögeln und vermehrten sich wesentlich schneller als ihre hellen, jetzt auffälligen Artgenossen. Einziger Nachteil dieser Erklärung: Wie sollte sie jemals bewiesen werden? Doch sie wurde bewiesen, experimentell und unwiderlegbar, vor genau zwanzig Jahren. Man kann sich den Schwierigkeitsgrad solcher Experimente vorstellen: Wer hat jemals gesehen, wie in freier Natur ein Schmetterling von einem Baum gepickt und gefressen wurde? Und hier sollte sogar, statistisch gesichert, gezeigt werden, daß ungetarnte Schmetterlinge häufiger gefressen werden als die getarnten. Aber Professor Kettlewell aus Oxford hatte eine gute Idee und Ausdauer: Er züchtete dreitausend dunkle und helle Birkenspanner, wählte die Männchen aus, markierte sie mit einem roten Punkt auf der Flügelunterseite und ließ sie frei. Nachts aber – das war die entscheidende Idee – stellte Kettlewell Käfigfallen mit ultraviolettem Licht und unbegatteten Weibchen auf. Beides zog die Birkenspanner an, und so konnten die noch überlebenden Exemplare wieder eingefangen werden. Schmetterlinge ohne roten Punkt, die also nicht aus dem Stall Kettlewells stammten, wurden dabei nicht beachtet. Resultat dieses Experiments, wie nicht anders zu erwarten: In einer Gegend mit hellen Bäumen waren weit mehr helle Birkenspanner übriggeblieben – bei verschmutzten Bäumen mehr dunkle. Der Beweis, daß Mimikry allein durch Mutation und Selektion entstehen kann, war erbracht.

Abbildung 10: Furchterregende Augenflecke – ein Abschreckungsmittel vieler Insekten.

Der rettende Augenblick

Wenn alle Tarnung versagt, wenn es sich nur noch um Sekundenbruchteile handelt, selbst dann bleibt manchen Insekten noch eine Chance. Unser Blattschmetterling von Abbildung 3 beispielsweise klappt seine Flügel auseinander und zeigt ein großes starrendes Augenpaar. Erschrocken suchen die Vögel das Weite. Ob die Vögel in diesen Augenflekken wirklich Augen sehen, so wie es uns erscheint, ist umstritten. Vieles aber spricht dafür, vor allem die Sorgfalt, mit der in vielen solcher Augen sogar die Lichtreflexe auf der Pupille nachgeahmt werden. Durch diese Kleinigkeit nämlich läßt sich der Eindruck der Echtheit eines solchen Auges erheblich steigern. Handelte es sich nur um runde, auffallende Flecke, wäre ein derartiger Aufwand unverständlich. Augenflecke wirken so abstoßend auf Vögel, daß viele Insekten sie als Schocker für äußerste Gefahr bereithalten.

Wölfe im Schafspelz

Nach unseren bisherigen Beispielen zu urteilen, scheint Tarnung und Nachahmung ausschließlich dem Schutz vor Angreifern zu dienen. Wie falsch ein solcher Schluß wäre, zeigen die folgenden hinterlistigen Angriffstricks. So paradox es klingt, es gibt Fische, die angeln! Der Anglerfisch wirft seinen Köder aus, einen wurmähnlichen Fortsatz, und wartet – selbst gut getarnt –, daß einer anbeißt. Besieht sich ein neugieriger oder hungriger Interessent den zappelnden Wurm aus der Nähe, dann hat er fast schon verspielt: Blitzschnell saugt der Anglerfisch einen Schwall Wasser ein – inklusive seiner Beute. Nur eine kleine Chance bleibt dem geköderten Fisch: Wird er schwanzvoran eingesaugt, dann kann er – kräftig gegen den Strom schwimmend – entkommen.

Ein besonders bösartiges Beispiel stammt wieder aus dem Bereich der Insekten. Leuchtkäfer senden Blinksignale aus, um den Geschlechtspartner anzulocken. Jede Art hat ihr eigenes Blinksignal – etwa fünf kurze Blitze oder einen langgezogenen an- und abschwellenden Blitz. Häufig geht das so vor sich, daß die Weibchen am Boden sitzen und auf die Blinksignale ihrer vorüberfliegenden Männchen warten. Dann funken sie zurück, und das Männchen kurvt herunter. Und hier die böse Variante dieses Funkverkehrs: Es gibt räuberische Leuchtkäferweibchen, die imstande sind, die Funksignale einer anderen Leuchtkäferart nachzuahmen. Sie blinken nach oben, und wenn das fremde Männchen erwartungsvoll aufsetzt, wird es verspeist.

Abschließend ein Fall aggressiver Mimikry, auf den auch die Fachleute – zunächst – hereinfielen. Für ein öffentliches Aquarium ist es heute fast obligatorisch, einige Putzerfische zu haben: Denn staunend erlebt das Publikum, wie diese kleinen Fische ihre großen Kollegen säubern, wie sie selbst gefährlichsten Raubfischen ins Maul schwimmen, um dort Parasiten oder Speisereste zu beseitigen. Die ersten Putzer in neu eingerichteten Aquarien aber haben des öfteren heillose Verwirrung gestiftet: Einige davon putzten nämlich keineswegs, sondern rissen Fleischstücke aus den Flossen der ruhig und putzbereit dastehenden Fische. Es waren falsche Putzer, in Wirklichkeit räuberische Säbelzahnfische, die so täuschend echt die Farbtracht und auch den typischen Erkennungstanz der Putzer nachahmten, daß Fische und Aquarienbesitzer gleichermaßen gefoppt wurden. Der Grund für diese erstaunlich genaue Nachahmung liegt im Lernvermögen der Fische – der angegriffenen Fische! Denn wer mehrmals von falschen Putzern genarrt wurde, schaut sich seine Kandidaten genau an. Vor allem ältere, erfahrene Fische haben es gelernt, auf die leiseste Unstimmigkeit in Aussehen oder

Bewegung zu achten. Beim ersten Verdacht wird zugeschnappt. Den falschen Putzern bleibt nichts weiter übrig, als noch besser, noch täuschender zu imitieren. Genauer gesagt: Nur die bleiben übrig, die mit dieser Fähigkeit ausgestattet sind. Eine Eskalation zwischen Unterscheidungsvermögen und Nachahmung setzt ein. Ein Wettstreit zwischen zwei Arten des Lernens: Dem individuellen Lernvermögen des Einzelfisches steht das Lernvermögen der falschen Putzerart gegenüber. Dabei liegt – ein seltener Fall in der Evolution – die Entwicklungsrichtung der falschen Putzer fest: Sie werden den echten nämlich immer ähnlicher.

Die Beispiele geistreicher Irreführung, ohne daß dabei ein denkendes Gehirn im Spiel wäre, ließen sich beliebig vermehren. Sie zeigen, daß die Natur nicht nur auf eine Herstellungsart von Intelligenz festgelegt ist. Nicht nur die konzentrierten Nervenzellen eines individuellen Gehirns können der Anlaß für intelligentes Verhalten sein. Auch primitive Lebensformen sind imstande, sich dies – mit anderen Mitteln und in anderen Zeiträumen – anzueignen. Nur in den seltensten Fällen ist dabei das Wechselspiel von Mutation und Selektion so einsichtig wie beim Birkenspanner oder Putzerfisch. Aber es gibt keine Gründe, andere Mechanismen anzunehmen.

Mimikry in der Werbung

Als in der »Berliner Illustrierten Zeitung« im Jahr 1909 eine Anzeige für Frauenunterwäsche erschien, gab es einen Skandal wegen unlauteren Wettbewerbs. Denn Wollhemd und -hose wurden zum erstenmal an ihrem Bestimmungsort gezeigt – am Körper einer Frau. Werbung mit produktfremden Reizen! Heute fallen solche Methoden kaum mehr auf. Vor allem in der Tabakbranche sind sie fast die Regel:

Die eine Marke etwa verspricht Abenteuer und Freiheit, die andere Sportlichkeit und Gesundheit, die dritte Zugehörigkeit zu einer privilegierten Schicht, und immer wieder: Männlichkeit und Erfolg bei Frauen. Man lockt, da das zu verkaufende Produkt nicht genügend hergibt, mit anderen erstrebenswerten Lustmomenten aus dem Sozial- und Sexualbereich. Der nackte Busen eines Mädchens wirbt für die Pfeife im Mund eines Mannes. Die Rundungen des Pin-up-girls für das Profil von Lkw-Reifen. Es sind die Methoden der aggressiven Mimikry, Täuschung zum eigenen Vorteil.

Ähnliches spielt sich denn auch seit Jahrmillionen zwischen Blumen und Insekten ab. Eine blühende Wiese ist ein Schlachtfeld der Werbung. Die Konkurrenz ist groß. Jede Blume bietet ihren Nektar an. Bezahlt wird mit dem Transport von Pollen. Der Normalfall ist zwar eine offene und ehrliche Werbung: auffällig gefärbte Blüten und wohlriechende Düfte – Wirtshausschilder für Nektar.

Aber einige Pflanzen stehen unseren aggressiven Werbemethoden in nichts nach. Der Aronstab etwa lockt mit seinem fleischfarbenen, warmen und fürchterlich stinkenden Stab die Aasfliegen an. Sie kommen – ein totes Tier vermutend – aus dem Umkreis von mehreren Kilometern herangeflogen.

Die Orchideen der Gattung Ophris verheißen sexuellen Erfolg. Ihre Blüten imitieren täuschend echt Insektenweibchen: dieselbe Behaarung, dieselbe Rückenkrümmung und vor allem derselbe Geruch! Dieser Geruch kann sogar attraktiver sein als bei wirklichen Insektenweibchen. Die Männchen fliegen herbei und unternehmen – erfolglose – Kopulationsversuche. Einziger Nutznießer ist die Orchideenpflanze, deren Pollen dabei ab- oder aufgeladen wird.

Das Prinzip der Werbung also ist seit Urzeiten bekannt. Wir haben es neu entdeckt. Zufall? Ausdruck biologischer Verwandtschaft? Es war die Gleichartigkeit der Aufgabenstellung, die uns zu der gleichen Lösung führte. Die Aufgabe heißt: Interessiere jemanden für etwas, das dir nutzt! Das Lösungsrezept heißt: Versprich etwas Interessantes – der Hummel ein Hummelweibchen, der Aasfliege ein Aas, dem Raucher Gesundheit, dem Autofahrer eine Superfrau! Offenbar ist dieses Werberezept so durchschlagend und erfolgreich, daß es auf unterschiedlichen Lebensstufen erfunden und beibehalten wurde – auch auf der Stufe intelligenten Bewußtseins.

Dies ist kein Sonderfall. Viele geniale Patentlösungen der Natur wurden zu verschiedenen Zeiten neu entwickelt. Die ideale Stromlinienform der Fische etwa legten sich auch Säuger zu, die wieder ins Wasser rückwanderten. Das Linsenauge der Säugetiere wurde unabhängig auch von den Tintenfischen entwickelt. Und das Fliegen! Alles, was sich aktiv in der Luft fortbewegt, benutzt die gleiche Methode: bewegliche Schwingen. Vögel und Insekten erfanden dieses Flugrezept getrennt und paradoxerweise auch Fische unter Wasser.

Verständlich, daß der Mensch mit diesem Patentrezept vor Augen seit jeher nach demselben Muster zu fliegen versuchte.

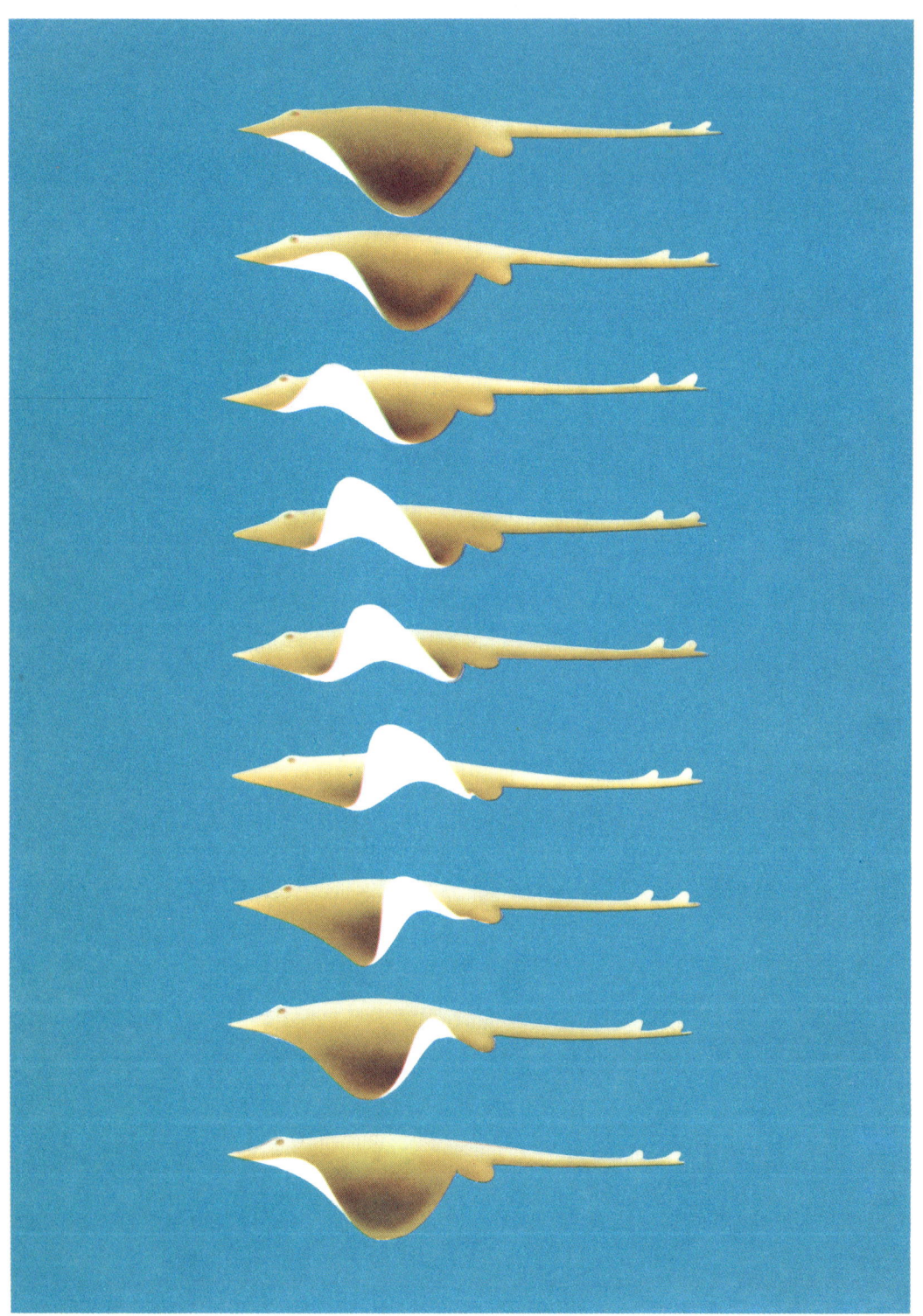

7 Vom Fliegen über und unter Wasser

Joseph und Etienne Montgolfier saßen vor dem Kamin und beobachteten, was vor ihnen schon unzähligen Menschen aufgefallen sein mußte: Die Flammen eines Feuers züngeln immer nach oben. Mehr noch: Funken, Rauch und Rußteilchen, ja sogar Papierstückchen steigen über einem Feuer in die Höhe. Warum eigentlich? Was treibt sie nach oben?

Niemand hatte sich bis dahin diese Frage gestellt. Zu alltäglich, zu selbstverständlich war die Erscheinung eines Feuers. Den Brüdern Montgolfier aber schien das Selbstverständliche unverständlich, und sie vermuteten ein neues geheimnisvolles Gas, das da aus den Flammen aufstieg. Die beiden Brüder hielten sich indes nicht lange bei theoretischen Überlegungen auf. Als Papiermacher dachten sie vor allem an praktische Konsequenzen: Wenn man das geheimnisvolle Gas in einer Kugel auffangen könnte, dann würde diese mit nach oben getragen, sie könnte fliegen.

Gesagt, getan. Sie bauten eine riesige Kugel aus papierartiger Masse, unten mit einer Öffnung versehen. Darunter entzündeten sie ein kräftiges Feuer, und tatsächlich hob die Montgolfière – wie man derartige Ballons fortan nannte – sachte und behutsam ab. Erste Fluggäste: ein Hahn, eine Ente, ein Schaf.

So schlagend einfach und erfolgreich das Prinzip der Montgolfièren war – sie verschwanden sehr bald wieder vom gerade eroberten Himmel und lebten nur in den Seidenpapiermodellen der Bastler fort. Grund: Der Gasballon machte das Rennen. Wasserstoffgas nämlich, weil es viel leichter ist als das hypothetische Gas der Papiermacher-Brüder, ergab die ideale und alsbald übliche Ballonfüllung.

In jüngster Zeit aber hat das große Comeback der geheizten Ballons eingesetzt – mit neuzeitlichen Techniken und Materialien. Das Prinzip jedoch blieb jenes der ersten Montgolfière. Worin es besteht und wo nun eigentlich der Irrtum der Brüder Montgolfier lag – das macht der Start eines modernen Heißluftballons unmittelbar deutlich.

Mit heißer Luft in die Luft

»Fahren, Ballon*fahren*, bitte«, korrigierte der Schweizer Weltmeister im Ballonfliegen, pardon, im Ballonfahren und zeigte uns stolz seinen Heißluftballon: eine Aluminiumgondel, in der ein rundes Paket lag – kaum größer als ein Schweizer Käselaib. Mehr nicht. Entfaltet freilich ergibt das Paket die gesamte Ballonhülle (Abbildung 3), die flach wie ein gigantisches weißrotgestreiftes Blatt auf dem Erdbo-

Abbildung 1: Flugstunde beim Rochen. Mit langsamen Flügelschlägen gleitet ein Rochen durchs Wasser. Gewissermaßen in Zeitlupe läßt sich dabei die Technik des Schwingenflugs studieren.

Abbildung 2: Am 5. Juni 1783 startete der erste, noch unbemannte Heißluftballon der Brüder Montgolfier.

den ausgelegt wird. Das Füllen der Ballonhülle – bei Gasballons oft stundenlange Arbeit – geschieht hier in knapp zehn Minuten: Ein Gebläse pustet Luft in die untere Öffnung, ganz gewöhnliche Luft aus der Umgebung, und bald ist die Hülle zu einem schlaffen, am Boden hin und her wogenden Riesensack aufgebläht. Kein geheimnisvolles Gas also, wie die Brüder Montgolfier annahmen, bildet die Ballonfüllung. Es ist gewöhnliche Luft. Die gleiche Luft wie außerhalb, die nun allerdings erwärmt wird: Der Propangasbrenner, fester Bestandteil der Gondel, schießt meterlange Stichflammen in den Ballon, und wie durch Zauberhand bläht er sich rund und prall und richtet sich schließlich auf. Weiteres Heizen läßt Ballon samt Gondel behutsam emporschweben. Durch das Erhitzen wird die Luft offensichtlich tragfähig. Genauer gesagt: Beim Erwärmen dehnt sich die Luft aus – pro Grad um etwa 0,4 Prozent – und beansprucht mehr Platz. Als Folge wird ein Teil der Ballonluft aus der unteren Öffnung hinausgedrängt und gewissermaßen als Ballast abgeworfen. Denn auch Luft wiegt etwas: jeder Liter etwa 1,3 Gramm. So erbringt das Heizen eine ständige Gewichtsabnahme des Ballons, bis er schließlich leichter wird als die Außenluft und zu steigen beginnt.

Vom Winde verweht

Bei über 10 000 Meter liegt der Höhenrekord für bemannte Heißluftballons, die Alpen wurden überquert, und immer mehr Sportfreunde legen rund 30 000 Mark an, um mit heißer Luft in die Luft zu gehen. Denn nicht nur die kurzen Startvorbereitungen und das billige Füllgas machen das älteste Flugprinzip wieder attraktiv – entscheidender Vorteil ist die exakte Höhensteuerung. Ohne die Sandsäcke und Ventile des Gasballons wird hier allein durch den Brenner die Flughöhe beliebig eingestellt und verändert.

Weltmeister Rünzi aus der Schweiz gab eine Kostprobe: Er brachte den sinkenden Ballon durch genau dosiertes Heizen einen Meter über dem Boden zum Stillstand. Gekonntes Jonglieren mit Schwerkraft und Auftrieb. Doch bei allen Ballonfahrten bleibt ein schwer kalkulierbarer Faktor: der Wind. Er allein bestimmt, in welcher Richtung und wie schnell man fliegt. Kein noch so großes Steuerruder könnte den Ballon zu einer Kurve zwingen; denn mit der Luftströmung treibend, erfährt er keinerlei Fahrtwind – was ein Steuerruder erst wirksam machen würde.

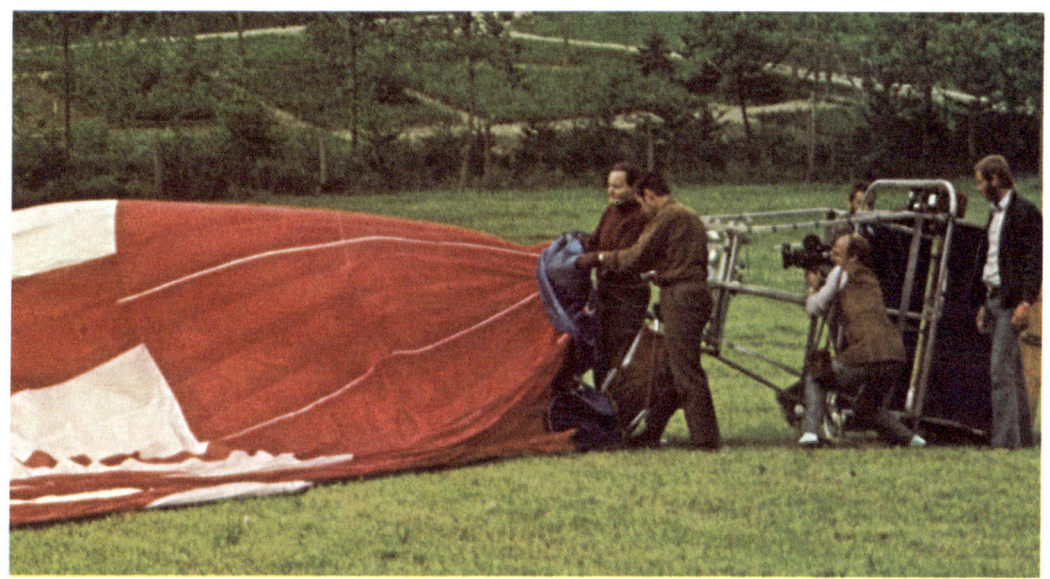

Abbildung 3: Ein Gebläse pustet Luft in die Ballonhülle.

Ein fliegender Ballon ist in der Situation eines antriebslosen Schiffes, das – von der Strömung fortgetragen – auf keine Steuerausschläge mehr reagiert.

Kreise um den Eiffelturm

Erst ein eigener Antrieb also und eine windschlüpfrige Form machen aus einem Ballon ein manövrierfähiges Luftschiff, das seinem Kapitän mehr gehorcht als dem Wind. Aber es vergingen über hundert Jahre seit der Erfindung der Brüder Montgolfier, ehe Alberto Santos-Dumont im Jahr 1901 viel umjubelt den Eiffelturm umkreiste. Sein wasserstoffgefülltes Luftschiff wurde durch einen primitiven Propeller angetrieben, den ein Automotor in Gang hielt. Die Steuerung erfolgte mittels eines gewöhnlichen Ruders am Heck.

So einfach Propellerantrieb und Rudersteuerung erscheinen mögen, sie arbeiten beide nach demselben Prinzip, das bis heute die Grundlage aller Fliegerei darstellt. Doch davon später. Bei Steuerausschlag jedenfalls schwenkte das Heck von Santos' Luftschiff zur Seite. Kurvenfliegen war möglich, zum ersten Mal.

Aber es gibt Modelle, die ohne weiteres den Luftschiffkonstrukteuren als Vorbild hätten dienen können. Gemeint sind Fische, die – wenn auch im Wasser – schon vor Hunderten von Millionen Jahren dieselben Probleme gelöst haben. Auch ein Karpfen ist stromlinienförmig gebaut, auch er schwebt, austariert durch seine Schwimmblase, in dem Medium, das ihn umgibt. Den Antrieb verschafft er sich mit der Schwanzflosse, die zugleich als Steuer dient. Etwas überspitzt: Der Karpfen ist der Vorläufer des Zeppelins.

Tragende Flächen

Ballon und Luftschiff können fliegen, weil sie genauso leicht sind wie ihre Umgebung: Sie schwimmen im Luftmeer. Wer aber vom Boden abheben will, obwohl er schwerer ist als Luft, braucht Flächen, die ihn – von der Luft umströmt – nach oben tragen. Das kann mit starren Tragflächen oder mit beweglichen Flügeln geschehen. Die Natur hat beides entwickelt – wiederum zuerst unter Wasser.
Den Einsatz starrer Tragflächen demonstriert beispielsweise der Knurrhahn – Zierde fast aller Meeresaquarien. Dieser Fisch ist schwerer als Wasser und läuft auf dem Meeresboden. Ja, er läuft! Mit seinen dünnen Beinchen krabbelt er zwischen den Steinen umher. Will er aber aufsteigen, dann verschafft er sich mit der Schwanzflosse den nötigen Vortrieb und stellt dabei seine breiten Brustflossen aus. Jetzt strömt das Wasser gegen diese Tragflächen und gibt den erwünschten Auftrieb: Der Knurrhahn steigt nach oben.
Nicht anders verfährt die winzige Seemotte, eine Rarität aus dem chinesischen Meer. Ihr sieht man die Flugfähigkeit auf den ersten Blick an; denn mit ihren ausgespannten durchscheinenden Tragflächen zeigt sie auffallende Ähnlichkeit mit den Luftgleitern der ersten Flugpioniere.

Abbildung 5: Die winzige Seemotte ist mit starren Tragflächen ausgestattet.

Abbildung 4: Exakte Höhensteuerung durch dosiertes Heizen. Der Brenner ist oben am »Korb« montiert.

Up, up and away

Brustflossen als Tragflächen – mit dieser Technik gelingt es manchen Fischen sogar, ihr eigentliches Element, wenigstens kurzzeitig, zu verlassen. Die Fliegenden Fische durchstoßen die Wasseroberfläche, segeln bis zu einhundert Meter durch die Luft und landen wieder im Wasser – oder, wenn sie Pech haben, an Bord eines vorbeifahrenden Schiffes. Letzteres ist der Grund, daß es fast in jeder zoologischen Sammlung Präparate von Fliegenden Fischen gibt. Auffallend neben den segelartigen Brustflossen ist die asymmetrische Form der Schwanzflosse: Der untere Zipfel ist sichtlich länger und kräftiger ausgebildet. Warum das so ist, macht Abbildung 6

Abbildung 6: Fliegender Fisch beim Start. Der untere Lappen der Schwanzflosse bleibt kräftig schlagend im Wasser und sorgt für den Antrieb.

Abbildung 7: Bei ausreichender Geschwindigkeit heben die Fische ab und segeln frei über die Wasseroberfläche, bis sie klatschend wieder zurückfallen.

deutlich: Der untere Flossenlappen hat beim Flug gewissermaßen als Antriebsschraube zu dienen. Er verbleibt, kräftig schlagend, im Wasser und erzeugt die Vorwärtsbewegung, den Vortrieb. Der Auftrieb aber, der den übrigen Fischkörper aus dem Wasser hebt, entsteht jetzt durch die Luft: Im Fahrtwind werden die abgespreizten Brustflossen zu tragenden Flächen. Bei ausreichendem Anlauf – vielleicht unterstützt durch Gegenwind – hebt der ganze Fisch ab und segelt frei über dem Wasser (Abbildung 7). Das Ende des Flugs markiert ein uneleganter Bauchplatscher – nämlich dann, wenn die Geschwindigkeit und damit die Tragfähigkeit der Flossen zu gering geworden sind.

Soweit die Technik der Fliegenden Fische. Was aber haben sie eigentlich von diesem Kunststück? Wozu hat die Natur einen derartigen Aufwand betrieben und hier äußerst spezielle Brust- und Schwanzflossen konstruiert?

Tatsächlich bringt dies den Fliegenden Fischen einen enormen Vorteil: Sie können sich vor den Augen eines Verfolgers unsichtbar machen. Wer selbst taucht oder jemals durch das Unterwasserfenster eines Schwimmbads geschaut hat, kennt diesen Effekt: Die Wasseroberfläche erscheint aus der Fischperspektive als helle undurchsichtige Wand. Alle Schwimmer sind kopflos. Genauso entzieht sich der Fliegende Fisch dem Blick seines Verfolgers: Der Sprung in die Luft ist ein Sprung in die Unsichtbarkeit. Up, up and away.

Auftrieb am Drachen

Was dem Fliegenden Fisch das Leben erleichtert, betreibt der Mensch zum Lustgewinn: An einem Drachen hängend hoch übers Wasser zu fliegen, ist im wahrsten Sinn des Wortes ein erhebendes Gefühl. Den Vortrieb bekommt man vom Wasser aus – durch ein starkes Motorboot, den Auftrieb durch eine tragende Fläche – die Drachenbespannung. Es ist in der Tat die Flugtechnik des Fliegenden Fisches, die hier kopiert wird. Selbst bei der Landung treten mitunter unliebsame Parallelen auf.

Große Überraschung für ein absolutes Drachen-Greenhorn: Nicht das Abheben vom Wasser ist kritisch – im Gegenteil, das ist eine ausgesprochen stabile und sichere Phase, die ganz von allein klappt: Der Druck auf die Wasserski hört auf, man sitzt auf einem Holzteller – gar nicht so unbequem, wenn sich die erste Verkrampfung gelöst hat –, und der Steigflug beginnt. Kritisch ist allenfalls der Wasserskistart. Hier hockt man mit angezogenen Beinen im Wasser, den Drachen über sich, und tatsächlich braucht es Konzentration, Gleichgewichtssinn und auch etwas Kraft, um das Ungetüm im richtigen Augenblick aus dem Wasser zu heben. Das Erlebnis des Fliegens aber entschädigt reichlich.

Je schneller das Motorboot, um so höher steigt man, um so größer der Auftrieb. Woher aber rührt dieser Auftrieb, der hier ständig als Schlüsselwort auftaucht? Welche Kraft zieht eine Tragfläche nach oben? Der landläufigen Meinung nach ist es der Fahrtwind, der gegen die Unterseite bläst und nach oben drückt. Viel entscheidender aber ist, was über der Tragfläche passiert: Dort wird die Luftströmung »ausgebeult«. Sie verursacht einen Unterdruck, der die Tragfläche nach oben *saugt*. Diese Saugwirkung macht den größten Teil des Auftriebs aus.

Hier sei bereits ein Punkt erwähnt, der später noch bedeutsam wird: Die Saugwirkung kann in gewissen Grenzen verstärkt werden, wenn man die Tragfläche steiler stellt und dadurch den Luftstrom noch weiter ausbeult. Im Fachjargon gesprochen: Vergrößerung des Anstellwinkels erhöht den Auftrieb (Abbildung 9).

Unser Drachen war zwar eine sehr unvoll-

Abbildung 8: Drachenflug über den Bodensee – nach dem Prinzip der Fliegenden Fische. Woher kommt die Auftriebskraft?

Abbildung 9: Entscheidend beim Fliegen: Die Tragfläche wird nach oben gesaugt. Je größer der Anstellwinkel, um so größer die Saugkraft und damit der Auftrieb.

kommene Tragfläche, aber der Druckunterschied zwischen Ober- und Unterseite konnte während des Flugs direkt verfolgt werden. Einziges Hilfsmittel: ein U-förmig gebogenes Rohr, halb gefüllt mit Tinte. Die Schenkel des U-Rohrs waren allerdings ungleich lang. Während der eine bereits unter der Drachenbespannung endete, reichte der andere über den Drachen hinaus. Resultat während des Fluges: In dem längeren Röhrchen stand die Tinte eindeutig höher. Sie wurde dort hochgesaugt – sichtbares Zeichen, daß der Luftdruck über dem Drachen geringer war. Die Tintenpegel unterschieden sich zwar nur um Millimeter, aber summiert über die gesamte Drachenfläche reichte diese Saugkraft aus, um einen Menschen zu tragen. Auch die Kraft, die ein Verkehrsflugzeug in der Luft hält, ist – auf die Fläche bezogen – nicht größer als die Kraft, mit der man an einer Zigarette zieht. Tragende Flächen also und ein getrennt davon arbeitender Vortrieb – nach diesem Prinzip flog nicht nur unser Drachen, nach diesem Prinzip fliegt jedes Flugzeug überhaupt. Dabei ist der klassische Vortrieb, der Propeller, selbst wieder eine Anwendung des Tragflächenprinzips. Denn die Propellerblätter sind letztlich nur rotierende Tragflächen, so gestellt, daß der Auftrieb nach vorn gerichtet ist. Ebenso das Seitenruder: Als senkrecht montierte Tragfläche erzeugt es einen seitlichen Auftrieb. So gesehen, kam selbst das erste Luftschiff nicht ohne Tragfläche aus.

Bei der Suche nach geeigneten Tragflächen

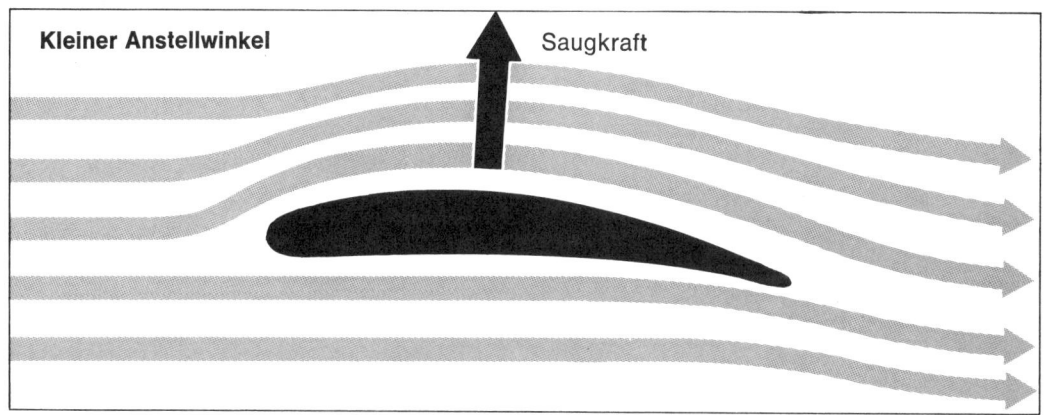

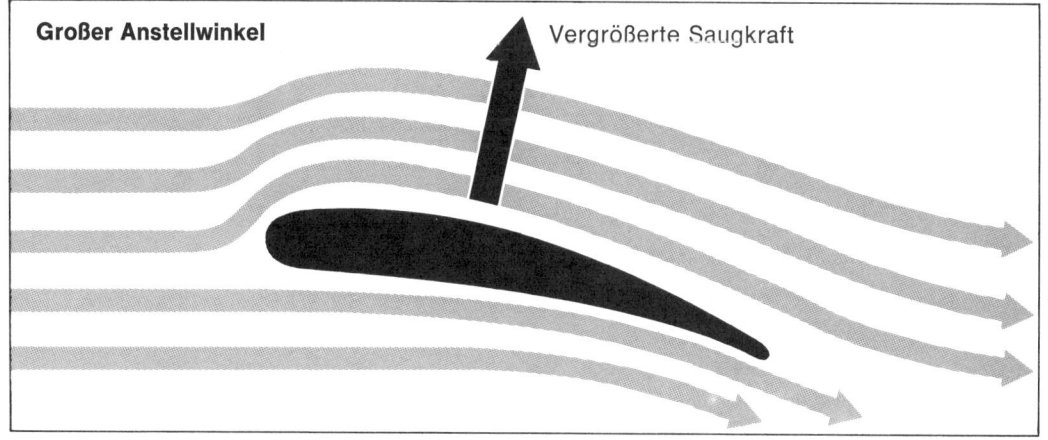

war man zunächst auf biologische Vorbilder angewiesen. Als der Franzose Clément Ader im Jahr 1890 seine »Eole« fertiggestellt hatte, da sah sie aus wie eine überdimensionale Fledermaus. Den Vortrieb hatte Monsieur Ader einer Dampfmaschine anvertraut, und es ist erstaunlich, daß dieses Flugzeug immerhin fünfzig Meter weit hüpfte. Ader erhob später Anspruch auf den ersten gelungenen Flug, aber dieses Verdienst gebührt eindeutig den Brüdern Wright aus den USA, die mit völlig anderen Tragflächen im Jahr 1903 den ersten kontrollierten, gesteuerten Flug zustande brachten. Die weitere Entwicklung ist bekannt. Aber selbst die Concorde könnte – bei allem Respekt vor technischen Höchstleistungen – als ein Abkömmling der Fliegenden Fische bezeichnet werden. Beide arbeiten mit starren Tragflächen und separatem Vortrieb.

Bewegliche Schwingen

Die Natur ging bekanntlich andere Wege, um das Fliegen zu vervollkommnen: Vogelschwingen besorgen Vortrieb und Auftrieb in einem. Aber auch dieser Technik wurde zuerst unter Wasser erfunden: Ein Rochen schwimmt nicht wie andere Fische, er fliegt mit langsamen Flügelschlägen durchs Wasser. Hört er damit auf, dann zieht ihn sein eigenes Gewicht zu Boden, denn seine Schwimmblase ist fast ganz zurückgebildet. Ursprünglich war das recht günstig, denn die Rochen beziehungsweise deren Vorfahren lebten früher auf dem Meeresgrund. Als dieser Lebensraum irgendwann mehr Nachteile als Vorteile bot – die Gründe kennen wir nicht –, mußten die Rochen wieder schwimmen. Aber wie? Das Nächstliegende wäre eine neue Schwimmblase gewesen, aber die Natur kann Entwicklungsschritte fast nie auf denselben Wegen wieder rückgängig machen. Sie probiert neue Lösungen. So wurden die Flossen der Rochen zu flugfähigen Schwingen umgebildet – lange bevor es Vögel gab.

Es sieht so spielend leicht aus – und doch ist der Flügelschlag der Vögel eine sehr komplizierte und noch längst nicht voll verstandene Bewegung. Ein einfaches Auf und Ab der Schwingen hätte bestenfalls einen hüpfenden Flug zur Folge: Die Höhe, die der Vogel beim Abwärtsschlagen gewinnt, ginge bei der Aufwärtsbewegung verloren. Wie also bringt der Vogel seine glatte und gleichmäßige Flugbahn zustande?

Was bei Vögeln nur schwer auszumachen ist, gibt der Rochen, der in dem viel dichteren Medium gleichsam in Zeitlupe fliegt, deutlich zu erkennen (Abbildung 1 zeigt die entsprechenden Phasen). Wo sich der Flügel aufwärts bewegt, vergrößert sich auch sein Anstellwinkel und damit – wie oben erwähnt – der Auftrieb. Das bedeutet: Der Verlust an Auftrieb, der durch das Hochführen des Flügels eintritt, wird gerade durch den vermehrten Auftrieb bei steilerer Flügelstellung kompensiert.

Das gleiche Prinzip verhilft den Vögeln zu ihrem ebenmäßigen Flug. Auch sie stellen die Flügel beim Hochschlagen etwas steiler gegen den Fahrtwind. Das ist freilich nur ein einziger, wenn auch entscheidender Punkt beim Verständnis des Vogelflugs. Andere Bewegungskomponenten und Konstruktionselemente des Flügels kommen hinzu. Nur ein einziges Beispiel sei genannt: Die Flügelspitzen der Vögel erzeugen unerwartet geringe Luftwirbel – eine erst jüngst im Windkanal entdeckte Erscheinung, die Flugzeugkonstrukteure aufhorchen läßt. Denn die Luftwirbel an den Tragflächenenden großer Jumbo-Jets bedeuten Gefahr für nachfolgende kleinere Flugzeuge. Sie können – Minuten später –, wenn sie in einen derartigen Wirbel geraten, einfach umgeworfen werden. Ganz lassen sich derartige Wirbel nie vermeiden, denn sie entstehen letztlich durch den

Abbildung 10: Der historische Flugversuch des Schneiders von Ulm.

Druckunterschied über und unter der Tragfläche. Aber eine Lizenz bei den Vögeln könnte hier weiterhelfen. Eine Versuchsreihe ergab, daß mehrteilige Flügelenden – den gespreizten Vogelfedern entsprechend – bedeutend weniger Wirbel hervorrufen.

Flattern wie die Vögel

Von Ikarus bis zum Zeitalter der Weltraumfahrt ist der Vogelflug eine ständige Herausforderung geblieben. Leonardo da Vinci oder der Schneider von Ulm – es hat nicht an Erfindergeist und Einsatz gefehlt, die Vögel nachzuahmen. Indes: Der Preis des englischen Kunststoff-Fabrikanten Henry Kremer für eine allein mit Muskelkraft geflogene 8 steht weiterhin bei 70 000 Mark. Ebenso sind alle Versuche, ein Schwingenflugzeug zu bauen, kläglich gescheitert. Die komplizierten, sich verwindenden Bewegungen eines Vogelflügels sind mit herkömmlichen Materialien kaum zu verwirklichen.

Doch viele Bastler sind von der Zukunft des Schwingenflugs überzeugt: Ihre libellenartigen Modelle schaffen bereits mehrere Runden im Zimmer. Und auch Flattermodelle aus der Spielzeugabteilung vermögen geradezu unheimlich echt zu fliegen – solange der Gummimotor es will.

Vielleicht gelingt wirklich eines Tages, was die Vögel uns unermüdlich vormachen, denn eines läßt hoffen: Auch die Natur hat es nicht auf Anhieb geschafft, auch sie hat unzählige Modelle ausprobiert und verworfen, bis die Flügel zum schlagenden Erfolg wurden.

Intelligenz contra Muskeln

»Ein Vogel ist ein Gerät, das nach mathematischen Gesetzen arbeitet. Und dieses Gerät mit all seinen Bewegungen zu reproduzieren, liegt innerhalb der Fähigkeiten des Menschen.« So schrieb Leonardo da Vinci im Jahr 1505, und als genialer Techniker fügte er gleich die Konstruktionszeichnung von Anschnallflügeln hinzu. Doch weder da Vinci noch ein anderer hat sich jemals flatternd vom Boden erhoben. Selbst die geflügelten Engel – hält man sich an ihre bildlichen Darstellungen – müssen komplett fluguntauglich gewesen sein. Woran liegt es eigentlich?

Es ist nicht nur unsere Größe, unser Gewicht, wir sind auch dichter gebaut: Ein Schwan schwimmt auf dem Wasser, wir gehen unter. Unsere Flügel müßten folglich überproportional groß ausfallen: Sechs Quadratmeter Flügelfläche wurden als Minimum für den menschlichen Schwingenflug errechnet. Solche Monsterfittiche aber auf und ab zu bewegen – dazu mit der richtigen Verwindungstechnik –, übersteigt unsere Muskelkräfte. Unsere Brustmuskulatur, die das Auf und Ab der Arme bewerkstelligt, ist im Vergleich zu den Vögeln geradezu ärmlich entwickelt. Sie macht nur knapp ein Prozent unseres Körpergewichts aus. Bei den Vögeln sind es über fünfzehn Prozent.

Aber was des einen Brustmuskeln, sind des anderen Gehirnzellen. Der Durchbruch des Fliegens begann, als der Mensch aufhörte, auf die Vogelvorbilder zu starren, als er von den flatternden Beispielen abstrahierte und über die Grundprinzipien nachdachte: Daß ein Vogel fliegt, ist klar – aber warum? Erst die übergeordneten Gesetzmäßigkeiten des Vogelflugs – etwa der Zusammenhang zwischen Geschwindigkeit, Flügelprofil und Auftrieb – wiesen den Weg in die Luft. Flatterfrei an den Vögeln vorbei!

Abstrahieren vom Augenscheinlichen und Suchen nach den übergeordneten Gesetzmäßigkeiten – diese Fähigkeit ist ein entscheidendes Merkmal menschlicher Intelligenz. Sie hat zum künstlichen Fliegen geführt, und sie könnte dereinst auch zum künstlichen Denken führen. Computerexperten sehen hier durchaus einen Parallelfall: Das Gehirn als Intelligenzvorbild ist gegeben. Die technischen Mittel existieren. Aber erst wenn die Grundgesetze für Intelligenz und Intelligenzerzeugung gefunden sind, kann der Höhenflug künstlichen Denkens gelingen.

8 Gedanken über Intelligenz

Was ist Intelligenz? Jeder hat ein Gefühl dafür. Wir sind schnell bei der Hand, den einen als »hochintelligente Person«, den andern als »nicht gerade intelligent« einzustufen. Geht es aber darum, eine Definition zu liefern: was ist Intelligenz? – dann geraten selbst intelligente Leute ins Stocken.

Intelligenz scheint leichter zu messen als zu definieren. Denn die Intelligenztests nehmen ständig zu, etwa bei Umschulungen, Einstellungsgesprächen oder Stipendienvergaben. Sogar die Massenzeitschriften geben sich wissenschaftlich und drucken Schnelltests mit der Aufforderung: Messen Sie Ihre Intelligenz! Das Ergebnis ist meist ein Zahlenwert in der Nähe von 100: der vielzitierte Intelligenzquotient, abgekürzt IQ.

IQ = 98 oder IQ = 112, das hört sich an, als sei Intelligenz eine naturwissenschaftlich meßbare Größe wie die Herzschläge pro Minute oder die PS-Zahl eines Autos. Was sich tatsächlich hinter diesem Intelligenzquotienten verbirgt, den viele als intimes Geheimnis hüten und andere wie einen Orden zur Schau tragen – davon soll später die Rede sein.

Was ist Intelligenz? Ein namhafter Psychologe, der selbst einen der besten Intelligenztests entwickelt hat, beschreibt Intelligenz als die Fähigkeit, »zweckvoll zu handeln, vernünftig zu denken und sich mit seiner Umgebung sinnvoll auseinanderzusetzen«. Überraschend vielleicht, daß hier neben dem Denken auch von Handeln und Auseinandersetzung die Rede ist. Aber diese Definition stammt im Grunde aus biologischer Sicht. Sie beschreibt keine geistigen Prozesse, sie faßt zusammen, was den vernunftbegabten Homo sapiens vor anderen Lebewesen auszeichnet. Und dazu gehört, abgesehen von der Denkfähigkeit selbst, das vom Denken gesteuerte Handeln und Sich-Verhalten. Ein Intelligenztest müßte entsprechend angelegt sein. Neben reinen Denkvorgängen sollte er auch in irgendeiner Form das Handeln mit einbeziehen und bewerten. Wie dies möglich ist, erkennt man am besten an den Testaufgaben selbst.

Intelligenztests bei Kindern

Der erste Intelligenztest wurde bereits Anfang dieses Jahrhunderts von Alfred Binet in Frankreich entwickelt. Sein Ziel war es, die Beurteilung der Schulkinder nicht allein den Lehrern zu überlassen – vor allem, was die Entscheidung über »schwachsinnig oder normal« anging. Die Meinung der Lehrer sollte durch möglichst objektive, nicht auf den Lehrstoff bezogene Maßstäbe ergänzt werden. Binets Konzept hat vielfältige Verbesserungen und Abwandlungen erfahren, und

Abbildung 1: Diese Zeichen können auf verschiedene Weise zu Vierergruppen mit entgegengesetzten Eigenschaften zusammengefaßt werden. Beispielsweise sind vier Zeichen rot und vier Zeichen grün. Oder: Vier Zeichen sind groß, die andern vier klein. Welche Ordnungskriterien gibt es noch?

Abbildung 2: Was ist auf diesem Bild los?

heute verfügen die Psychologen über sehr zuverlässige Testserien für Kinder. Etwaige Entwicklungsrückstände oder -einseitigkeiten lassen sich sicher erkennen, und für so schicksalhafte Fragen wie die nach der angemessenen Schule ist ein vom Psychologen durchgeführter Intelligenztest eine wertvolle Entscheidungshilfe.

Dabei handelt es sich nie um eine einzige Aufgabenart. Ein Intelligenztest ist immer ein Gefüge unterschiedlichster Testfragen, die – genau aufeinander abgestimmt – jeweils andere Geistesleistungen erfordern. Beispielsweise: Bildbetrachtungen. Abbildung 2 zeigt eine Zeichnung, die direkt auf Binet zurückgeht. »Erzähle mal, was da los ist«, werden die Kinder aufgefordert, und tatsächlich können die Antworten sehr unterschiedlich ausfallen, wie folgende Tonbandaufzeichnungen beweisen:

1. Antwort:

Der Mann da hat einen Hut – und die Frau da bückt sich – die Frau schaut aus dem Fenster – das Kind da liegt auf dem Boden.

Eine Aufzählung von Einzelheiten – richtig zwar, aber ohne jeden Bezug zueinander.

2. Antwort:

Da ist ein Kind hingefallen – und da ist eine Mutter mit einem Baby auf dem Rücken – und will das Kind wahrscheinlich aufheben – und der Vater grüßt eine Mutter, die aus dem Fenster guckt.

Erste Ansätze, die Einzelbeobachtungen in einen Zusammenhang zu stellen.

3. Antwort:

Da ist ein Mann vorbeigegangen und hat nach oben geguckt und guten Tag gesagt, und da hat er den Jungen nicht gesehen und hat ihn aus Versehen hingeschubst.

Mit Abstand die beste Antwort. Die intellektuelle Leistung besteht darin, sich von den beobachteten Einzelheiten nicht gefangennehmen zu lassen, sondern sich wieder so weit von ihnen zu lösen, bis der übergeordnete Sinnzusammenhang, der Tathergang, erkennbar wird.

Auf etwas anderes zielen die folgenden Sätze, die den Kindern vorgelesen werden:

Ein Vater schreibt an seinen Sohn: Komm sofort nach Hause, und wenn Du diesen Brief nicht erhältst, dann schicke mir eine Postkarte.

Oder:

In einer Unterhaltung redeten alle Leute durcheinander, plötzlich schwiegen sie, erschrocken von der unheimlichen Stille.

Oder:

Ich las heute in der Zeitung, daß der Sturm, der gestern mittag auf dem Meere begonnen hat, drei Tage lang dauerte.

Ist so etwas möglich? Warum nicht? Die Kinder sollen erklären, was ihnen an diesen Sätzen unsinnig erscheint. Wie sie das formulie-

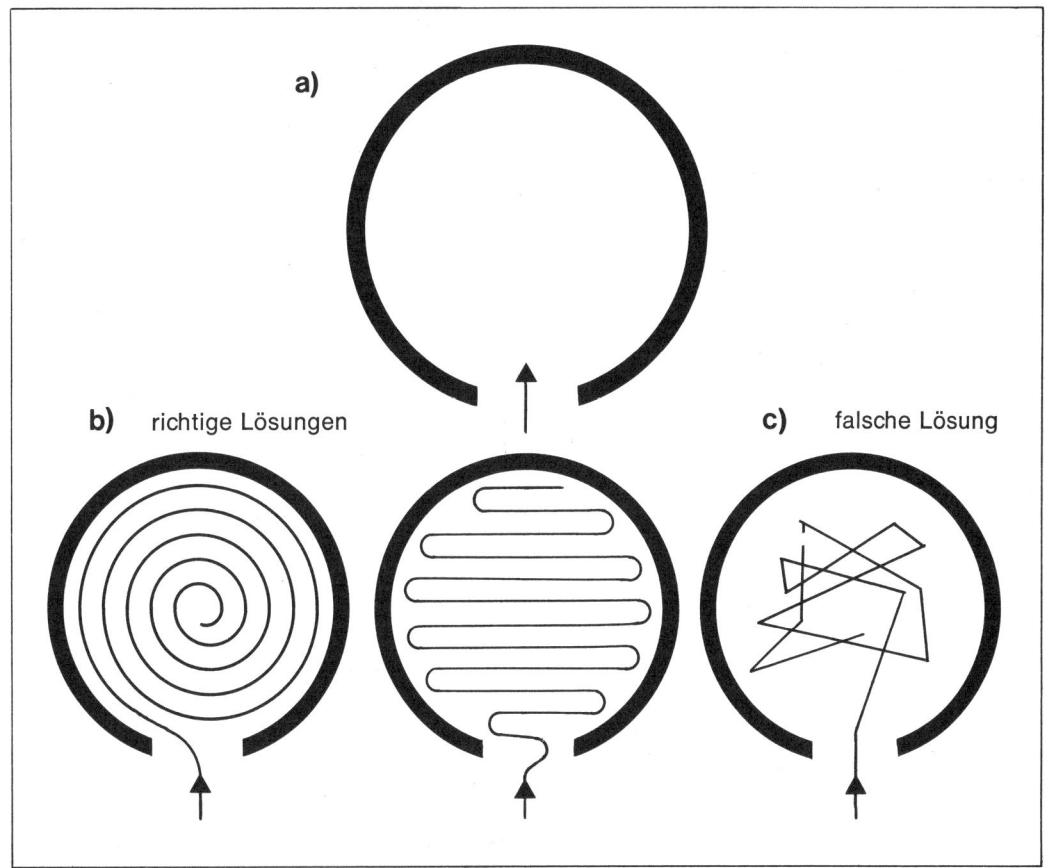

Abbildung 3: Ein Ball ist über den Zaun gefallen und liegt im hohen Gras. Welchen Weg schlägt man beim Suchen ein?

ren, ist völlig egal, nur der Kern der Sinnwidrigkeit muß getroffen sein. Zum Beispiel so: Der Sohn weiß dann ja gar nicht, daß er eine Karte schicken soll.

So einfach das aussieht, erst von Neun- bis Zehnjährigen sind richtige Antworten zu erwarten; denn Vorbedingung ist, daß man Ursache und Wirkung genau auseinanderhalten kann und letztlich verstanden hat, daß die Ursache immer vor der Wirkung kommt.

Im nächsten Beispiel geht es um eine konkrete Situation, in der das Kind handeln soll: Ein Ball ist zu suchen. Allerdings spielt sich das Ganze auf dem Papier ab (Abbildung 3a). Dem Kind wird – in möglichst einfachen Worten – erklärt, daß der Kreis ein Zaun sei, innen drin eine Wiese. Durch die Lücke im Zaun kann man durchgehen. Jetzt ist der Ball über den Zaun geflogen. Das Gras ist so hoch, daß man nicht sehen kann, wo der Ball liegt. Das Kind soll dann mit dem Bleistift den Weg einzeichnen, den es gehen würde, um den Ball zu suchen. Je nach Zielstrebigkeit, Übersicht, Konzentration wird der Suchpfad anders verlaufen. Aber erst Elf- bis Zwölfjährige überblicken die Situation so weit, daß sie einen fertigen Suchplan im Kopf haben: meist eine Spirale oder eine Schlangenlinie (Abbildung 3b). Mit einer derartigen (oder entsprechenden) Lösung zeigen die Kinder natürlich mehr, als daß sie in der Lage sind, einen Ball zu suchen; indem sie einen Wegtyp wählen, der – im Prinzip – über jede Stelle des Gebietes führt, lösen sie das Problem gleich grundsätzlich und allgemeingültig: So läßt sich jeder beliebige Gegenstand an jeder beliebigen Stelle des Kreises mit Sicherheit auffinden. Als nicht bewältigt gilt die Aufgabe, wenn der Weg Lücken aufweist oder bestimmte Kreisgebiete ganz ausklammert (Abbildung 3c).

Schulzeugnis und Intelligenz

An diesen willkürlich herausgegriffenen Testaufgaben wird zweierlei deutlich. Erstens: Die Art der Lösung hängt vom Alter ab, und manche Aufgaben sind überhaupt erst von einer bestimmten Entwicklungs- und Altersstufe an zu verstehen. Dieser Punkt wird später noch bedeutsam werden. Zweitens: Die Aufgaben selbst haben fast nichts mit dem üblichen Schulstoff zu tun. Sie beziehen sich weder auf Vorbildung, angeeignetes Wissen noch auf sprachliches Geschick.

Dies ist in der Tat eine entscheidende Vorbedingung und auch das Hauptproblem für jeden Intelligenztest. Er soll möglichst »kulturfair« sein. Kein Kind sollte benachteiligt sein, weil es sich nicht gewandt ausdrücken kann oder weil es in einem bestimmten Milieu aufwächst. Die Frage etwa: Wieviel Beine hat ein Huhn? wäre für Landkinder höchst einfach. Nicht aber für Großstadtkinder, die Hühner meist nur als Brathendl (mit vier ganz ähnlich aussehenden Gliedmaßen) kennen.

Umgekehrt sollte Redegewandtheit, Schulwissen oder Vorbildung nicht im Intelligenztest zu Buche schlagen — oder genauer: nur insoweit, als diese Fähigkeiten Ausdruck der zu testenden Intelligenz sind. An dieser Stelle sei ausdrücklich auf ein Mißverständnis hingewiesen: Daß Intelligenztests keine Schulleistungen heranziehen, bedeutet nicht, daß Schulleistung nichts mit Intelligenz zu tun hat. Im Gegenteil: Hohe Intelligenz und gute Zeugnisse fallen – statistisch gesehen – sehr häufig zusammen. Aber es gibt Ausnahmen, und vor allem: Aus dem Zeugnis auf die Intelligenz zu schließen, ist schon deshalb problematisch, weil man nicht weiß, wie intelligenzintensiv die einzelnen Fächer sind. Sollen nur die Noten der Hauptfächer bewertet werden? Oder die Gesamtnote? Wie soll man »Rechnen« einstufen oder »Lesen und Schreiben?« Gerade letzteres, Lesen und Schreiben, hat ganz sicher etwas mit Intelligenz zu tun. Keine Tierart hat eine Schrift entwickelt – nicht einmal in Ansätzen. Und auch der Mensch brauchte erst eine gewisse Entwicklungshöhe, bevor er darauf kam, die realen Dinge seiner Welt mit völlig abstrakten Zeichen zu identifizieren. Nichts anderes bedeutet Schrift. Ein Baum hat ja keinerlei Ähnlichkeit mit dem Zeichen BAUM. Daß wir ihn so schreiben, ist historisch bedingte Übereinkunft. Für den Griechen etwa bedeutet ΔΕΝΔΡΟΝ einen Baum, und für den Japaner schreibt sich derselbe Baum als 木. Umgekehrt: Diese Symbole zu lesen, von ihrem eigentlichen Aussehen zu abstrahieren und nur die Bedeutung »ein Gewächs mit Stamm und Blättern« im Sinn zu haben, ist zweifellos eine intellektuelle Leistung.

Abbildung 4: Diktatauszug eines Legasthenikers. Sechs Prozent aller Kinder in Deutschland leiden unter Lese- und Rechtschreibschwäche.

Spuk
in der Klasse:
miternacht! die Tormuar schlägt 12.
in der Klasse wirt es Libendich.
auf den Lesertisch tanzen ein blauer
und ein schwarzer Tornser mit ein
ander. Jörgens deke Lederhanschue
Klarchen den dagt dazu. wi ein
Kerbens schwebt ein weißer schal
heran. Tideer neuer regenmandel
blest sich auf und schwebt hinter
in ker. Urwes kleiner Renwagen
Rolt under den Tisch herfor
und Rades die wende Rauf und
Runder wir sbillen karudzellt
alle einsteigen ruft Bergis Buner
scherm da schlägt es 1! der sbug
der bug ist aus in der Klasse ist es wider

still

Doch dies rechtfertigt nun keineswegs, Lesen und Schreiben zum Gradmesser für Intelligenz zu machen oder jemanden aufgrund seiner Rechtschreibfehler abzuqualifizieren: Wer nicht einmal richtig schreiben kann ...

Lese- und Rechtschreibschwäche

Wie falsch eine solche – leider noch weitverbreitete – Ansicht ist, zeigt das Beispiel der Legasthenie. Diese angeborene Lese- und Rechtschreibschwäche tritt in Deutschland bei etwa sechs Prozent aller Schulkinder auf. In jeder Klasse sind also durchschnittlich zwei Kinder, die mit den üblichen Methoden kaum oder gar nicht lesen und schreiben lernen. Oft schaffen sie nur die Anfangsbuchstaben der Wörter. In weniger krassen Fällen – wie in dem Diktatauszug (Abbildung 4) – häufen sich die Fehler bis zur Unverständlichkeit des Textes. Es sind Fehler aller Art – nicht nur »Verdreher« (wie Burder statt Bruder oder Steir statt Stier), die früher als typische Legasthenikerfehler galten. Auch das Lesen gelingt, wenn überhaupt, nur ohne Betonung oder Phrasierung, oft stockend und ratend.

Verständlich, daß so veranlagte Kinder das Klassenziel kaum erreichen – zu groß ist das Gewicht, das dem Lesen und Schreiben auch in anderen Fächern zukommt: Textaufgaben in Mathematik, Liederverse in Musik, fremde Namen in Erdkunde. Das überraschende aber: Im Intelligenztest schneiden diese Kinder nicht schlechter ab als andere – in Einzelfällen sogar weit besser. Lehrer von Legasthenikerklassen berichten von hervorragenden mathematischen Leistungen oder gekonnten Aufsätzen (wenn man von orthographischen Fehlern absieht).

Im breitgefächerten Spektrum der Intelligenz fehlt diesen Kindern lediglich jener für Lesen und Schreiben verantwortliche Sektor – ein partieller Ausfall, vergleichbar etwa der Farbenblindheit im optischen Bereich. Allerdings ist Legasthenie weit ernsthafter und folgenschwerer: Man braucht sich nur vorzustellen, was es für ein normal intelligentes Kind bedeutet, ständig mit seinem eigenen gravierenden Versagen konfrontiert zu werden. Enttäuschung und Minderwertigkeitsgefühle können die weitere Intelligenzentfaltung so beeinträchtigen, daß diese Kinder tatsächlich dümmer werden.

In zunehmendem Maße erkennen dies auch die Schulbehörden. Vereinzelt werden Legasthenikerklassen eingerichtet, in denen speziell geschulte Lehrer unterrichten. In den meisten Fällen aber bleibt den Eltern nur die Selbsthilfe: Eigenes Üben mit den Kindern (freilich ohne Leistungsdruck oder Vorwürfe), geeigneter Privatunterricht oder vor allem der Zusammenschluß zu Eltern-Initativgruppen. Aus eigener Kraft über ihre Lese- und Rechtschreibschwäche hinwegzukommen, gelingt nur wenigen besonders zähen intelligenten Kindern, und selbst dann werden die Tücken der deutschen Rechtschreibung – groß oder klein, k oder ck, s oder ß – nie ganz gemeistert.

Angesichts dieser Zusammenhänge muß man sich fragen, ob wir die Rechtschreibung nicht gewaltig überbewerten. Wie schnell werden orthographische Fehler in einem Brief oder gar Bewerbungsschreiben als Zeichen mangelhafter Intelligenz gedeutet!

Die »Münchener Lach- und Schießgesellschaft« veröffentlichte seinerzeit eine Statistik über anerkennende und ablehnende Zuschriften. Mit dem harmlosen Zusatz, die negativen Beurteilungen enthielten ein Mehrfaches an Rechtschreibfehlern, war dezent zum Ausdruck gebracht, für wes Geistes Kind man die Kritiker halte. Die Kabarettisten müssen sich sagen lassen: Nicht jeder, der nämlich mit h schreibt, ist dämlich!

Hirnströme als Intelligenzmesser?

Alle Probleme um eine gerechte, objektive und kulturfaire Intelligenzbeurteilung glaubt ein kanadischer Psychologe gelöst zu haben. Und zwar auf die denkbar direkteste Weise: Er mißt die Intelligenz am Kopf seiner Prüflinge aus der elektrischen Aktivität des Gehirns. Die Testperson bekommt einen – mit Elektroden bestückten – Helm über den Kopf gestülpt, muß sich in einen verdunkelten Raum begeben und dort fünf Minuten lang Lichtblitze auf einer Leinwand betrachten. Fertig. Ohne Reden, ohne Schreiben, ohne Nachdenken. Ein Computer druckt den Intelligenzquotienten aus – oder das, was der Erfinder dafür hält.

Technisch geschieht dabei dasselbe wie bei jeder gewöhnlichen EEG-Bestimmung in einer Klinik: An verschiedenen Stellen der Kopfhaut werden die elektrischen Spannungen abgenommen, millionenfach verstärkt und als sogenannte EEG-Kurven oder Hirnstromkurven aufgezeichnet (siehe Kapitel 11). Die Intelligenz aber soll durch die Lichtblitze zutage treten. Denn jeder Blitz, der das Auge trifft, ruft eine Veränderung der Hirnstromkurven hervor: die Antwort des Gehirns auf die Netzhautreizung. Die Geschwindigkeit, mit der diese Antwort sich im Gehirn ausbreitet, soll dann ein Maß sein für die Intelligenz: je schneller, desto klüger, je langsamer, desto dümmer.

Zweifellos wäre ein derart simples Testverfahren, dem niemand mehr den Vorwurf der Kulturabhängigkeit machen könnte, allen üblichen Intelligenztests überlegen. Doch das neue Gerät ist nicht nur heftig umstritten, es könnte auch in höchst fragwürdiger und unverantwortlicher Weise eingesetzt werden. Um so mehr, als – nach Ansicht der Hersteller – Behörden, Personalberater und Industriefirmen zu den Hauptkunden zählen sollen. Die beängstigende Vorstellung drängt sich auf, solche Apparate könnten den Ausschlag geben, ob man eingestellt oder abgewiesen, befördert oder übergangen wird. Ein Alptraum – nicht nur, weil hier die Intelligenz zum Maß aller Fähigkeiten zu entarten droht, sondern weil aufwendige Elektronik und unfehlbare Computerausdrucke darüber hinwegtäuschen, wie sehr ein solcher Apparat irren kann. Sicher mißt er sehr präzis irgendeine Aktivität unseres Gehirns, aber ob er auch dasselbe mißt, was man üblicherweise unter Intelligenz versteht, ist äußerst fraglich. So verschiedene Fähigkeiten wie logisches Denken, Abstraktionsvermögen oder zweckvolles Handeln werden nicht einzeln erfaßt, sondern gehen unter in der einen, durch simple Lichtblitze stimulierten Meßgröße. Ein bekannter Hamburger Psychologe formulierte es so: Die Intelligenz aus der elektrischen Aktivität des Gehirns messen zu wollen, kommt dem Versuch gleich, aus der Lautstärke eines Orchesters auf dessen musikalische Qualität zu schließen.

Intelligenztests bei Erwachsenen

Bis auf weiteres werden Tests, bei denen man denken und handeln muß, die zuverlässigste Methode der Intelligenzbestimmung bleiben – auch was die Intelligenz Erwachsener betrifft. Ein zusätzliches Problem ist hier allerdings die enorme »Breite«, die ein Erwachsenentest aufweisen muß: Er soll den Schwachsinnigen als schwachsinnig und auch das Genie als genial erkennen. Dies bedingt eine Vielzahl von Aufgaben unterschiedlichen Schwierigkeitsgrades. Und so sollten die wenigen, hier wiedergegebenen Beispiele nicht als Schnelltest mißverstanden werden; sie taugen nicht, um daraus für sich oder andere Intelligenznoten abzuleiten.

Im ersten Beispiel müssen Bilder in die richtige Reihenfolge gebracht werden – so daß

eine folgerichtige Geschichte entsteht. Was für eine Geschichte sich der Kleine König (Abbildung 5) leistet, ist nicht allzu schwierig herauszufinden. Immerhin muß man das Wesentliche jeder Zeichnung erfassen, Anzeichen für eine zeitliche oder logische Abfolge finden und einen übergeordneten Zusammenhang herstellen.

Im sogenannten Wortschatztest wird eine Liste von vierzig Begriffen vorgelegt, deren Bedeutung man erklären soll. Das beginnt mit so einfachen Wörtern wie »Apfel« oder »kriechen« und endet bei Zungenbrechern wie »Idiosynkrasie« oder »Geoid«. Der Einwand liegt nahe, daß die Kenntnis seltener Wörter und Fremdwörter sehr von Beruf, Milieu und Ausbildung abhängt. Ein Naturwissenschaftler wird eher wissen, daß ein Geoid ein Körper von der Gestalt des Erdballs ist, als etwa ein Automechaniker – und zwar nicht, weil der Wissenschaftler intelligenter wäre, sondern weil ihm dieser Ausdruck einfach öfter begegnet.

Solche Bevorteilungen bei einigen Begriffen sind nicht ganz auszuschließen – im übrigen aber erlebten die Psychologen mit diesem Wortschatztest selbst eine Überraschung. Anfangs sehr skeptisch, entdeckten sie bald, daß dieser Test längst nicht so kulturabhängig ist wie ursprünglich angenommen. Ein Beispiel: Prüflinge aus »gehobenen Kreisen« konnten zwar eher Wörter wie »frustriert« oder »Prestige« erklären, hatten aber – bei mäßiger Intelligenz – Schwierigkeiten mit »Kerbe« und »Muster«. Insgesamt zeigte sich: Wer beim Wortschatztest gut abschneidet, dem gelingt dies auch – im statistischen Mittel – bei den übrigen Testaufgaben. Bei Erwachsenen zumindest scheinen sich hinter dem Wortschatz auch allgemeinere Fähigkeiten wie Lernantrieb oder Aufgeschlossenheit gegenüber der Umwelt zu verbergen.

Überhaupt nichts mit Sprache hat die nächste Testaufgabe zu tun. Unter den acht Zeichen auf Abbildung 1 können jeweils vier mit gemeinsamen Eigenschaften gefunden werden. Auf den ersten Blick sieht man: Vier Zeichen sind grün, die andern vier sind rot. Oder: Vier Zeichen sind groß, die andern vier klein. Aber es gibt noch andere Ordnungsgesichtspunkte, nach denen die Zeichen in Vierergruppen eingeteilt werden können. Welche?

Typisch für Aufgaben dieser Art ist die unbestimmte Zielsetzung. Man weiß im Grunde nicht, wonach man zu suchen hat; nach gemeinsamen Eigenschaften, gewiß – aber wie diese Eigenschaften aussehen könnten, bleibt völlig offen. Diese Art Denkleistung, das sogenannte induktive Denken, ist ein Grundpfeiler jeglicher Naturwissenschaft. Klassisches Beispiel aus der Astronomie: Die Positionen der Planeten waren seit alters her bekannt. Johannes Kepler aber suchte so lange nach Gemeinsamkeiten, nach Ordnungskriterien, bis er herausfand, daß sie alle auf Ellipsenbahnen liegen – Kernpunkt der berühmten Keplersche Gesetze. Doch zurück zur Testaufgabe: Hier sind folgende Ordnungskriterien möglich: groß–klein, grün–rot, dick–dünn, eckig–rund, geschlossen–offen, symmetrisch–asymmetrisch.

Nicht anders als bei Kindern enthalten auch Intelligenztests für Erwachsene einen Handlungsteil. Besonders bewährt hat sich hier der sogenannte Mosaiktest. Aus farbigen Würfeln sollen in möglichst kurzer Zeit verschiedene Vorlagen nachgelegt werden – ähnlich einem Puzzle-Spiel. Aber nicht allein die Geschwindigkeit, auch die Taktik des Vorge-

Abbildung 5: Der kleine König als großer Angler. In welcher Reihenfolge ergeben die Bilder eine sinnvolle Geschichte?

hens, die Ausdauer oder die Klippen, über die der Prüfling stolpert, sind für den Psychologen wertvolle Beurteilungshinweise. Soweit einige Testbeispiele. Wie aber errechnet sich aus der Fülle der Aufgaben schließlich der IQ, der Intelligenzquotient?

Der Intelligenzquotient

Ausgangsüberlegung für die Einführung des IQ war eine sehr naheliegende Frage bei Kindertests: Wie will man eigentlich die Intelligenz eines Fünfjährigen mit der Intelligenz eines Zwölfjährigen vergleichen? Selbstverständlich würde das zwölfjährige Kind – legte man ihm dieselben Aufgaben vor – stets besser abschneiden. Es leuchtet unmittelbar ein, daß man die Intelligenz von Kindern nur im Vergleich zu ihren Altersgenossen beurteilen kann. Genau hierauf baut nun die Definition des Intelligenzquotienten auf:

$$\text{Intelligenzquotient} = \frac{\text{»Intelligenzalter«}}{\text{Lebensalter}} \cdot 100$$

Zunächst ist klar, woher die Bezeichnung Intelligenzquotient kommt. Man bildet einen Bruch, also den Quotienten aus zwei Altersangaben. »Lebensalter« hat den üblichen Sinn. Was bedeutet »Intelligenzalter«? Hier kommt jener Punkt zum Tragen, der schon bei unseren Kindertest-Beispielen aufgefallen war: Jede Aufgabe ist auf eine ganz bestimmte Altersstufe zugeschnitten. Wenn nun ein Kind von – sagen wir – acht Jahren die Testaufgaben löst, die man normalerweise erst mit zehn Jahren bewältigt, dann ist sein »Intelligenzalter« zehn Jahre. Für dieses Zahlenbeispiel besagt obige Formel

$$IQ = \frac{10}{8} \cdot 100 = 125$$

Dieses Kind hätte also den (hohen) IQ von 125. Die Multiplikation mit 100 hat lediglich den Zweck, das Komma wegzuschaffen.

Ein umgekehrtes Beispiel: Bewältigt ein Zwölfjähriger nur Aufgaben, die man normalerweise schon mit neun Jahren löst, dann ist sein Intelligenzalter neun Jahre und sein Intelligenzquotient

$$IQ = \frac{9}{12} \cdot 100 = 75$$

Wenn ein Kind die Testaufgaben so löst, wie es im statistischen Mittel auch bei seinen Altersgenossen üblich ist, dann stimmen Lebensalter und Intelligenzalter überein. Es liegt der Normalfall vor: IQ = 100. Ein IQ wesentlich über 100 bedeutet also überdurchschnittliche, ein IQ wesentlich darunter unterdurchschnittliche Intelligenz.

Die Formel für den IQ hat, wie alle Formeln, eine verführerische Eigenschaft. Wenn sie einmal steht, übersieht man leicht die Voraussetzungen, an die sie geknüpft ist. So könnte man für Jesus einen IQ von 200 errechnen. Denn im Lukas-Evangelium wird berichtet, er habe als Zwölfjähriger im Tempel mit den Schriftgelehrten diskutiert. Lebensalter also zwölf Jahre. Das übliche Alter für solch einen Disput ist – bei dem Schwierigkeitsgrad der Materie – mit 24 Jahren sicher nicht zu hoch angesetzt. Intelligenzalter also 24 Jahre. Ergibt

$$IQ = \frac{24}{12} \cdot 100 = 200 \text{ für Jesus!}$$

Das Mißverständnis, auf dem derartige Rechnungen beruhen, ist ein doppeltes. Erstens ist die Bestimmung des Intelligenzalters an vielfach erprobte und geeichte Tests gebunden

Abbildung 6: Häufigkeitsverteilung des Intelligenzquotienten. Die Hälfte der Bevölkerung ist normalbegabt und hat einen IQ zwischen 90 und 109. Je weiter ein IQ von dieser Norm entfernt liegt, um so seltener ist er in der Bevölkerung vertreten.

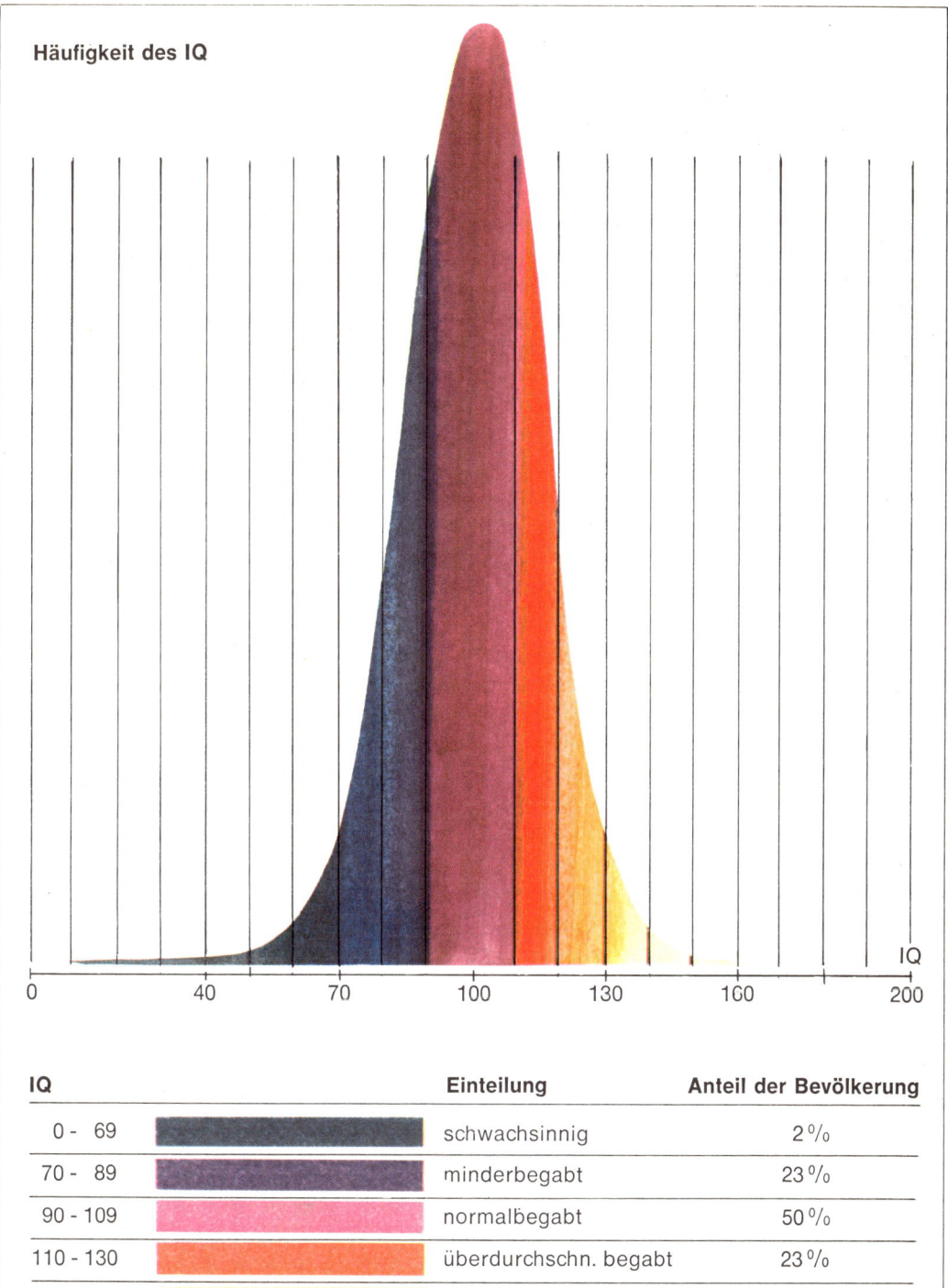

und kann nicht aus einer einzigen Gegebenheit geschlossen werden. Und zweitens hat es keinen Sinn, ein Intelligenzalter über 16 Jahre zu nennen. Denn mit 15 bis 16 Jahren schließt die Intelligenzentwicklung ab. Alles Weitere ist erlerntes Wissen und Erfahrung. Daraus ergibt sich, daß für Erwachsene der IQ anders definiert werden muß. Man geht hier von IQ = 100 als Durchschnittswert der Gesamtbevölkerung aus und ermittelt die Abweichungen der Testergebnisse nach oben und unten. Der Intelligenzquotient ist also kein absolutes Maß für Intelligenz. Er besagt lediglich, wie weit man von der – willkürlich festgelegten – Durchschnittsmarke 100 entfernt ist. Und noch etwas: Streng genommen hängt der IQ auch von der Art des Tests ab, dem man sich unterwirft. Es gibt eine ganze Reihe unabhängig und unterschiedlich aufgebauter Tests, und jeder liefert einen etwas anderen IQ. Wem soll man glauben? Zum Glück machen diese Unstimmigkeiten nur wenige Punkte aus, und dies wiederum werten die Psychologen als eine Bestätigung, daß sie mit ihren Tests auch wirklich die Intelligenz messen und nicht nur Fähigkeiten, wie Mosaiks zu legen, Bilder zu ordnen und dergleichen. Wenn nämlich verschiedene Tests annähernd zum gleichen Intelligenzquotienten führen, dann darf man annehmen, daß man nicht die Fertigkeit, bestimmte Aufgaben zu lösen, sondern die dahinter stehenden allgemeinen intellektuellen Fähigkeiten erfaßt hat.

Eine Intelligenzprüfung quer durch die Bevölkerung ergibt die Häufigkeitsverteilung auf Abbildung 6: Am häufigsten (50 Prozent der Bevölkerung) ist der Normalfall mit IQ-Werten um 100. Andere Werte sind um so seltener, je weiter sie von diesem Normalwert entfernt liegen. Etwa 23 Prozent haben einen IQ zwischen 90 und 70, und ebenso viele liegen zwischen 110 und 130. Und nur zwei Prozent besitzen einen IQ unter 70 oder über 130. Den Zahlen selbst sieht man dabei nicht an, was sie bedeuten; wo etwa Schwachsinn und wo Höchstbegabung beginnt. Aus sehr vielen Beobachtungen, Vergleichen und Fallstudien aber ist man zu der ebenfalls auf Abbildung 6 angegebenen Grobeinteilung gekommen.

Dabei sei ausdrücklich betont, daß der IQ – wenn er vom Psychologen unkommentiert bleibt – nichts über Spezialbegabungen etwa mathematischer, musikalischer oder bildnerischer Art aussagt. Selbst so überragende Gedächtnis- und Rechenleistungen, wie sie die heutigen Computer beherrschen, hätten kaum Einfluß auf den IQ. Keiner der UNIVACs oder ENIACs könnte einen Intelligenztest bestehen. Wird sich dies eines Tages ändern?

Künstliche Intelligenz

ILLIAC IV, derzeit mächtigster »Denkapparat« der Erde, verarbeitet in jeder Sekunde 150 Millionen Befehle. In seinem Gedächtnis behält er 35 Millionen Wörter und Zahlen, und jede einzelne Rechenoperation dauert nur fünf bis zehn milliardstel Sekunden. So unvorstellbar schnell verschlingt der 300-Millionen-Dollar-Computer die Eingabedaten, daß ständig 300 Spezialisten beschäftigt sind, ihn mit Programmen zu füttern. ILLIAC IV schafft in Minuten ein Rechenpensum, für das im normalen Kopf-Hand-Verfahren ein Menschenalter nicht ausreichen würde. Und dennoch: Zur Intelligenz fehlt ihm Entscheidendes – nämlich jede Art selbständiger Auseinandersetzung mit der Umwelt. Er ist nur ein perfekter Rechensklave – und wurde auch zu keinem anderen Zweck konstruiert.

Anders jene »kybernetischen Modelle«, die in den fünfziger und Anfang der sechziger Jahre von sich reden machten. Mit elektronischen Maschinen-Tieren wollte man damals der Möglichkeit künstlicher Intelligenz nachgehen. Grey Walter etwa, berühmter englischer

Abbildung 7: Maus im Labyrinth. Das elektronisch gesteuerte Tier lernt durch Erfolg und Mißerfolg und findet sicher durch den – willkürlich aufgebauten – Irrgarten.

Hirnphysiologe, konstruierte eine Schildkröte, die – neben anderen Fähigkeiten – selbständig zur Steckdose lief, um ihre verbrauchten Batterien aufzuladen. Grey Walter über seine Schöpfung: So einfach sie ist, sie erweckt den unheimlichen Eindruck von Vorsätzlichkeit, Unabhängigkeit, Spontaneität! Und tatsächlich, wer jemals ein solches Tier in Aktion erlebt hat, ist von dessen »Lebendigkeit« beeindruckt. Da ist beispielsweise die *Maus im Labyrinth*, die seinerzeit an der Technischen Hochschule Wien entwickelt wurde (Abbildung 7). Ganz egal, wie die Zäune und Wege des Irrgartens aufgebaut sind, die Maus läuft schwänzelnd hindurch, probiert diesen und jenen Weg, rennt auch mal in eine Sackgasse, findet aber letztlich doch immer selbständig das Ziel. Dabei paßt sie genau auf und merkt sich den richtigen Pfad. Beim nächsten Mal vermeidet sie jeden Umweg: Lernen durch Erfolg und Mißerfolg!

Und eben hierin liegt der Zweck dieser Spielerei. Die Erbauer der *Maus im Labyrinth* wollten zeigen, daß die einfachste Art des Lernens – nämlich durch Erfolg und Mißerfolg – auch von einer Maschine beherrscht werden kann. Freilich: Die Lernfähigkeit der Maus ist ausschließlich auf das Labyrinth begrenzt, und jeder Schritt, den sie dort tut, ist von vornherein im Programm festgelegt. Intelligenz kann man fairerweise nur dem Konstrukteur zubilligen.

Wesentlich vielseitiger und fast beängstigend echt präsentiert sich die *elektronische Schildkröte*, ebenfalls aus dem Stall der TH Wien (Abbildung 8). Sie beherrscht eine andere Art des Lernens: Lernen durch Üben – oder genauer: Lernen als »bedingter Reflex«. Dieser Begriff geht auf den sowjetischen Physiologen Iwan Pawlow zurück, berühmt durch seine Hundeversuche: Hielt er seinen Hunden Futter vor, so floß reflexartig ihr Magensaft – selbstverständlich auch dann, wenn dabei

Abbildung 8: Elektronische Schildkröte der TH Wien. Das kybernetische Modell beherrscht über 2500 Reaktionsweisen und wirkt verblüffend »lebendig«.

eine Glocke ertönte. Nach einigen Versuchen aber genügte bereits die Glocke allein, um den Magensaft fließen zu lassen: Ein neuer, ein bedingter Reflex war entstanden. Man könnte auch sagen, die Hunde haben gelernt, daß die Glocke mit Essen verbunden ist.

Pawlow selbst knüpfte an seine Entdeckung weitreichende Erwartungen: »Die Hoffnung ist berechtigt, daß die komplizierten organischen Funktionen, ... die heute zwangsläufig noch mit psychologischen Begriffen wie Wut, Angst, Spiel usw. bezeichnet werden, in absehbarer Zeit zu den einfachen Reflexfunktionen gezählt werden können.« Bei dieser vermuteten Schlüsselstellung bedingter Reflexe ist die Anstrengung der Elektroniker verständlich, sie künstlich zu erzeugen.

Die Wiener Schildkröte exerziert es vor: Wenn sie Futter erblickt, läuft sie zielstrebig darauf zu. Verbindet man diesen Vorgang mit einem Pfeifton, dann genügt schließlich der Pfeifton allein, um dieselbe Handlung hervorzurufen: Das Tier läuft auf Pfiff geradeaus, als ob es dort Futter gäbe. Dabei wird penibel zwischen hohen, tiefen, lauten und leisen Pfeiftönen unterschieden, und bleibt das erwartete Futter mehrmals aus, dann wendet sich die Schildkröte »verärgert« ab und reagiert überhaupt nicht mehr. Bleibt nachzutragen, daß das Schildkrötenfutter nicht aus Salat, sondern aus Licht besteht; die Futterquelle ist eine Lampe.

Insgesamt über 2500 Reaktionsweisen beherrscht das Wiener Modell; selbst für geübte Vorführer sind sie mitunter nicht mehr zu überschauen. Die Schildkröte schläft, wacht auf, wendet sich ab, sucht Nahrung, erleidet Schocks, reagiert auf Schall, auf Licht, auf Hindernisse – und manchmal ist sie auch schlicht kaputt.

Trotzdem konnten derartige elektronische Tiere die in sie gesetzten Erwartungen nicht erfüllen. Man hatte nämlich gehofft, aus der elektronischen Schaltung auf entsprechende Nervenschaltungen in Lebewesen zurückschließen zu können, um danach vielleicht wieder die Elektronik zu verbessern. Doch die innere Struktur der beiden Systeme erwies sich als zu unterschiedlich.

Mit elektronischen Mäusen oder Schildkröten jedenfalls war der Intelligenz oder den Vorstufen zu Intelligenz nicht näherzukommen. Und so leben diese Tiere nur in einigen – kommerziell entarteten – Nachfahren fort: als Spielzeug, als automatische Bedienungswagen in Kliniken oder als Postwagen in großen Büros.

Auf sehr speziellen Gebieten aber vollbringen Computer bereits intelligente Einzelleistungen: Ein Schachcomputer etwa (das ist ein gewöhnlicher Computer mit entsprechendem Programm) ist kaum mehr von einem Normalspieler zu schlagen. Und noch ist offen, ob der britische Schachmeister David Levy seine Wette gewinnt. Levy setzte tausend Pfund darauf, daß ihn vor August 1978 kein Computer in einer Serie von zehn Spielen schlagen werde. Exweltmeister Michail Botwinnik – selbst Computerschach-Experte – äußerte sich skeptisch: »Ich sehe schwarz für Ihr Geld!«

Ebenso offen wie diese Wette aber ist, ob schachspielende Computer einen Weg zu künstlicher Intelligenz weisen. Immerhin zeigen die neuesten Modelle eine bemerkenswerte Verbesserung, die auch über das Schachspiel hinaus Verwendung finden könnte: Sie sind in der Lage, Unterweisungen von (guten) menschlichen Gegnern entgegenzunehmen und zu befolgen. Diese Schachcomputer können – ohne daß das Programm umgeschrieben werden müßte – regelrecht trainiert werden. Auf die Partie von 1978 darf man gespannt sein.

Ein anderes Beispiel: ILLIAC IV wäre nie entstanden, wenn andere Computer nicht im voraus das Verhalten ihres projektierten großen Bruders durchgespielt hätten. Diese sogenannten Computersimulation ist heute ein unersetzliches Hilfsmittel bei der Entwicklung neuer Rechenanlagen. Leicht überspitzt: Computer verbessern Computer.

Ob diese Höherentwicklung der Computer allerdings in Richtung intelligenter Maschinen verläuft oder ob dafür gänzlich andere, nicht ausschließlich an Schnelligkeit orientierte Grundkonzeptionen nötig sind, das ist noch nicht abzusehen. Hierzu müßten wir mehr über unsere eigene Intelligenz wissen; worin sie besteht, wie das Gehirn sie produziert, wie sie sich entwickelt. Von solchem Wissen aber sind wir weit entfernt. Selbst um die Frage, wieweit unsere Intelligenz ererbt und wieweit sie anerzogen, das heißt durch Umwelteinflüsse vermittelt ist, wird bekanntlich noch erbittert gestritten.

Ererbt oder anerzogen?

Die Frage ist von besonderer Brisanz, denn meist wird sie mehr nach gesellschaftspolitischer Gesinnung als nach wissenschaftlichen Gesichtspunkten entschieden. Viele, die eine Gleichstellung aller Menschen durch Veränderung der Gesellschaft erreichen möchten, sind nicht geneigt, Begabungsunterschiede schon bei Geburt anzuerkennen. Und umgekehrt: Wer unsere gesellschaftlichen Bedingungen für unantastbar hält, wird sie nicht für Intelligenzunterschiede verantwortlich machen.

Einigkeit besteht lediglich in einem Grenzfall dieses Problems: Jede Intelligenzentfaltung kann durch extreme Umweltbedingungen unterdrückt werden. So wird ein Kind, das ohne ausreichenden menschlichen Kontakt aufwächst, immer in seiner geistigen Entwicklung beschränkt bleiben. Eindrückliches Beispiel aus der Geschichte: Kaiser Friedrich II. ließ zwei Kinder großziehen, ohne daß ein

Abbildung 9: Peony, das Affenmädchen, ist schreib- und lesekundig.

Wort mit ihnen gesprochen werden durfte, und nur der allernötigste Kontakt war erlaubt. Das grausame Experiment, mit dem der Kaiser die »Ursprache« der Menschheit herauszufinden gedachte, führte zu Verblödung und Tod der Kinder.

Oder der Fall Kaspar Hausers – dem Gerücht nach ein Erbprinz von Baden –, der abgeschieden in einem dunklen Zimmer aufwuchs und in seiner geistigen Entwicklung kaum über den Schwachsinn hinauskam.

Aber man braucht nicht die Geschichte zu bemühen. Auch das beschriebene Beispiel der Legastheniker, deren geistige Entfaltung durch ihre ständigen Versagenserlebnisse gefährdet ist, zeigt ja, wie leicht die Intelligenz durch äußere Einflüsse zu verschütten ist.

Die Frage liegt nahe, ob umgekehrt Intelligenz durch geeignete Umgebung und Erziehung auch geweckt werden kann. Hierzu zunächst wieder ein »Grenzfall«, ein Tierexperiment aus dem Psychologischen Institut der Universität Santa Barbara in Kalifornien. Dort lernen Schimpansen regelrecht lesen und schreiben.

Affen in der Schule

Dreimal täglich ist Unterricht. Und das Affenmädchen Peony ist mit so großem Eifer dabei, daß es sich nicht einmal durch surrende Kameras und helle Lampen ablenken läßt. Zu Beginn jeder Stunde hängt sich Peony ein großes P um den Hals, die Pflegerin und Lehrerin namens Debby ein D. Das erleichtert später die Identifizierung mit diesen Symbolen. Zunächst aber geht es ans Üben von Vokabeln. Ein Haufen bunter, verschieden geformter Plastikklötzchen liegt bereit – jedes davon bedeutet ein Wort. Es handelt sich also um eine Art Bilderschrift, die hier geübt wird. Die Lehrerin heftet das Symbol für Schwamm an eine Magnettafel, und prompt reicht Peony diesen an. Ein rotes Quadrat ist die Vokabel für Banane, die von Peony als Belohnung gleich aufgegessen werden darf.

Nach anderthalb Jahren Unterricht umfaßt der Wortschatz jetzt 30 bis 40 Begriffe – gar nicht so wenig, wenn man bedenkt, daß es acht Monate ständigen Übens brauchte, bis die ersten zwei Vokabeln richtig »saßen«. Dann aber, nachdem der Weg einmal gebahnt war, ging es rasch aufwärts: Peony las kleine Sätze wie »Peony nehmen Schokolade« oder »Peony geben Apfel an Debby«. Für die Namen stehen dabei die Buchstaben P und D, die jeder Beteiligte um den Hals baumeln hat.

Daß sie nicht nur des Lesens, sondern auch des Schreibens kundig ist, demonstriert die Äffin besonders gern. Denn wer schreiben kann, der kann auch Wünsche äußern, und mit Vorliebe entstehen dann an der Magnettafel so einträgliche Sätze wie »Debby geben Schokolade an Peony«. Und wenn dabei das Klötzchen für Schokolade mit dem Schwamm verwechselt wird, ist der Kummer groß.

Peony hat noch ein beträchtliches Lernpensum vor sich. Die frühere »Musterschülerin«, die Äffin Sarah, beherrschte 130 Begriffe, darunter Eigenschaftswörter wie »rund«, »eckig« oder die Farben Rot, Grün, Blau, Gelb. Fragesätze, Verneinung und sogar komplizierte Wenn-dann-Sätze gehörten zu Sarahs Repertoire. Und wer bezweifelt, daß dies etwas mit Intelligenz zu tun habe, möge sich in die folgenden Formulierungen vertiefen:

Wenn Sarah nehmen Apfel, dann Mary geben Schokolade an Sarah.

Wenn Sarah nehmen Banane, dann Mary nicht geben Schokolade an Sarah.

Beide Sätze wurden auch Sarah vorgelegt. Wie hatte sie zu reagieren? Sarah soll nachdenklich vor der Magnettafel gesessen und die Bilderschrift studiert haben, um dann mit Entschlossenheit den Apfel zu nehmen. Sie hatte begriffen, daß sie dann von der Pflegerin Mary zusätzlich noch die Schokolade bekam. Ein letztes aufschlußreiches Beispiel von Sarahs Fähigkeiten: Sie beschrieb ein blaues Plastikdreieck an der Tafel als rot und rund. Ein voller Erfolg! Denn das blaue Dreieck war das »Wort« für Apfel.

Deutlicher könnte nicht gezeigt werden, wie diese Äffin das Abstraktionsvermögen beherrschte, das – wie zu Beginn ausgeführt – jede Schrift verlangt: sich von den konkreten Eigenschaften des Wortsymbols – dreieckig und blau – zu lösen und dafür dessen Bedeutung zu sehen: roter, runder, schmackhafter Apfel.

Ohne Zweifel ist Sarah bis an die Schwelle intelligenten Verhaltens geführt worden, und man mag sich fragen, wie weit eine derartige Schulung im Laufe eines Affenlebens getrieben werden kann. Wo liegt die Grenze? Sarah hat diese Grenze bereits erreicht – und zwar in einer Weise, die man wohl tragisch nennen muß: In einem Zwinger eingesperrt, faucht sie jeden an, der zu nahe an das Maschengitter kommt – selbst ihre einstigen Pfleger und Lehrer. Wie weggeblasen ist jeglicher Lerneifer, jede Vertrautheit, jede Lust und Fähigkeit, den Unterricht fortzusetzen. Das »Intelligenztraining« scheint allenfalls in besonders

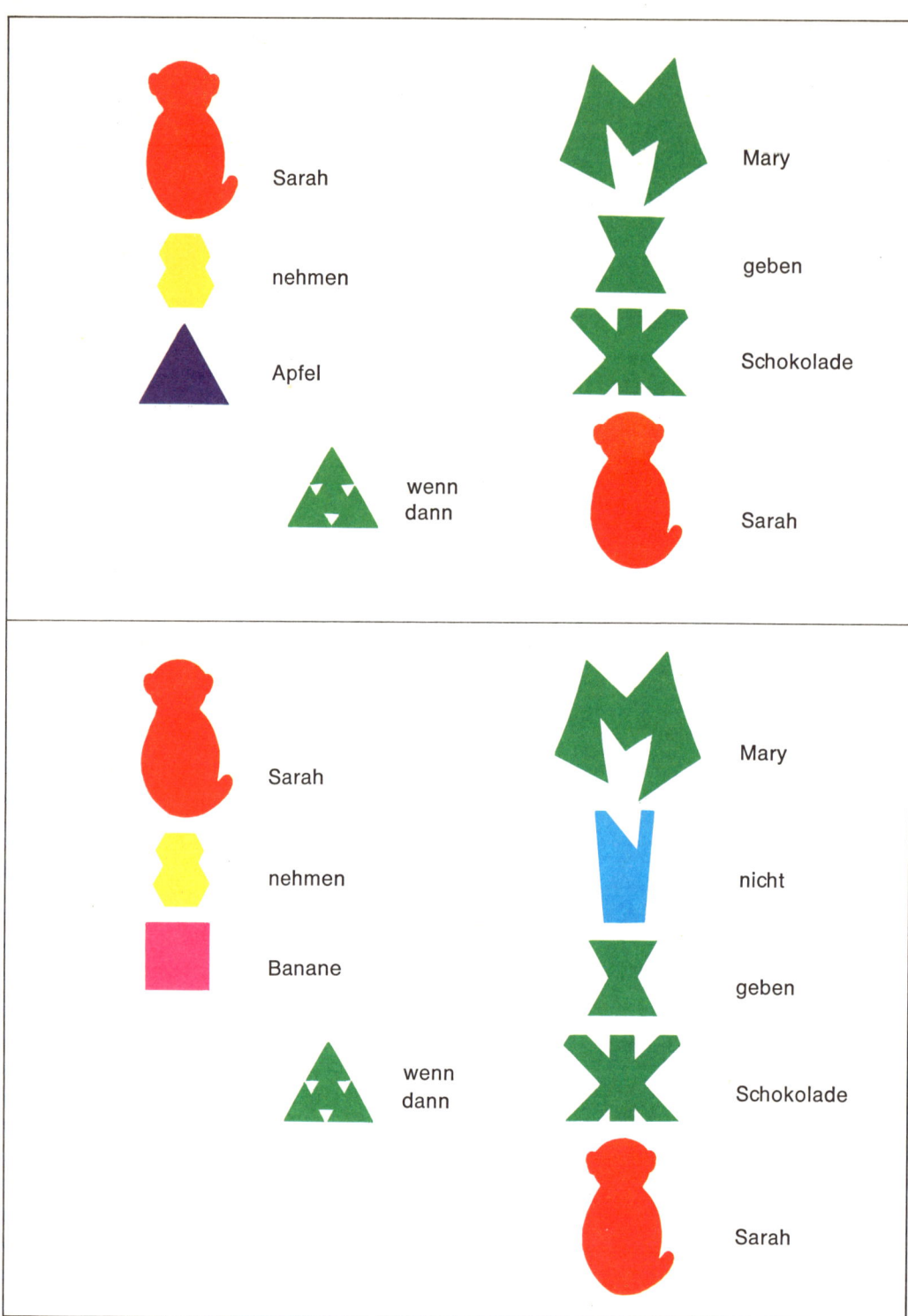

abgefeimter Hinterlist seinen Niederschlag gefunden zu haben: Freundliche Zutraulichkeit vortäuschend, bringt die Äffin jeden in Lebensgefahr, der darauf eingeht. Blitzschnell packt und beißt sie zu.

Was war vorgefallen? Sarah hatte die Pubertät erreicht, und mit der geschlechtlichen Reifung war auch das Tierische voll durchgebrochen. Das Triebhafte hat die Oberhand gewonnen über die dünne Schicht des Verstandes – ein Bild, das durchaus den Proportionen eines Affenhirns entspricht: Auf Abbildung 11 ist das Gehirn eines Rhesusaffen einem Menschenhirn gegenübergestellt. Die wesentlich geringere Größe, die sofort ins Auge fällt, ist nicht einmal so entscheidend, wenn man das Gehirnvolumen im Vergleich zur Körpergröße betrachtet. Entscheidend ist vielmehr das Verhältnis von Hirnstamm und Großhirn; denn beide haben entgegengesetzte Aufgabenbereiche zu erfüllen: Während der Hirnstamm (im Foto unten liegend und nicht zu sehen) für Gefühle, Instinkte, Emotionen zuständig ist, spielt sich im Großhirn – grob gesprochen – das rationale Denken ab. Das Großhirn ist denn auch beim Menschen übermächtig ausgeprägt. Platzsparend gefaltet und gewunden nimmt es achtzig Prozent des Gesamthirns ein. Anders beim Menschenaffen, dessen Großhirnanteil wesentlich weniger ausmacht: So ist die Oberfläche auch fast glatt und kaum gefaltet – sichtbares Zeichen für begrenzte Intelligenz und die Übermacht triebgesteuerter Reaktionen.

Abbildung 10: Zwei Sätze in Bilderschrift, die der Äffin Sarah vorgelegt wurden. Das aus drei Pfeilen zusammengesetzte Zeichen drückt die Wenn-dann-Beziehung aus. War es für Sarah günstiger, den Apfel oder die Banane zu nehmen?

Der Unterschied zwischen Affenhirn und Menschenhirn zeigt aber auch, daß menschliche Intelligenz ein Unikat ist und daß jene brisante Ausgangsfrage – die Umweltabhängigkeit unserer Intelligenz – nicht an Tieren, sondern nur am Menschen selbst zu klären ist. Und hier gibt es tatsächlich eine objektive und zuverlässige Möglichkeit: die Untersuchung eineiiger Zwillinge.

Intelligenzunterschiede schon bei Geburt?

Eineiige Zwillinge besitzen exakt dieselben Erbanlagen. Jeder Intelligenzunterschied bei einem solchen Paar kann also nur von äußeren Umwelteinflüssen herrühren. Verständlich, daß eineiige Zwillinge die wertvollsten Untersuchungsobjekte der Intelligenzforschung sind. Die Methode dabei ist unmittelbar einleuchtend: Man vergleicht die IQs eineiiger Zwillinge, die in verschiedenen Familien aufgewachsen sind, und stellt so fest, wie stark der Einfluß des Milieus ist.

Bislang wurden über hundert solcher Fälle untersucht – noch nicht genug, um ein endgültiges Urteil abzugeben. Aber bereits erwiesen ist, daß ein erheblicher Teil der Intelligenz erblich festliegt. Ob es wirklich siebzig oder gar achtzig Prozent sind, wie einige Wissenschaftler annehmen – darum geht noch die Diskussion. Außer Zweifel aber steht, daß es angeborene Unterschiede in puncto geistiger Leistungsfähigkeit gibt. Die Menschen kommen mit unterschiedlichen Intelligenzmöglichkeiten auf die Welt!

Eine provozierende Feststellung? Ein Schlag für alle Bemühungen um Chancengleichheit? Eine Absage an die Intelligenzförderung benachteiligter Gesellschaftsschichten? Dies zu folgern, wäre in der Tat ein verhängnisvolles Mißverständnis. Denn ein genetisch möglicher IQ beispielsweise von 130 schließt keineswegs seine Verwirklichung mit ein. Nur

Abbildung 11: Das menschliche Großhirn ist tief gefurcht und gefaltet. Zum Vergleich das verhältnismäßig glatte Hirn eines Rhesusaffen.

bei optimalen umgebenden Verhältnissen ist der angeborene Grenzwert auch zu erreichen. Gerade um die erbbedingten Möglichkeiten jedes einzelnen auszuschöpfen – wir sind noch weit davon entfernt –, ist es so wichtig, unser Erziehungskonzept in Elternhaus und Schule zu verbessern und diese Umwelteinflüsse möglichst günstig und fördernd zu gestalten.

Freilich: Intelligenz ist bei aller Bedeutsamkeit nur ein Teil der Persönlichkeit, die einen Menschen ausmacht. Wir sollten sie auch nicht überbewerten. Es gibt Situationen genug, in denen andere Wesenszüge weit mehr zählen. Die Beispiele hochintelligenter, aber skrupelloser Personen sind Legion. Was hat die Intelligenz eines Goebbels eingebracht?
Und schließlich, was die ungleichen Erbanlagen betrifft: Unsere Welt dürfte kaum dadurch humaner und gerechter werden, indem man alle Menschen gleich macht. Die moralische Forderung kann nur lauten, allen Menschen die gleichen Chancen und den gleichen Schutz einzuräumen und ihnen die gleiche Achtung entgegenzubringen – obwohl sie nicht gleich sind.

1,3-Liter-Denkmaschine

Etwa 1,3 Liter mißt das Volumen unseres Gehirns – Raum für über zehn Milliarden Neuronen. Wir wissen, wie diese Nervenzellen aussehen, wir kennen ihren Aufbau, ihre Arbeitsweise und sogar eine Reihe physiko-chemischer Vorgänge, die sich dabei abspielen. Wie aber diese Anhäufung von Neuronen Intelligenz oder gar Bewußtsein produziert, ist völlig unbekannt.

Das Geheimnis liegt nicht in den einzelnen Schaltelementen, sondern in deren Zusammenarbeit: Jedes Neuron ist gleichzeitig mit Tausenden anderer Neuronen verbunden – ein unvorstellbares Hirngespinst aus Nervenfasern. Aneinandergereiht würden die Nervenfasern eines einzigen Menschenhirns bis zum Mond, um den Mond herum und wieder zurück zur Erde reichen. Um den Schaltplan eines Gehirns aufzuzeichnen, brauchte man ein Papier von mehreren Quadratkilometern – abgesehen von der Unmöglichkeit, alle Fasern quer durchs Gehirn zu verfolgen. Die Hirnanatomen sind an dünne Schnitte gebunden und stellen allenfalls die Lage der Fasern innerhalb dieser Schnittebenen fest.

Aber selbst wenn ein kompletter Schaltplan des Gehirns vorläge – würden wir ihn verstehen? Könnten wir eine Gliederung, ein Ordnungsschema herauslesen? Hier liegt das eigentliche Problem: Das – recht gut verstandene – einzelne Neuron ist eine zu kleine Einheit, der gesamte Neuronenverbund aber unüberschaubar kompliziert.

Unsere Lage könnte mit der von utopischen Wesen verglichen werden, die zwar alle Atomgesetze kennen (und nur diese), aber sich vergeblich mühen, hinter die Funktionsweise eines Autos zu kommen. Sicher sind alle Einzelteile eines Autos aus Atomen aufgebaut, und jeder Betriebsvorgang ist letztlich eine Wechselwirkung dieser Atome. Aber man kann schwerlich die Rolle des Treibstoffs begreifen, wenn man ihn als System von 10^{27} Atomen unter wechselnden thermodynamischen Bedingungen auffaßt. Um ein Auto zu verstehen oder gar zu bauen, müßten sich diese Wesen eine andere Verständnisebene erarbeiten: Sie müßten die Atome zu größeren »funktionellen Blocks« zusammenfassen, zu Einheiten wie Treibstoffmenge, Rad, Welle, Kolben. Erst wenn diese funktionellen Blocks gefunden und verstanden sind, könnten unsere utopischen Wesen erfahren, warum ein Auto fährt.

Ähnlich ergeht es uns, wenn wir erfahren wollen, warum ein Gehirn denkt. Auch hier gilt es, aus dem verwirrenden System von Neuronen überschaubare funktionelle Blocks herauszufinden. Aber welche?

Eine Antwort ist nicht abzusehen, aber einer dieser Blocks scheint unsere optische Wahrnehmung zu sein: Sie ist abgesetzt genug von anderen geistigen Prozessen und dennoch von grundlegender Bedeutung. Wie sehen wir? Oder genauer: Wie sieht unser Gehirn? Denn mit einem bloßen Abbild der Umgebung – etwa auf unserer Netzhaut – ist es ja nicht getan (dann würde jede Kamera besser sehen als wir). Das Abbild will vom Gehirn erkannt und verstanden sein.

9 Was man beim Sehen übersieht

Wenn die Sonne aufgeht, ergießt sich eine Flut elektromagnetischer Wellen über die Erde. Erst unser Auge registriert dies als Licht, erst im Gehirn entsteht der Eindruck von Helligkeit. Mit anderen Worten: Ohne Lebewesen wäre es dunkel!

Dabei ist es nur ein winziger Ausschnitt aus der Sonnenstrahlung, den wir wahrnehmen. Der weitaus größte Teil bleibt unsichtbar. Unsere Situation ist mit der eines Radioempfängers vergleichbar, der bei einer Fülle von Programmen fest auf einen einzigen Sender eingestellt ist: Lediglich auf Wellenlängen von vier bis sieben Zehntausendstel Millimeter spricht unser Auge an. Die kürzesten Wellen aus diesem Bereich sehen wir als violettes, die längsten als rotes Licht und dazwischen die übrigen Spektralfarben.

Für alle anderen elektromagnetischen Wellen aber sind wir blind. Wärmestrahlung beispielsweise ist nichts anderes als besonders langwelliges Licht – langwelliger als Rot (Infrarot) – und damit unsichtbar. Wird die Strahlung noch langwelliger, spüren wir sie auch nicht mehr als Wärme: Für Radio- und Fernsehwellen besitzen wir keine Sinnesorgane.

Nicht besser ergeht es uns im Bereich kurzer und kürzester Wellenlängen. Ultraviolett-, Röntgen- oder Gammastrahlung – ihre Existenz läßt sich nur durch technische Apparaturen nachweisen. Unser Auge streikt jenseits von Violett.

Betrachtet man den verschwindend kleinen sichtbaren Bereich im gesamten elektromagnetischen Spektrum (Abbildung 2), dann stellt sich die Frage, warum die Natur dieses riesige Angebot so wenig ausnutzt, warum es keine Geschöpfe mit Radioaugen oder Röntgenaugen gibt. Das hat, wie wir noch sehen werden, seinen guten Grund.

Sonnenschein bei trübem Wetter

Immerhin kommen geringe Grenzerweiterungen vor. Bienenaugen beispielsweise sind empfindlich für Ultraviolett, das für uns schon außerhalb der Sichtbarkeitsgrenze liegt. Auf diese Weise können Bienen die Sonne noch erkennen, wenn sie hinter einer Wolkendecke verschwunden ist – ein ideales Hilfsmittel zur Navigation. Aber UV-Augen bringen den Insekten noch mehr Vorteile: Auf den beiden Zeichnungen von Abbildung 1 ist in leicht stilisierter Weise zweimal eine Blumenwiese dargestellt, einmal so, wie wir sie sehen, das andere Mal aus Bienensicht. Blüten, die für uns einfarbig sind, erscheinen Bienen häufig gemustert – oft mit farbigen Markierungsflecken versehen, die dort hinweisen, wo es Nektar gibt. Das Ultraviolett

Abbildung 1: Eine Blumenwiese aus Menschen- und aus Bienensicht. Das grüne Gras ist für Bienen grau. Die Blüten aber, die uns als einfarbig weiß oder blau erscheinen, sind mit ultravioletten Mustern versehen. Sie erleichtern die Suche nach Nektar.

Frequenz	1 MHz	10 MHz	100 MHz	10^9 Hz	10^{10} Hz	10^{11} Hz
Wellenlänge	100 m	10 m	1 m	0,1 m	10 mm	1 mm
	Langwellen Mittelwellen	Kurzwellen	UKW	Fernsehen	Radar Radioastronomie	Radar

Abbildung 2: Die Sonnenstrahlung besteht aus einer Fülle elektromagnetischer Wellen. Aber nur ein winziger Ausschnitt wird von unseren Augen registriert und vom Gehirn zu Licht und Farbe verarbeitet.

läßt die Blumen in ungeahnter Farbenpracht leuchten – für Augen, die es sehen können. Wir – mit UV-Blindheit geschlagen – werden dies nie erfahren oder beschreiben können; der Zeichner mußte wohl oder übel auf die menschliche Farbskala zurückgreifen.

Für ihre UV-Sichtigkeit haben die Bienen allerdings einen Preis zu zahlen. Was sie im Ultravioletten dazugewinnen, geht ihnen am anderen Ende des Spektrums verloren. Sie sehen weder Rot noch Grün. Die grasgrüne Wiese verblaßt zu tristem Grau, doch die Blumen, die einzig interessanten Flugziele, heben sich um so deutlicher ab. Und wenn ein roter Klatschmohn dennoch von Bienen besucht wird, so nur, weil er neben Rot auch noch intensiv Ultraviolett abstrahlt.

Es ist müßig zu fragen, wie eine Wiese denn wirklich aussieht. Kein Lebewesen sieht die Welt, wie sie ist, sondern nur, was Auge und Gehirn daraus machen. Jedes Hirn schafft seine eigene Wirklichkeit.

Sichtbare Wärme

Auch auf der anderen Seite des Spektrums, jenseits von Rot, ist das Dunkel aufzuhellen: Infrarot-Kameras sehen Wärmestrahlung. Je wärmer ein Gegenstand, um so heller erscheint er, auch in stockfinsterer Nacht. So sind die Himmelsspione der Amerikaner und Sowjets mit Infrarotkameras bestückt, damit auch des Nachts keiner den anderen aus den Augen lasse. Die Medizin macht damit innere Tumoren sichtbar, und die Polizei stöbert Verbrecher im Dunkeln auf.

Mit Infrarotaugen fiele uns manches leichter: Niemand würde sich mehr am Bügeleisen verbrennen; man sähe dem Badewasser an, ob es warm genug ist, und der Hauswand, ob sie ausreichend isoliert ist. Wir müßten aber einen entscheidenden Nachteil in Kauf nehmen. Auf dem Infrarotfoto von Abbildung 3 sieht man, daß jemand auf dem Pflaster gelegen hat. Er ist weg, aber sein Wärmeabdruck verrät noch die ursprüngliche Lage. Solche Wärmeabdrücke – oft nicht vom Original zu unterscheiden – würden uns laufend Fehlinformationen über die Umwelt liefern. Vielleicht ist dies der Grund, warum Infrarotaugen in der Natur so selten verwirklicht sind. Allenfalls als Zusatzaugen kommen sie vor, wie bei der Klapperschlange, die damit bei Nacht ihre Beutetiere aufspürt.

Auch andere Wellenlängen eignen sich kaum als Lichtersatz. Radiowellen beispielsweise werden nur von Metall reflektiert, also ließen sich damit nur metallische Gegenstände »be-

10^{14} Hz	10^{15} Hz	10^{16} Hz	10^{17} Hz	10^{18} Hz	10^{19} Hz	10^{20}
0,01 mm	10 000 Å	1000 Å	100 Å	10 Å	1 Å	0,1 Å
Infrarot	Sichtbares Licht		Ultraviolett	Röntgenstrahlen	Gammastrahlen	

leuchten«. Aber es gibt noch einen viel einfacheren Grund, warum die Natur genau diesen und keinen anderen Ausschnitt aus der Sonnenstrahlung sichtbar gemacht hat. Dieser schmale Spektralbereich ist nämlich der einzige, der praktisch ungehindert die Atmosphäre durchdringen kann: Für Ultraviolett bis Infrarot ist die Luft ein durchsichtiges Fenster, für alle anderen Wellen sind gewissermaßen die Vorhänge vorgezogen.

Um diesen schmalen Wellenbereich auszunutzen, haben die Lebewesen immer raffiniertere Empfangsanlagen entwickelt und damit immer verläßlichere Informationen über ihre Umwelt erhalten.

Abbildung 3: Die Infrarot-Kamera bringt es an den Tag: Hier hat vor kurzem noch jemand gelegen.

Von der Sehgrube zum Linsenauge

Der Weg, den die Natur hierbei beschritten hat, ist in vielem noch unbekannt, aber er läßt doch eine fast unheimliche Konsequenz erkennen. Es begann mit einfachen lichtempfindlichen Zellen, die heute noch für manche Tiere ausreichen. Ein Regenwurm beispielsweise hat keine Augen und trotzdem: Wenn er beim Umgraben ans Tageslicht befördert wird, zieht er sich sofort ins schützende Dunkel zurück – eine Reaktion, die von zahlreichen Lichtzellen auf dem Körper des Wurms, vor allem am Kopfende, ausgelöst wird.

Als nächster Schritt konnte die Lichtempfindlichkeit gesteigert werden: Mehrere solcher Lichtzellen wurden zusammengefaßt. Es entstanden lichtempfindliche Flecken auf der Körperoberfläche, die freilich nur Helligkeit registrierten – weder die Richtung des Lichts noch Bewegung oder gar Formen.

Als diese Sehflecken in die Tiefe verlegt und in kleinen Gruben untergebracht wurden – ursprünglich wohl nur zum besseren Schutz ge-

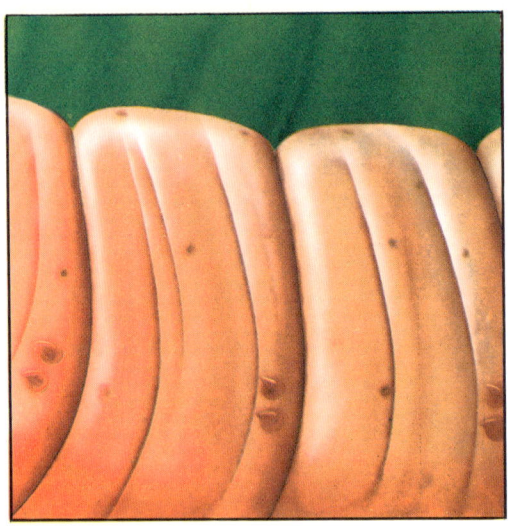
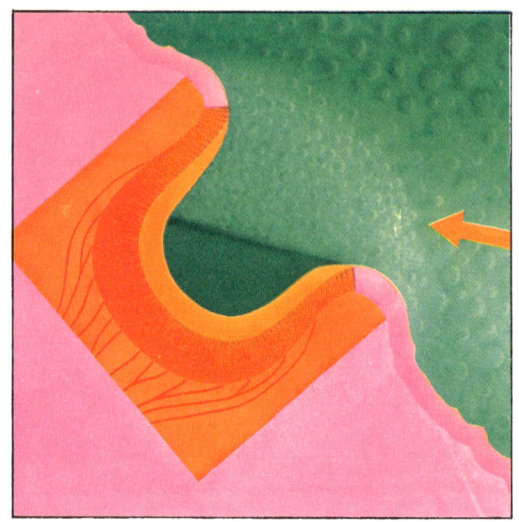
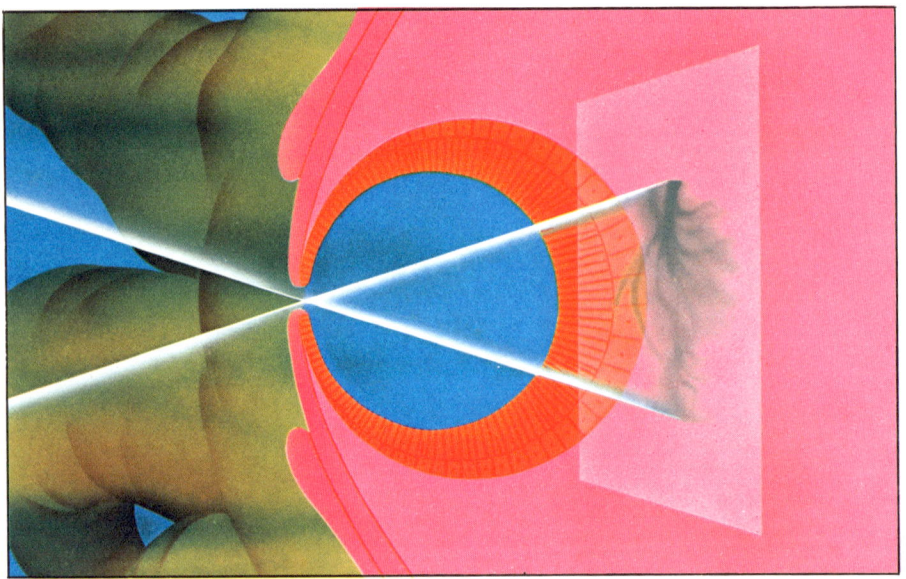

Abbildungen 4, 5 und 6: Auf der Haut des Regenwurms (oben links) sind bei starker Vergrößerung einzelne Lichtzellen zu erkennen. Sie registrieren die Stärke einer Lichtquelle, aber weder deren Richtung noch Bewegung.

Das Grubenauge der Napfschnecke (oben rechts) ermöglicht einfaches Richtungs- und Bewegungssehen.

Mit seinem Lochauge kann der Nautilus Form und Umrisse seiner Umgebung erkennen. Durch das winzige Loch wird ein schwaches umgekehrtes Bild auf den Augenhintergrund geworfen.

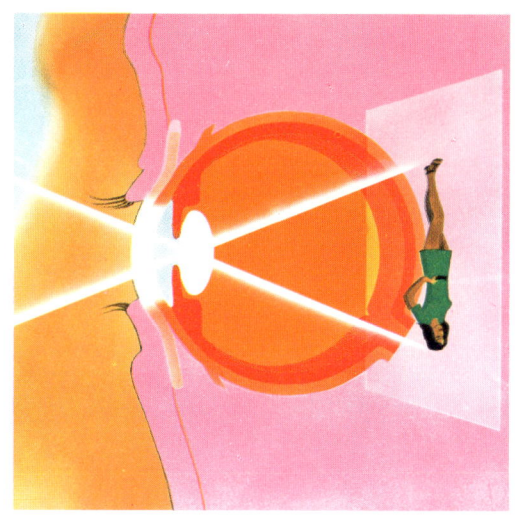

Abbildung 7: Mit der Konstruktion des Linsenauges hat sich die Natur aus einer Sackgasse befreit: Die Linse sorgt für scharfe und zugleich lichtstarke Netzhautbilder.

gen Verletzungen –, da ergab sich eine ganz neue Möglichkeit, eine entscheidende Verbesserung: erstes primitives Richtungssehen und sogar Bewegungssehen. Denn jetzt wirft der Grubenrand einen Schatten auf den Sehfleck, und je nach Position der Lichtquelle ist auch der Schattenwurf ein anderer. Wenn sich die Lichtquelle bewegt, dann wandert der Schatten ebenfalls auf dem Sehfleck.

Mit primitiven Sehgruben dieser Art sind heute noch die Napfschnecken ausgestattet. Aber wie soll daraus ein Auge entstehen, das Formen und Umrisse wahrnimmt, das richtige Bilder erzeugt? Eine Möglichkeit zeigt der Nautilus, ein tintenfischähnlicher Meeresbewohner: Bei seinen Sehgruben ist die Grubenöffnung zugewachsen bis auf ein kleines Loch. Der Sinn dieser Verengung bestand nur darin, das Eindringen von Fremdkörpern zu verhindern. Aber damit trat ein gewissermaßen unbeabsichtigter, sehr weitreichender Nebeneffekt auf: Das Auge wurde zur *camera obscura,* auf dem Grubenboden entstand ein kleines Bild der Außenwelt.

Eine *camera obscura,* eine Lochkamera, ist tatsächlich nichts anderes als ein Kasten mit einem kleinen Loch. Wie man damit scharfe Bilder erhält und warum sie auf dem Kopf stehen, verdeutlichen die Skizzen von Abbildung 8. Abbildungsobjekt ist dort ein Turm. Das Licht, das von der Turmspitze ausgeht, kann nur entlang der eingezeichneten Linie in den Kasten gelangen. Wo dieser Lichtstrahl auftrifft, entsteht daher das Bild der Turmspitze. Entsprechendes gilt auch für jede andere Stelle des Turms, und auf diese Weise entsteht ein umgekehrtes, scharfes, allerdings sehr lichtschwaches Bild (Skizze A). Voraussetzung ist jedoch, daß das Loch sehr klein ist, andernfalls erhält man die Situation von Skizze B: Jetzt gelangen von jeder Stelle des Turms ganze Strahlenbüschel ins Kasteninnere. Die Folge ist ein zwar helles, aber völlig verschwommenes Bild.

Mit dem Lochauge schien die Natur nun endgültig in eine Sackgasse geraten, denn kleines Loch bedeutet: scharfe, aber dunkle Bilder; größeres Loch: helle, aber dafür unscharfe Bilder. Eine ausweglose Zwickmühle. Scharfe *und* helle Bilder schienen unerreichbar! Aber dann kam der geniale Trick mit der Linse. Eine Sammellinse vor dem Loch der *camera obscura* faßt jedes Strahlenbüschel wieder zusammen (Skizze C), so daß es einen einzigen scharfen Bildpunkt liefert. Dies war die Lösung: ein weites Lochauge mit Linse. Ein solches Linsenauge erbringt helle und zugleich scharfe Bilder auf der Netzhaut. Wo aber nahm die Natur die Linsen her? Sicher ist, daß sie nicht auf einmal da waren, sondern daß sie in vielen kleinen Entwicklungsschritten entstanden sind – jeder zum Vorteil des betreffenden Lebewesens. Anfangs war es

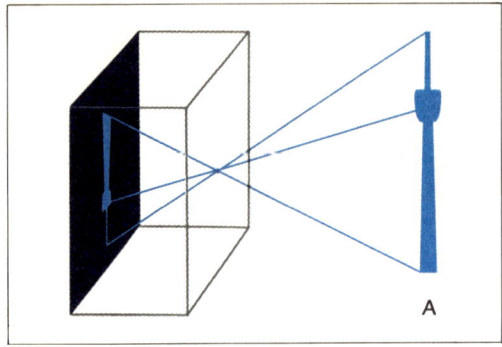
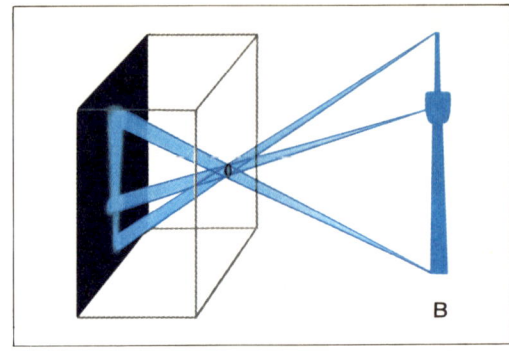

Abbildung 8: Lochkamera mit kleiner Öffnung, großer Öffnung und mit Sammellinse.

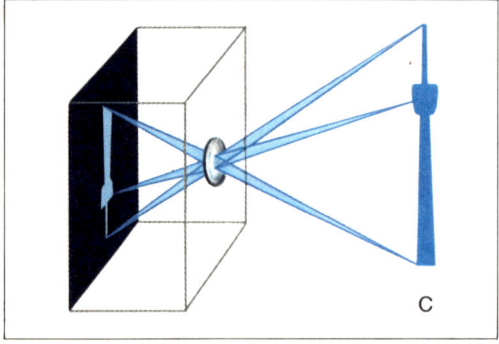

wohl nur eine durchsichtige Haut, die das Augeninnere vor Verunreinigungen und Fremdkörpern schützen sollte. Als die Haut durch eine Zufallsmutation im Zentrum dicker wurde, bekam sie plötzlich schwache, unvollkommene Linsenwirkung. Das war der Ausgangspunkt für die Entwicklung zum Linsenauge, mit dem wir ja selbst ausgerüstet sind und dessen Leistungsfähigkeit wir jeden Augenblick erleben.

Auch beim Linsenauge entsteht ein umgekehrtes Bild auf der Netzhaut – eine Tatsache, die schon der Astronom Johannes Kepler vermutet hat, ohne allerdings den Beweis dafür antreten zu können. Dies gelang erst dem Jesuitenpater Scheiner im Jahr 1625. Er entfernte bei einem einzelnen Kuhauge das hintere Gewebe, bis nur noch die Netzhaut als matte Membran übrigblieb. Das Ganze klemmte er in ein Loch seines Fensterladens und ließ das Kuhauge dergestalt ins Freie blicken. Tatsächlich sah Scheiner auf der Netzhaut ein kleines umgekehrtes Bild: die Szenerie vor seinem Fenster.

Als Scheiners historischer Versuch während der Fernsehaufzeichnung wiederholt wurde, geriet das Kuhauge etwas kurzsichtig, so daß es hinterher aus nächster Nähe Zeitung lesen konnte. Überraschend freilich: die gestochen scharfe Abbildung jedes Buchstaben – ein perfektes Netzhautbild (Abbildung 9).

Das Gehirn sieht mit

Das Weitere scheint klar: Das Netzhautbild wird vom Sehnerv ins Gehirn transportiert. In Wirklichkeit aber ist noch eine ungeheure Anzahl von Problemen zu lösen, bis wir unsere Umwelt so sehen können, wie wir das tagtäglich tun. Hier einige Beispiele: Was geht vor sich, wenn wir einen Tisch sehen? Auf unserer

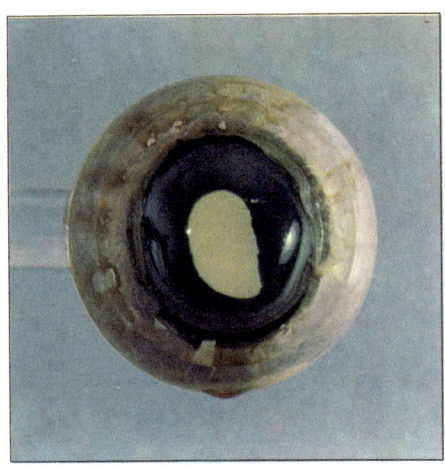 

Abbildung 9: Ein Kuhauge liest Zeitung. Auf der durchscheinenden Netzhaut erscheint das umgekehrte Bild des Wetterberichts. Links das präparierte Kuhauge von vorn.

Netzhaut wird der Tisch *en miniature* abgebildet – aber wieso erkennen wir ihn als Tisch? Es gibt unzählige Tische unterschiedlicher Größe, Farbe, Aussehen, Beschaffenheit. Und jeden erkennen wir als Tisch – selbst wenn wir ihn vorher noch nie gesehen haben. Wir ordnen ihn ein in die Kategorie »Tisch«. Sehen bedeutet letztlich: einordnen, klassifizieren.
Dabei ist uns selten bewußt, nach welchen Kriterien wir einordnen: Welche Bedingungen muß ein Gebilde erfüllen, um als Tisch angesehen zu werden? Vier Beine – es gibt auch Tische mit drei Beinen! Rechteckige Platte – viele Tische sind rund! Horizontale Fläche – auch ein gekippter Tisch ist noch ein Tisch! Man könnte dies bis zur Erschöpfung fortsetzen; es ist kaum möglich, die Eigenschaften aufzuzählen, die einen Tisch zum Tisch machen. Und trotzdem sehen wir einem Möbel auf den ersten Blick seine »Tischartigkeit« an. Entsprechend bei jedem anderen Gegenstand: Wenn er in unserem Gesichtsfeld auftaucht, läuft sofort ein Programm an, das ihn einordnet und klassifiziert.
Nach welchem Verfahren unser Auge und Sehzentrum dabei vorgehen, ist völlig ungeklärt. Und entsprechend bescheiden fielen auch alle Versuche aus, die Bilderkennung technisch nachzuahmen. Es gibt zwar spezielle Lesecomputer, die Ziffern erkennen, aber schon das automatische Lesen von Briefanschriften will trotz vieler Bemühungen nicht gelingen. Ganz zu schweigen von der Möglichkeit, abgebildete Gesichter mit dem Original zu vergleichen. Wenn in den USA eine Geldwechselmaschine einen Dollarschein wechselt, so prüft sie dessen Echtheit an den Farbpigmenten und nicht etwa am Kopf des abgebildeten Herrn Washington.
Gerade bei Köpfen und Gesichtern zeigt sich übrigens eine Grenze auch unserer so hochentwickelten Bilderkennung: Wen stellt Abbildung 10 dar? So auf dem Kopf stehend sind selbst bekannte Gesichter für uns nicht mehr zu identifizieren. Gesichtszüge einzuordnen, ist offenbar an aufrechte Orientierung gebunden. Ein weiteres Beispiel liefert Abbildung 11: Der lachende Mann schaut plötzlich grimmig, wenn er auf dem Kopf

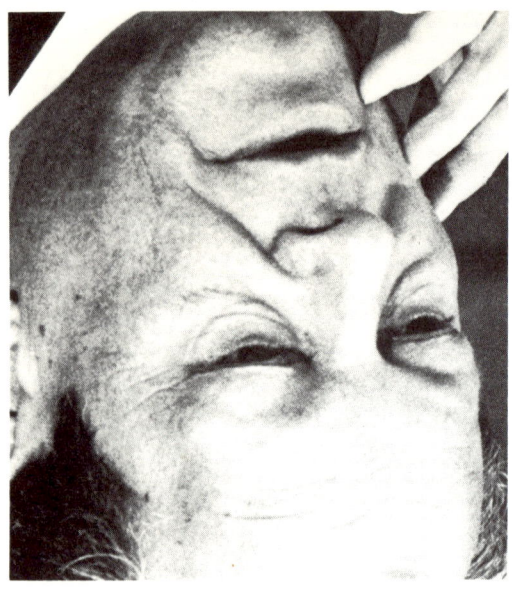

Abbildung 10: Wer ist dieser Mann? Auf dem Kopf stehende Gesichter sind für uns nur schwer zu erkennen.

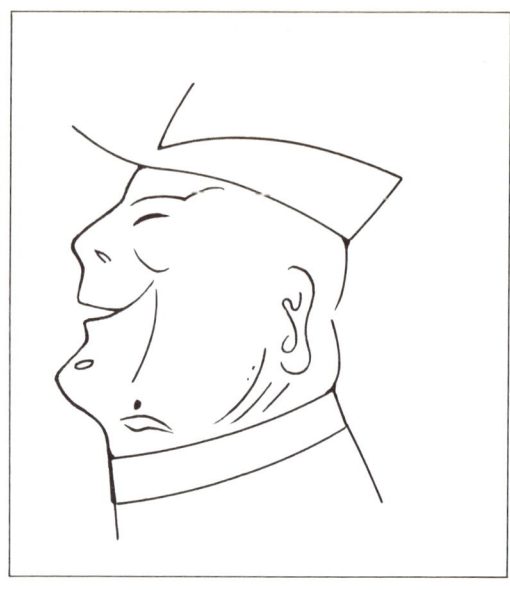

Abbildung 11: Der lachende Mann schaut plötzlich grimmig drein, wenn er umgekehrt betrachtet wird.

steht – obwohl sich an der Figur selbst kein Strich geändert hat. Es ist fast unmöglich, die auf dem Kopf stehende Variante zu sehen, ohne das Buch umzudrehen.

Warum die Welt so ruhig aussieht

Völlig unproblematisch scheint unser Bewegungssehen: Wenn sich etwas auf der Netzhaut verschiebt – etwa das Bild eines Autos –, dann bewegt es sich auch in Wirklichkeit. Warum aber gerät die Welt nicht in Bewegung, wenn wir uns umblicken? Auch hierbei bewegen sich ja – oft rasend schnell – die Bilder auf der Netzhaut. Wenn man seinen Blick über die Zeitung gleiten läßt, dann verschiebt sich das Netzhautbild nicht anders, als wenn man die Zeitung selbst verschiebt. Und trotzdem erkennen wir die Zeitung einmal als fest, das andere Mal als bewegt. Wie kommt es, daß wir unsere Umwelt als fest sehen – trotz ständiger Bewegung der Augäpfel und damit der Netzhautbilder?

Einen ersten Hinweis ergibt folgender Selbstversuch: Man kneife ein Auge zu und verschiebe mehrmals vorsichtig mit dem Zeigefinger das andere Auge. Jetzt, wo das Auge nicht freiwillig, sondern künstlich bewegt wurde, beginnt die Umwelt zu schwanken, das gesamte Gesichtsfeld verschiebt sich. Zur Stabilisierung müßte das Gesichtsfeld gleichzeitig entgegengesetzt verschoben werden, so daß sich beide Bewegungen kompensieren.

Abbildung 12: Ein Raum mit seltsamen Eigenschaften: In der rechten Ecke wächst jeder zum Riesen, wer links steht, schrumpft zum Zwerg.

Genau dies aber passiert fortwährend beim Umherblicken. Jede Bewegung der Augen leitet einen Stabilisierungsprozeß ein: Die Verschiebung des Gesichtsfeldes wird von einer Gegenverschiebung im Gehirn begleitet. Beide Bewegungen heben sich auf, die Umwelt ist stabilisiert.
So theoretisch diese Erklärung auch klingt, die Gegenverschiebung kann jeder leicht bei sich selbst feststellen: Ein kurzer Blick in die Sonne oder eine Lampe »brennt« einen hellen Fleck in die Netzhaut. Man sieht dieses Nachbild sehr deutlich, wenn man die Augen schließt. Das Entscheidende aber: Das »eingebrannte« Nachbild kann sich nicht auf der Netzhaut verschieben, es ist dort fixiert – und trotzdem bewegt es sich, wenn man unter geschlossenen Lidern umherblickt. Das ist die kompensatorische Gegenbewegung zur Stabilisierung unseres Gesichtsfeldes!
Dieser Selbstversuch beweist überzeugend die vom Gehirn hervorgebrachte Gegenbewegung, aber er kann nicht entscheiden, wodurch sie ausgelöst wird. Zwei unterschiedliche Möglichkeiten stehen zur Wahl. Ist es

die Tätigkeit der Augenmuskeln, die eine Gegenbewegung einleitet, oder ist es bereits der Befehl des Gehirns an die Augenmuskeln (»Die Augen rechts!«)? Beide Möglichkeiten wurden einst heftig diskutiert. Die Entscheidung fiel auch hier durch einen sehr einfachen, aber schlagenden Versuch: Bei einer Versuchsperson wurde die Augenmuskulatur durch ein Lähmungsgift vorübergehend außer Kraft gesetzt. Die Augäpfel waren unbeweglich. Doch wenn die Versuchsperson jetzt umherblicken wollte, dann verschob sich ihr Blickfeld, obwohl die Augen sich keinen Millimeter rührten. Das Hirnkommando allein löst die Gegenbewegung aus.

Ein verhexter Raum

Aber nicht nur beim Bewegungssehen muß unser Gehirn korrigierend eingreifen, auch beim räumlichen Sehen. Denn Netzhautbilder sind flach wie Fotos, und doch sehen wir ein dreidimensionales Bild mit Tiefenwirkung. Bekanntlich hat das damit zu tun, daß wir mit zwei unterschiedlich plazierten Augen ausgerüstet sind. Jedes empfängt ein etwas anderes Netzhautbild, und diese geringfügigen Abweichungen übersetzt das Gehirn in Räumlichkeit.
Trotzdem: Auch wenn man ein Auge zukneift, wird die Welt nicht flach, weiterhin bleibt der Eindruck von Raum und Tiefe. Unser Gehirn nämlich orientiert sich an zahlreichen zusätzlichen Merkmalen, um Tiefe zu erfassen: an stärkerer Verschiebung des Vordergrundes bei Kopfbewegungen etwa, oder an der perspektivischen Verkleinerung entfernter Gegenstände.
Wie stark unser räumlicher Eindruck von der Perspektive abhängt, demonstriert der verhexte Raum (Abbildung 12): In der rechten Ecke wächst jeder zum Riesen. Wenn die Plätze getauscht werden, sieht man den einen

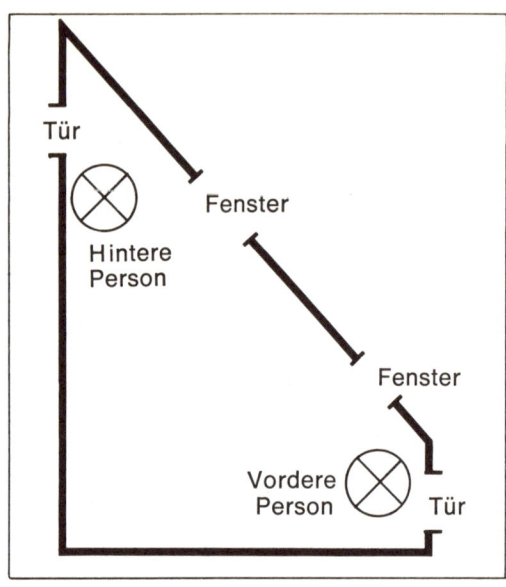

Abbildung 13: Der Grundriß des Raumes ist ungewöhnlich: Er erstreckt sich spitzwinklig nach hinten. Man erkennt dies aber kaum, weil die hintere Ecke entsprechend höher gebaut ist.

Abbildung 14: Auch die beiden Fenster sind ungleich groß. Das linke ist wesentlich breiter und höher, aber durch die weitere Entfernung wird dies gerade kompensiert. Resultat: Die linke Person scheint geschrumpft.

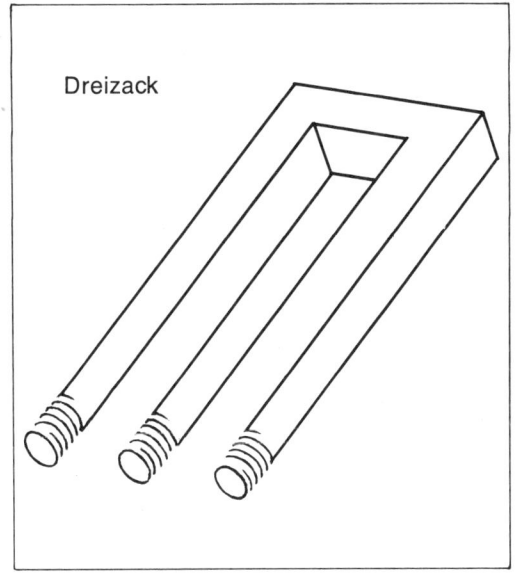

Abbildung 15: Was ist dies für ein Gegenstand? Auge und Gehirn kommen damit nicht zurecht, weil sie gewohnt sind, perspektivisch zu sehen.

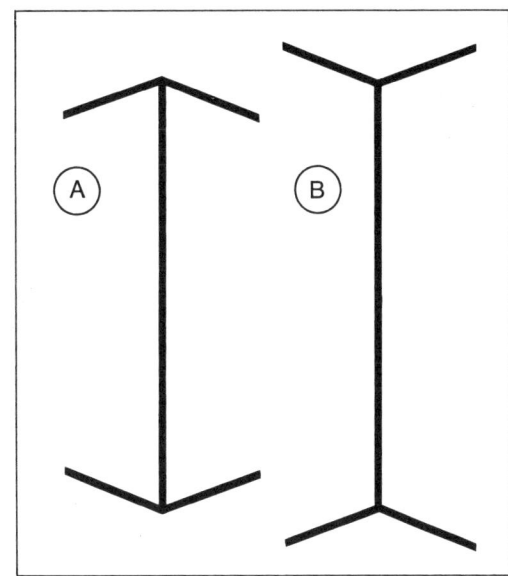

Abbildung 16: Diese klassische optische Täuschung verblüfft immer wieder: Pfeil A und B sind gleich lang. Wie kann sich unser Gehirn derart täuschen?

schrumpfen, den anderen wachsen. Das Ganze spielt sich ohne doppelten Boden ab, ohne Spiegel oder besondere Kameraobjektive. Aber dieser Raum ist so ausgetüftelt, daß unser Auge ihn anders wahrnimmt, als er tatsächlich gebaut ist: Wir meinen, ein gewöhnliches rechtwinkliges Zimmer vor uns zu haben, in Wirklichkeit aber ist dieser Raum lang, schmal und spitzwinklig (siehe Grundriß Abbildung 13). Normalerweise würden wir die sonderbare Gestalt dieses Zimmers sofort durchschauen; denn aufgrund der Perspektive erschiene uns die Ecke links hinten, weil sie am weitesten entfernt ist, auch am niedrigsten. Aber just dieses Erkennungsmal aufzuheben, ist der Trick des »verhexten Raumes«: Die Ecke links hinten wurde entsprechend höher gebaut als die Ecke rechts vorne – gerade so, daß wir beide Ecken als gleich hoch und damit auch als gleich weit entfernt ansehen.

Die so manipulierte Perspektive täuscht einen gewöhnlichen Raum vor – derart gründlich, daß man die linke Person eher als geschrumpft denn als weiter entfernt ansieht. Das gleiche gilt für die beiden Fenster (Abbildung 14). Das linke liegt weiter zurück, ist aber entsprechend größer, so daß beide optisch dasselbe Format erhalten.

Unser Gehirn zaubert also Tiefe und Raum in die flachen Netzhautbilder, und die Perspektive ist hierbei ein kräftiges Hilfsmittel. Sich ihrer Raumwirkung zu entziehen, ist fast unmöglich – selbst dann, wenn es zu offensicht-

Abbildung 17: Doppelpfeile kommen auch *in natura* vor: als zurückliegendes Eck zum Beispiel oder als vorspringende Kante. Daraus läßt sich der Sinn dieser optischen Täuschung erklären.

Optische Täuschungen sind sinnvoll

Damit hängt eine Erscheinung zusammen, die zwar jeder kennt, deren Deutung aber viel weniger geläufig ist: optische Täuschungen. Ein Großteil der optischen Täuschungen beruht nämlich darauf, daß wir ebene Strichzeichnungen unbewußt als räumlich interpretieren. Klassisches Beispiel: die beiden Doppelpfeile von Abbildung 16. Der rechte scheint eindeutig länger, aber – das Metermaß beweist es – beide Pfeile sind auf den Millimeter gleich lang. Wie kann sich unser Topgehirn derart täuschen? Einen Hinweis geben die Abbildungen 17a und b: Man sieht, daß diese Pfeilstrukturen durchaus in unserer alltäglichen Umwelt vorkommen, als vorspringendes Eck eines Telefonhäuschens etwa oder als zurückliegendes Eck eines Zimmers. Beide Pfeile können also räumlich interpretiert werden, und tatsächlich faßt unser Gehirn sie derart auf. Damit ist freilich noch nicht geklärt, warum die Pfeile unterschiedlich lang erscheinen. Dies ist die Folge eines eigenartigen und faszinierenden Phänomens, das man fast immer beim Sehen übersieht, obwohl wir laufend da-

lichen Widersprüchen führt. Dies zeigt sich auch in der perspektivischen Darstellung von Abbildung 15. Ein solcher »Dreizack« ist unmöglich! Aber damit findet sich unser Gehirn nicht ab, es sucht unermüdlich nach einem Ausweg aus der widersprüchlichen Situation: ständig wandert der Blick hin und her wie der Tiger im Käfig. Und tatsächlich sind Auge und Gehirn hier Gefangene der Perspektive. Alles wäre nämlich klar und ohne Widerspruch, wenn wir diese Darstellung nicht räumlich interpretierten, sondern als ebene Strichfigur, was sie ja letztlich auch ist. Aber dies schafft unser Gehirn selbst bei gutem Willen nicht. Es ist zu sehr gedrillt darauf, Perspektive immer als »Räumlichkeit« zu deuten.

mit konfrontiert werden: die sogenannte Größenkonstanz. Entfernte Gegenstände erscheinen kleiner, das eben ist das Gesetz der Perspektive. Unser Gehirn ist jedoch bemüht, solche Verkleinerungen, die nur von der Entfernung herrühren, auszugleichen und abzumildern. Dies wird uns selten direkt bewußt, aber es gibt einen hübschen Selbstversuch, der einem die Größenkonstanz schlagend vor Augen führt.

Man halte die Arme halb angewinkelt nach vorn und betrachte abwechselnd seine beiden Handrücken: Natürlich erscheinen beide gleich groß. Jetzt strecke man einen Arm, so daß die eine Hand weiter entfernt ist: Sie müßte deshalb wesentlich kleiner erscheinen. Man stellt aber fest, daß beide Hände nach wie vor etwa gleich groß aussehen. Die entfernungsbedingte Verkleinerung ist also aufgehoben – durch eigenmächtige Korrektur des Gehirns. Das Ausmaß dieser Korrekturarbeit läßt sich erkennen, wenn man die Arme so weit zusammenführt, bis die vordere Hand die hintere verdeckt: Jetzt, beim unmittelbaren Vergleich, erscheint die entferntere Hand auch wesentlich kleiner – vor allem, wenn man eine Auge zukneift.

Der Sinn dieser Größenkonstanz ist offenkundig: Jeder weiß, daß die Dinge dieser Welt nicht schrumpfen, wenn man sie aus der Entfernung betrachtet. Die Perspektive – so unentbehrlich sie für das Sehen ist – bedeutet doch eine Verfälschung der wirklichen Größenverhältnisse. Und dies versucht das Gehirn nach Möglichkeit abzumildern. Denn: Unsere Vorfahren hatten ein vitales Interesse daran, einen Löwen aus der Ferne nicht für eine Katze zu halten.

Zurück zur Pfeiltäuschung, denn hier passiert genau dasselbe wie eben im »Handversuch«. Das Zimmereck, weil es zurückliegt, erscheint perspektivisch verkleinert. Der eingezeichnete Pfeil wird deshalb – im Sinne der Größenkonstanz – etwas auseinandergezogen, gedehnt. Umgekehrt das Eck der Telefonzelle: Es steht vor, ist also näher da und erscheint deshalb übergroß. Auch hier bemüht sich das Gehirn um einen Ausgleich: Es staucht den eingezeichneten Pfeil zusammen und verkürzt ihn. Auf diese Weise kommt die optische Täuschung zustande, die vermeintlich unterschiedliche Länge der Pfeile.

Dies als letztes Beispiel für die Eigenwilligkeit unseres Wahrnehmungssystems, das sich weder sklavisch an die Umwelt noch an das Netzhautbild hält! Denn eines ist sicher: Es wurde nicht dazu konstruiert, das Aussehen der Welt festzustellen, sondern um zu erkunden, was droht, was passieren könnte, welche Auswege es gibt.

Lichtsprache

Außerirdische Wesen haben zwei Erdenbürger entführt – einen Mann und eine Frau. In ihrem Raumschiff diskutieren sie, was mit den beiden geschehen soll: »Aber das sind doch zwei verschiedene Arten«, sagte Kapitän Garm und starrte prüfend die beiden Lebewesen an. Seine optischen Organe stellten sich auf äußerste Schärfe ein und traten weit aus seinem Kopf hervor. Die Farbscheibe darüber leuchtete in schnellen Lichtblitzen. Botax empfand es als wahre Wohltat, sich endlich wieder in Lichtblitzen unterhalten zu können ... »Es sind nicht zwei Arten«, sagte er, »sondern zwei Ausführungen derselben Art.« Garm blitzte ein pastellfarbenes Grün der Befriedigung: »Das erklärt alles!«

In dieser berühmten Science-fiction-Geschichte hat sich Isaac Asimov eine ungewöhnliche Art der Verständigung einfallen lassen: Die Besucher aus dem Weltraum sind nicht nur mit passiven Sehorganen ausgestattet wie wir, sie besitzen auch entsprechende Sendeorgane und unterhalten sich in Lichtsprache. Liegt derartiges im Bereich des Möglichen? Ist es mehr als ein phantastisch skurriler Einfall?

An der Fremdartigkeit dieser Verständigung sollten wir uns nicht stoßen; die Frage ist allein, ob damit die Bedingungen erfüllt sind, die man sinnvollerweise an eine hochentwickelte Kommunikationsform stellen muß: Informationsaustausch auch über größere Entfernung, gegenseitige Ortungsmöglichkeit, hohe Variabilität der Signale.

Kein Problem, dies mit Licht zu erreichen! Wie Schall ist auch Licht fernwirksam und erlaubt Verständigung über größere Distanz; die Ortung des Partners gelingt dabei sogar zuverlässiger. Zudem könnten beliebig viele Sprechverbindungen auf einmal bestehen, ohne sich zu stören. Und schließlich ergeben Lichtwellen bestimmt nicht weniger Ausdrucksmöglichkeiten als Schallwellen.

Man könnte sich durchaus eine Entwicklungsgeschichte vorstellen, in der die Lichtaussendung als entscheidender Überlebensfaktor ständig verbessert wurde – bis hin zu der von Asimov erdachten Lichtsprache.

Auf der Erde ist die Entwicklung bekanntlich anders verlaufen. Hier entstanden nur wenige primitive Kommunikationssysteme, bei denen aktiv Licht abgestrahlt wird: die Blinksignale der Leuchtkäfer etwa, mit denen sich Männchen und Weibchen verabreden, oder die Leuchtzeichen mancher Tiefseefische. Zu einer differenzierten Lichtsprache oder auch nur zur Ausbildung leistungsfähiger Leuchtorgane ist es nicht gekommen. Vielleicht lag es an den Schwierigkeiten, intensives, aber kaltes Licht herzustellen – dazu noch mit organischen Materialien.

Jedenfalls konnte die Natur, als sie sich anschickte, den Menschen sprachfähig zu machen, auf keine »leuchtenden Vorbilder« zurückgreifen. Die Entscheidung für Schallsprache war längst gefallen, alle Vorarbeit bereits geleistet. Denn unsere – entwicklungsgeschichtlich sehr alten – Eß- und Atemorgane mußten nur geringfügig abgeändert werden, um ein erstklassiges und leistungsfähiges Schallinstrument zu ergeben.

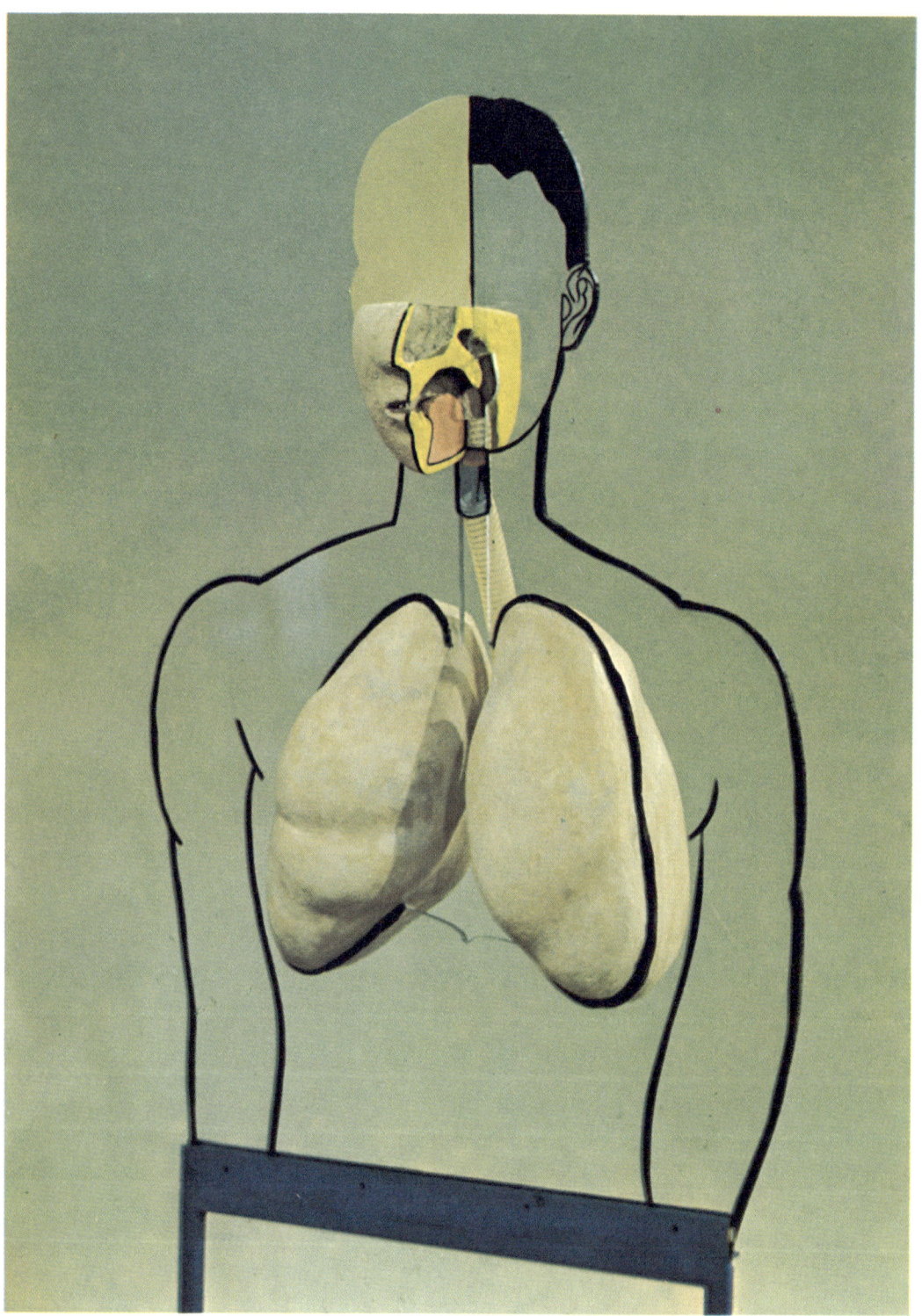

10 Horch, was kommt von draußen rein

Stimme, Sprache und Gehör

Wenn wir sprechen, ist das eigentlich die Zweckentfremdung von Organen, die ursprünglich mit völlig anderer Zielsetzung entwickelt wurden: nämlich zum Atmen und zum Essen. So ist es nicht verwunderlich, daß Sprechen und Atmen ständige Rivalen sind. Den Konfliktfall kennt jeder, der – außer Atem geraten – zu reden versucht und nur keuchendes Gestammel hervorbringt.

Wie Lunge, Luftröhre und Mundhöhle – neben ihrer Atem- und Eßfunktion – zum Sprachinstrument wurden, das ist einer der genialsten »Einfälle« der Natur. Denn dies gelang durch ausgesprochen sparsame Weiterentwicklung: Der Kehlkopf, der bislang nur als Ventil in der Luftröhre saß, um das Eindringen von Fremdkörpern zu verhindern, wird so »ausgebaut«, daß er mit Hilfe der durchströmenden Luft Geräusche erzeugen kann. Stimmgebung wird möglich – und zwar auf denkbar einfache Weise.

Im Kehlkopf strömt die Luft durch einen Spalt zwischen den beiden Stimmbändern, die sogenannte Stimmritze. Beim Atmen ist die Stimmritze weit geöffnet, bei Stimmgebung aber verengt sie sich, bis die Stimmbänder im Luftstrom rhythmisch zu schwingen anfangen – ein Verfahren, das sich mit jedem Luftballon nachahmen läßt: Zieht man die Ballonöffnung zu einem schmalen Spalt auseinander, dann entströmt die Luft unter zirpenden, quietschenden Geräuschen. Sogar die Tonhöhe läßt sich variieren, je nachdem wie stark das elastische Material gespannt wird. Nicht anders verändern wir die Tonhöhe unserer Stimme. Je stärker man die Stimmbänder anspannt, desto schneller schwingen sie, desto höher ist der erzeugte Ton.

Und auch die Lautstärke ist mit diesem Modell treffend nachzuahmen. Wird der Luftstrom aus der Ballonlunge verstärkt, nimmt auch das Geräusch entsprechend zu.

Warum rauscht eine Muschel?

Der Kehlkopf mit seinen Stimmbändern liefert freilich erst das Rohmaterial zum Sprechen. Genauer: ein ziemlich brummiges Geräusch, das ein Gemisch verschiedenster Schallschwingungen darstellt. Hieraus müssen Laute geformt, Worte und Sätze artikuliert werden. Wie geht das vor sich?

Jeder Sprachlaut besteht aus einem charakteristischen Satz von Schallwellen, von Luftschwingungen also. Beim »i« sind es beispielsweise drei Schwingungen unterschiedlicher Frequenz, bei »a« wesentlich mehr. Diese Schallschwingungen – und zwar jeweils die

Abbildung 1: Die Organe unseres Sprechapparates. Wenn wir sprechen, so strömt Luft von der Lunge durch die Luftröhre und bringt dort die Stimmbänder des Kehlkopfes zum Schwingen. Im Mund- und Rachenraum werden die Kehlkopfgeräusche zu Sprachlauten umgeformt.

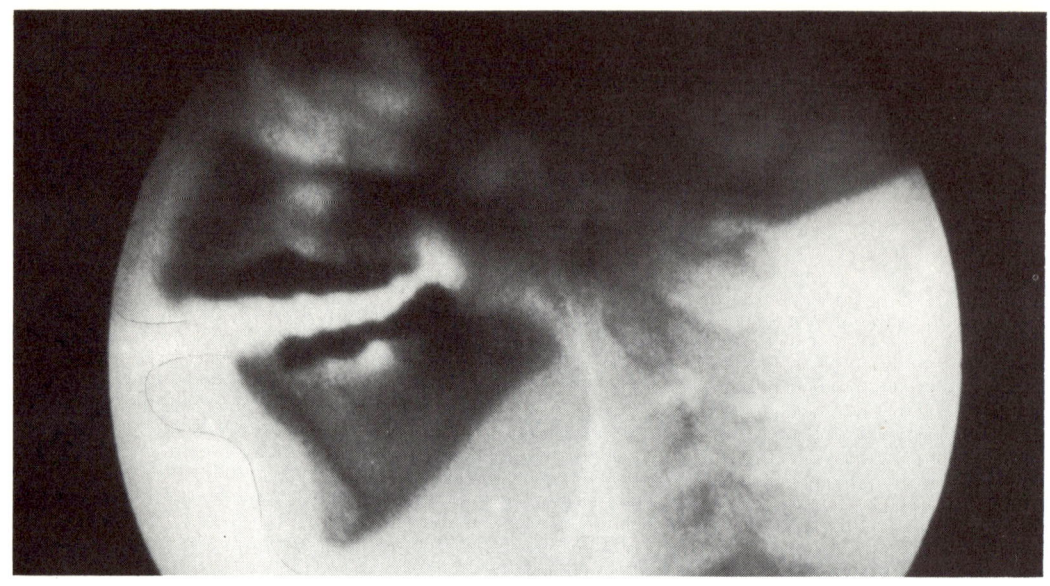

Abbildung 2: Röntgenaufnahme beim Sprechen eines »o«. Erst die geeignete Stellung von Lippen, Zunge und Kiefer formt den Mund- und Rachenraum so, daß er die richtigen Resonanzeigenschaften annimmt.

richtigen – aus dem Kehlkopfgeräusch herauszufiltern, ist Aufgabe unseres Mund- und Rachenraums. Er bewältigt dies, indem er sich in exakt vorgeschriebener Weise verformt. Das klingt zunächst verblüffend. Aber dieses Verfahren unseres Mund- und Rachenraums läßt sich an einer Erscheinung verdeutlichen, die jeder kennt.
Warum »tönt« eine Muschel, wenn man sie ans Ohr hält? Die meist scherzhafte Antwort, dies sei das gefangene Meeresrauschen, erübrigt sich. Aber auch die Annahme, es handle sich um das verstärkt zurückgeworfene Rauschen unseres Blutes, geht fehl: auch ein Mikrophon registriert das Muschelrauschen. Tatsächlich müssen diese Töne mit den Umgebungsgeräuschen zusammenhängen; denn in einem schalltoten Raum erstirbt auch jeder Muschelton. Umgebungsgeräusche sind fast überall vorhanden, und sie bestehen aus einer Vielzahl unterschiedlichster Schallwellen.
Die meisten werden zwar von der Muschel verschluckt, aber es gibt Ausnahmen: Bei ganz bestimmten Schallschwingungen gerät die Muschel »in Resonanz«, das heißt, die Luft im Muschelgang schwingt im selben Rhythmus mit. Sie wird dadurch selbst zur Schallquelle und strahlt gebündelt nach außen. Das läßt eine Muschel tönen! Und es hängt von der Form des Muschelgangs ab, wie die Resonanzschwingungen ausfallen: Große Muscheln klingen tiefer als kleine, manche geben fast reine Töne von sich, andere rauschen nur.
Von der Muschel zurück in den Mund! Auch hier verändern sich je nach Formgebung die Resonanzeigenschaften. Beim Sprechen wirkt unsere Mund- und Rachenhöhle wie ein veränderliches Filter, das aus den Kehlkopflauten fortwährend bestimmte Schallschwingungen herausfiltert. Das ergibt Vokale und Konsonanten. So artikulieren wir.
Welch ungeheure Leistung unseres Gehirns es

bedeutet, alle hierzu nötigen Bewegungsabläufe von Lippen, Zunge, Kiefer, Kehlkopf exakt zu koordinieren, das zeigt die Schwierigkeit, eine Sprache zu erlernen. Über Jahre hinweg muß unser Hirncomputer programmiert werden, bis er dieses »Filter« richtig steuern kann.

Der Mickey-Mouse-Effekt

Anders beim Kehlkopf. Er arbeitet bekanntlich gleich nach der Geburt erfolgreich, und er ist sogar – in Grenzen – durch technische Apparate zu ersetzen. Ein summender Vibrator – für Stimmlose entwickelt –, der von außen in die Kehlkopfgegend gepreßt wird, liefert eine künstliche Stimme. Da sie aber nicht moduliert, also weder abgesenkt noch angehoben werden kann, klingt eine solche Stimme erschreckend technisch und unverbindlich – ein Beleg dafür, wieviel unser Tonfall und unsere Sprachmelodie bereits an »unausgesprochener« Information enthalten. Der Ton macht die Musik.

Das zeigt sich auch bei einer anderen Manipulation der Stimme, mit der man immer – egal was man sagt – einen Lacherfolg erzielt. Wer statt normaler Luft einen Atemzug Helium nimmt, der spricht plötzlich mit hoher, nicht wiederzuerkennender Stimme. Im Fachjargon: Mickey-Mouse-Effekt. Der Grund liegt darin, daß Helium ein völlig anderes Schwingungsverhalten zeigt als Luft. Es schwingt – bei Resonanz – etwa doppelt so schnell in der Mundhöhle wie gewöhnliche Luft. Die Folge: Wir sprechen – oder besser: piepsen – auch doppelt so hoch. Der Mickey-Mouse-Effekt ist aber keineswegs eine Skurrilität, um andere zu erheitern. In Unterwasserstationen oder beim Tiefseetauchen muß aus medizinischen Gründen der Stickstoff der Luft durch Helium ersetzt werden. Dort also gehört die Mickey-Mouse-Sprache zum guten Ton.

Unverwechselbare Stimme

»Guten Abend, meine Damen und Herren«, tönt es aus dem Lautsprecher, und ohne hinzusehen hört man, daß Karl Heinz Köpcke die Nachrichten verliest. Der typische Klang seiner Stimme! Aber nicht nur Herr Köpcke, jeder hat seine individuelle unverwechselbare Stimmfärbung. Worin sie besteht, ist kaum in Worte zu fassen. Charakterisierungen wie »weich«, »voll« oder »schnarrend« bleiben nur pauschale Beschreibungsversuche. Unser Ohr ist da viel genauer!

Wenn aber Sprache eine komplizierte Folge von Schallwellen ist, dann muß in diesen Schallwellen auch alles »drinstecken«: auch die persönliche Stimmfärbung! Und tatsächlich, wenn man Sprachlaute elektronisch in ihre einzelnen Schallschwingungen zerlegt, dann ergibt sich für jeden Sprecher ein etwas anderes Schwingungsbild – ein persönliches Frequenzspektrum. Abbildung 3 zeigt ein Beispiel: zweimal ein »i« von verschiedenen Leuten gesprochen. Beide Male setzt sich das »i« im wesentlichen aus drei charakteristischen Schwingungen zusammen, aber Abweichungen im Detail, vor allem bei den hohen Schwingungen rechts, sind unverkennbar. Und genau diese Unterschiede hören wir als unterschiedliche Sprachfärbung.

Wenn sich schon bei einem einzigen Vokal persönliche Merkmale feststellen lassen, wieviel mehr bei einem ganzen Wort oder Satz! Es gibt wohl kaum zwei Menschen, die – so gesehen – auf dieselbe Weise guten Morgen sagen. Science-fiction-Autoren haben das längst ausgewertet. Dort heißt es nicht mehr: »Ausweiskontrolle!«, sondern »Stimmidentifizierung!«. Man nennt seinen Namen, und der Computer prüft in Bruchteilen von Sekunden, ob Name und Sprachfärbung zusammengehören. Noch ist es nicht soweit, aber zum Fingerabdruck in der Kriminalistik gesellt sich heute schon der »Stimmabdruck«,

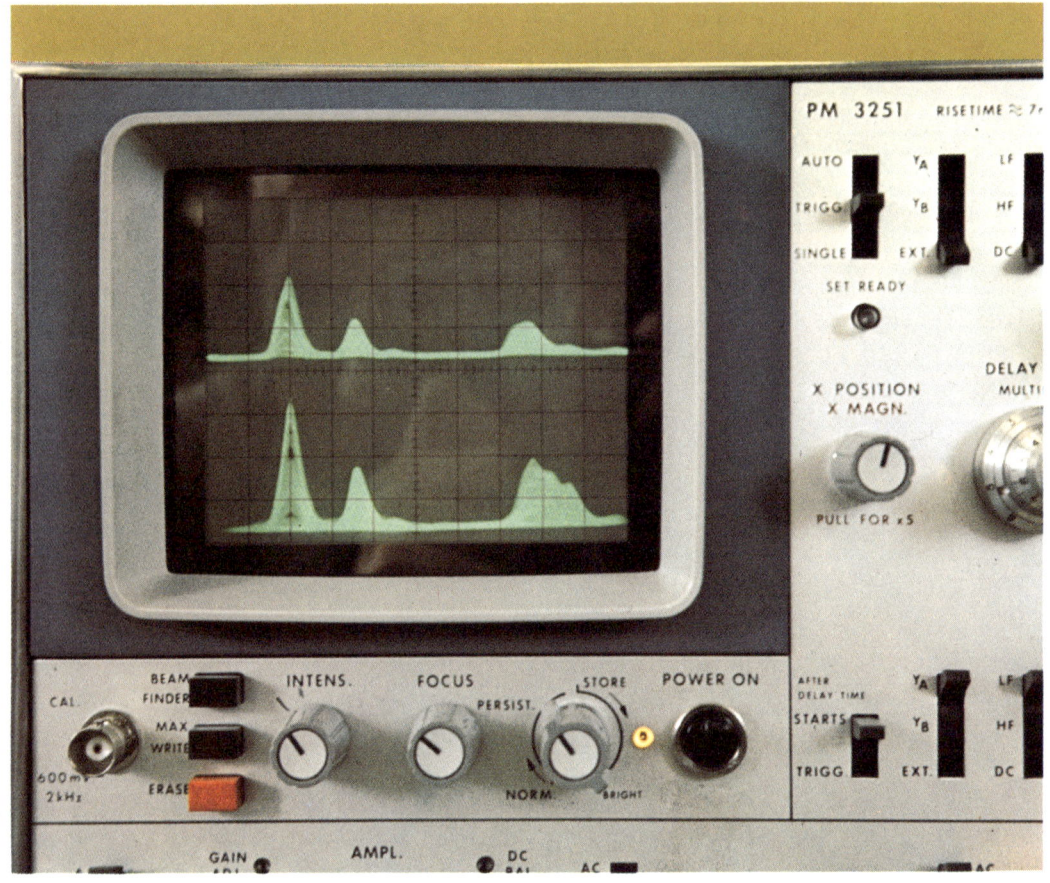

Abbildung 3: Ein gesprochenes »i« setzt sich im wesentlichen aus drei Schallschwingungen zusammen, entsprechend den drei »Schwingungsgebirgen« auf dem Bildschirm. Das untere Schwingungsbild stammt von einem zweiten Sprecher. In den geringen Abweichungen kommt der andere Klang seiner Stimme zum Ausdruck.

und manchem anonymen Telefonanrufer ist das zum Verhängnis geworden.

Synthetische Sprache

»Ich halte es nicht für unmöglich, durch mannigfaltige Instrumente einzelne Vokale und Konsonanten hervorzubringen, die die menschliche Stimme nachahmen. Freilich wird das immer mehr einem Geräusch oder Geknarre als einer lebendigen Stimme ähneln.« Dreieinhalb Jahrhunderte sollte Johannes Kepler mit dieser Ansicht recht behalten. Alle Versuche, die menschliche Stimme durch Sprechgeräte zu kopieren, kamen über ein krächzendes Geschnarre einzelner Laute nicht hinaus. An Anstrengungen hat es wahrlich nicht gefehlt: Das mausefallenähnliche Gerät auf Abbildung 4 stammt aus dem vorigen Jahrhundert. Es ist mit einem Blasebalg ausgestattet nebst einer Röhre, deren Resonanzeigenschaften durch zahllose Hebelchen, Bügel, Klappen und Federn verstellt werden. Setzt man den Blasebalg in Betrieb, dann

Abbildung 4: »Hurra« – sagt diese Sprechmaschine aus dem vorigen Jahrhundert.

»sagt« das Gerät tatsächlich etwas. Und wer vorher gespickt und den Aufkleber gelesen hat, der versteht auch, daß ihm der Jubelruf »Hurra« entgegenklingt.
Heute ist synthetische Sprache keine Utopie mehr. Computer sind im Begriff, sprechen zu lernen, sie können regelrecht artikulieren – so wie wir es tun. Freilich besitzen sie keine verformbare Mundhöhle – diese Filtermethode ist der Natur vorbehalten und technisch kaum zu kopieren. Kopiert aber wird das Prinzip unseres Sprechens mit anderen Mitteln. Was in unserem Kehlkopf und im Mund-Rachen-Raum mit Schallschwingungen passiert, das machen die Sprachorgane des Computers mit elektrischen Schwingungen: Ein elektronischer Kehlkopf erzeugt zunächst ein Gemisch zahlreicher elektrischer Schwingungen unterschiedlicher Frequenz. Hieraus können dann mit Hilfe elektronischer Filter beliebige Arten von Schwingungen herausgefiltert werden. Macht man sie über einen Lautsprecher hörbar, dann ist dies die Sprache des Computers. Ob sie allerdings verständlich und sinnvoll ist, hängt von der richtigen Steuerung der

Filter entsprechend der richtigen Verformung unserer Mundhöhle ab. Und wie diese von unserem Gehirn aus dirigiert wird, so besorgt der Computer die Filtersteuerung – wenn er vorher darauf programmiert wurde.
Wozu aber eigentlich sprechende Computer? Genügt nicht der schriftliche Ausdruck? Sprechende Computer sind ihren schreibenden Kollegen immer dann überlegen, wenn Zuhören leichter fällt als Hinsehen. Beispielsweise bei der Angabe von Flugdaten für Piloten oder Raumfahrer. In Verbindung mit dem Telefon zeigt sich ein weiterer Vorteil: Über das gewöhnliche Telefonnetz sind beliebig viel Interessenten imstande, gleichzeitig die Ergebnisse mitzuhören.
Sprechende Computer können also durchaus sinnvoll sein. Ist es aber nötig, sie regelrecht artikulieren zu lassen? Warum benutzen sie nicht auf Tonband gespeicherte Wörter, Silben oder Ziffern, die dann im richtigen Augenblick abgespielt werden?
Tatsächlich wäre dies bei reinen Zahlenangaben oder festgelegten Texten – etwa bei den Wasserstandsmeldungen oder Fußballergebnissen – der sinnvollere Weg. Bei beliebigen Texten aber würde es viel zu lange dauern, jeweils die gewünschte Silbe im Speicher ausfindig zu machen und abzuspielen. Es käme zu Sprachstörungen.
Überdies: Nur ein Computer, der selbst artikuliert, ist in der Lage, auch in jeder beliebigen Fremdsprache zu reden. Und ein letzter Pluspunkt für synthetische Sprache: Sie braucht nicht kalt, metallisch, technisch zu klingen – wie im Fall des »Vibrators«. Denn wie der menschliche Kehlkopf kann auch sein elektronisches Gegenstück bequem eine Sprachmelodie erzeugen. Computer reden nicht nur flüssig, einschmeichelnd oder streng, sie können sogar zärtlich flüstern.
Viel schwieriger ist es, einem Computer das Hören beizubringen. Denn er hat es nicht mit einer genormten Einheitsstimme zu tun, sondern mit der unübersehbaren Vielfalt menschlicher Stimmen und Ausdrucksweisen. Computer für die Auftragsannahme etwa müßten auch einen Kunden aus Bayern verstehen. Hier zeigt sich die phantastische Überlegenheit unseres Gehirns, das quer durch Lautstärken, Tonhöhen und Mundarten hindurch die eigentliche Information heraussiebt – mitunter sogar bei Bahnhoflautsprechern. Mehr noch: Unser Gehirn ist in der Lage, genauer zu hören als der andere spricht. Verschluckte Silben etwa werden ergänzt, oder die Telefonstimme wird »verbessert«. Tatsächlich hören wir einen Bekannten, von dem wir wissen, daß er eine tiefe Stimme hat, auch am Telefon mit tiefer Stimme sprechen – obwohl das Telefon die tiefe Frequenz gar nicht durchläßt. Unser Gehirn erfindet sie einfach dazu.

Technik des Hörens

Der eigentliche Empfangsteil, die Antenne, für Schallwellen ist bekanntlich unser Trommelfell. Es beginnt zu schwingen, wenn es von Schallwellen getroffen wird. Dabei macht man sich kaum eine Vorstellung, wie klein diese Schwingungen sein können: Wir hören noch Geräusche, bei denen das Trommelfell nicht mehr eingedrückt wird als ein Eichentisch durch eine Vogelfeder.
Wie werden diese Vibrationen weitergeleitet? An der Rückseite des Trommelfells liegt ein Knöchelchen an: der »Hammer«. Zusammen mit zwei weiteren Knöchelchen, dem »Amboß« und »Steigbügel«, bildet er ein Hebelsystem und überträgt die Trommelfellschwingungen auf eine kleine Membran, das sogenannte ovale Fenster (Abbildung 5). Diese Hebelverbindung hat einen besonderen Sinn: Hinter dem ovalen Fenster beginnt der wesentlichste Teil unseres Ohres, die mit Flüssigkeit gefüllte Hörschnecke. In diese Flüssigkeit aber sind Trommelfellschwingungen nur wei-

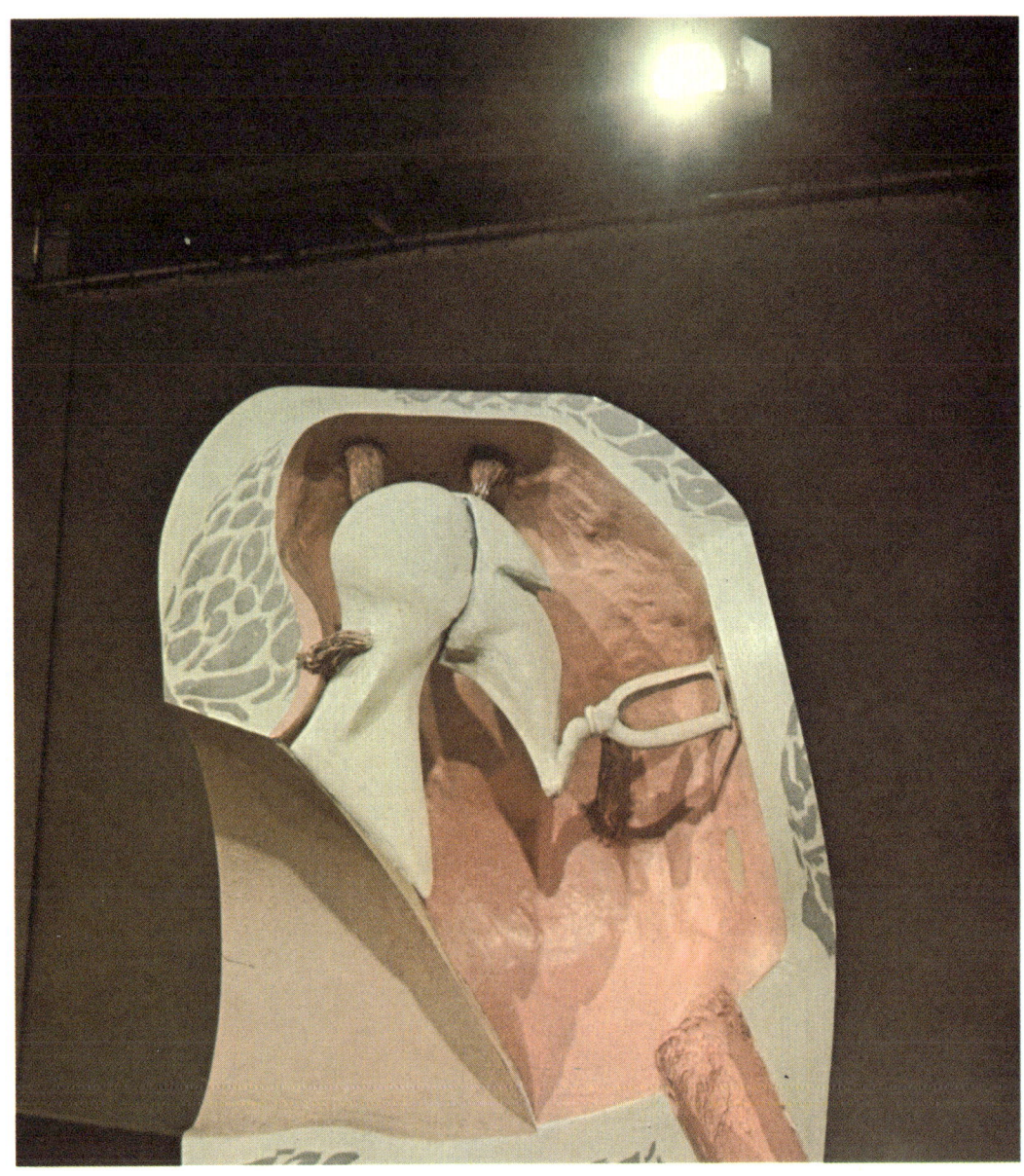

Abbildung 5: Großmodell des Mittelohrs. Die Schallwellen treffen von links auf das Trommelfell, das ein Hebelsystem aus drei Knöchelchen in Bewegung setzt. So werden die Schwingungen auf eine kleine Membran übertragen, die den Eingang zur Hörschnecke bildet.

terzuleiten, wenn sie klein und kräftig sind – andernfalls würden sie reflektiert. Nichts anderes bewirkt das Hebelsystem hinter dem Trommelfell: Es übersetzt die Schwingungen. Wenn sie beim ovalen Fenster ankommen, sind sie kleiner, aber kräftiger geworden und können ungehindert in die Hörschnecke eintreten.

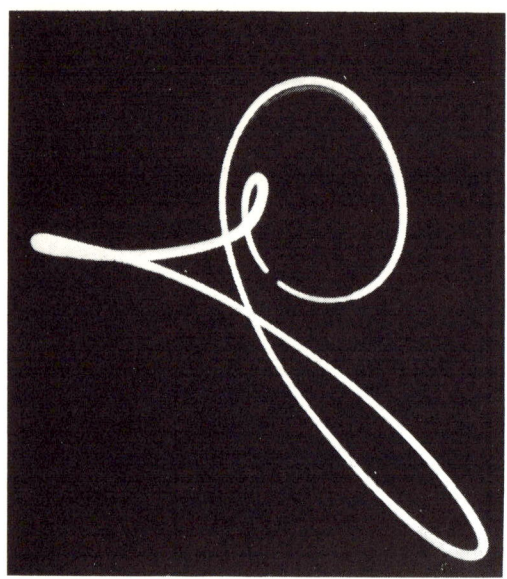
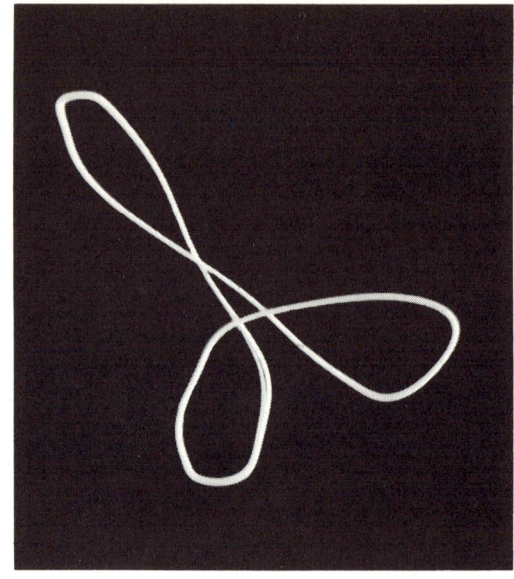

Abbildung 6: Gesprochene Laute, auf elektronische Weise sichtbar gemacht. Von links nach rechts ein »u«, »i« und »o«. Die einprägsamen Linienmuster könnten eine wirksame Lernhilfe bei Taubheit abgeben.

Wanderwellen in der Schnecke

In der Hörschnecke spielt sich das eigentliche Geheimnis des Hörens ab: Die Schwingungen der Flüssigkeit werden in Nervenimpulse umgewandelt. Wie das geschieht, wie vor allem jede Schwingungsfrequenz *ihren* Hörnerv reizt, das hat der ungarische Biophysiker György von Békésy zum großen Teil klären können und dafür 1961 den Nobelpreis erhalten. Das Prinzip sei hier nur kurz angedeutet: In der Hörschnecke verläuft – vom Eingang bis zur Spitze – eine schwingungsfähige Membran, die Basilarmembran. Jede Frequenz löst eine Welle aus, die auf der Membran entlangwandert, dabei anwächst und wieder abklingt. Bei höchsten Frequenzen erreichen diese Wanderwellen gleich am Schneckeneingang ihr Maximum, bei tiefsten Frequenzen erst an der Schneckenspitze. Aber jeweils dort, wo das Maximum auftritt, spricht ein Hörnerv an und gibt Meldung ins Gehirn. Jede Stelle der Basilarmembran entspricht also – ähnlich den Tasten eines Klaviers – einer bestimmten Tonhöhe: Nervenimpulse vom Schneckeneingang hören wir als hohe Töne, Impulse von der Schneckenspitze als tiefe Töne.

So wird aus den ursprünglichen Schallwellen Hörempfindung! Freilich ist der Weg bis dahin nicht gerade einfach, und man mag sich fragen, ob nicht weniger aufwendige Konstruktionen möglich wären, ob wirklich so viele Zwischenstationen nötig sind: Ohrmuschel, Trommelfell, Ohrknöchelchen, Hörschnecke.

Aber auch die Natur hat ihre Konstruktionsvorschriften. Die Hörschnecke war nämlich schon entwickelt, als sich alles Leben noch im Wasser abspielte. Die Flüssigkeit in der Schnecke ist gewissermaßen ein Rest des Urmeeres. Als die Lebewesen dann das Land eroberten, sprach die Hörschnecke auf die

Schallwellen der Luft kaum mehr an. Das erprobte Funktionsprinzip war nur durch die Entwicklung von Zusatzgeräten zu retten, die Luftschwingungen in Flüssigkeit übertragen können. Das ergab den Antrieb zur Entwicklung von Ohrmuschel, Trommelfell und Hörknöchelchen.

Schwerhörigkeit

Je komplizierter aber ein System, desto größer auch die Anfälligkeit: Jeder Defekt der mechanischen Verbindung von Trommelfell und ovalem Fenster kann zu Schwerhörigkeit oder Taubheit führen. Glücklicherweise sind die häufigsten Erkrankungen, wie Mittelohrentzündung und Verwachsung des Steigbügels, heute ohne Schwierigkeiten zu heilen. Wenn allerdings in der Arbeit der Hörschnecke Fehler auftreten, ist Heilung so gut wie ausgeschlossen.

Das scheint auch bei Altersschwerhörigkeit der Fall zu sein: Man vermutet irgendeine Verschleißerscheinung in der Schnecke. Die Folge ist aber nicht nur – wie man gewöhnlich glaubt – eine Verminderung der Lautstärke, sondern auch eine Verzerrung des Gehörten. Denn bei Altersschwerhörigkeit gehen die hohen Frequenzen verloren, sie können nicht mehr wahrgenommen werden. Die Sprache klingt dann nicht nur leiser, sondern auch verschwommen und undeutlich.

Der Verlust der hohen Frequenzen beginnt allerdings auch als normaler Entwicklungsprozeß bereits in der Jugend. Nie wieder hören wir so hohe Töne wie als Säugling! Die folgende Tabelle zeigt ungefähr die obere Grenze unseres Hörvermögens:

In der Jugend	etwa 18 000 Hertz
ab 30. Lebensjahr	etwa 15 000 Hertz
ab 50. Lebensjahr	etwa 12 000 Hertz
ab 60. Lebensjahr	etwa 10 000 Hertz
ab 70. Lebensjahr	etwa 6 000 Hertz

(Hertz = Schwingungen pro Sekunde)

Da wir beim Sprechen Frequenzen bis 8000 Hertz benutzen, mit 70 Jahren aber nur noch 6000 Hertz zu hören sind, fällt im Alter zwangsläufig ein Teil der akustischen Information aus.

Dies äußert sich vor allem in einer Situation, die unter der Bezeichnung »Partyeffekt« bekannt ist.

Partyeffekt

Typisch für eine Party ist – aber nicht nur hierfür – das Durcheinanderreden aller Beteiligten. Und dennoch ist es möglich, sich auf einen Gesprächspartner zu konzentrieren. Man hört und versteht ihn, selbst wenn er nicht lauter spricht als die Geräuschkulisse rundherum. Unser Ohr – oder besser unser Gehirn – fischt diese eine Stimme aus dem Gewirr sonstiger Gesprächsfetzen heraus. Daß dies eine brillante Leistung unseres Hörvermögens ist, erkennt man durch einen Vergleich: Dieselbe Situation, über ein Mikrofon auf Band aufgenommen, stellt sich als unauflösbares Durcheinander von Stimmen dar. Wie unser Gehirn diese Scharfeinstellung auf eine Stimme zuwege bringt, ist noch ungeklärt. Aber vieles spricht dafür, daß es hierzu vor allem die hohen Frequenzen auswertet und daß dadurch eben die älteren Menschen benachteiligt werden.

Sprache sichtbar machen

Bei angeborener Taubheit oder äußerster Schwerhörigkeit bleibt den betroffenen Kindern nicht nur die Welt des Schalls verschlossen, auch die gesamte Sprachentwicklung steht auf dem Spiel. Wie soll man sprechen lernen, wenn man nichts zum Nachsprechen hört und vor allem die Kontrolle der eigenen Laute entfällt? Hier sei nur eine allerjüngste Entwicklung erwähnt, die sehr brauchbare Kontrollmöglichkeiten für die Aussprache von Vokalen und Konsonanten abgeben könnte. Durch ein elektronisches Verfahren gelingt es, jeden gesprochenen Laut auf einem Bildschirm als einprägsames Linienmuster sichtbar zu machen. Die Fotografien von Abbildung 6 geben einige Beispiele. Damit kann der Taube bei seinen Sprachübungen sehen, ob etwa sein »o« unsauber ist, ob es vielleicht zu sehr nach einem »u« klingt. Er kann korrigierend seine Mund- oder Zungenstellung verändern, bis sich der eigene Laut mit dem Vorbild deckt, und er kann vor allem verfolgen, wie ein Laut in einen anderen übergeht – wie etwa aus einem »e« ein breites »e« und schließlich ein »ä« wird.

Individuelle Stimmfärbungen, von denen ja oben die Rede war, spielen dabei kaum eine Rolle; sie verändern nicht die Grundform des Lautbildes, sondern steuern lediglich eine Art persönlicher Ausschmückung bei. Und auch die Lautstärke bedeutet nur ein Aufblähen oder Schrumpfen des – sonst ungeänderten – Lautbildes. Hier also bietet das Auge einen gewissen Ersatz für das ausgefallene Hörvermögen.

Aber auch das Umgekehrte ist möglich: Bei Ausfall des Sehvermögens kann das Gehör – in Grenzen – die Aufgaben des Auges übernehmen. Es gibt ein »Sehen mit den Ohren«. Sogar beim Menschen. Der Blinde, der mit seinem Stock auf den Boden tippt, nimmt das Echo der erzeugten Geräusche wahr und kann so Räume und Entfernungen ausloten. Diese Fähigkeit ist bei manchen Tieren bekanntlich bis zur Perfektion entwickelt. Fledermäuse oder Delphine hören nicht nur Geräusche, sondern auch Formen und Umrisse – sie hören sogar die Oberflächenbeschaffenheit von Hindernissen oder Beutetieren. So erkennen Fledermäuse in stockdunkler Nacht, ob ein Blatt leer oder von einem Insekt besetzt ist. Und gefangene Delphine können mit verbundenen Augen ein Loch in einem Netz ausfindig machen oder kleine Ringe auf dem Beckengrund aufspüren.

Niemand vermag sich vorzustellen, wie sich ein Baum »anhört« oder eine Treppe. Unser Hörzentrum im Gehirn ist für derartig feine Informationsverarbeitung nicht angelegt. Aber es geht nicht nur um das Hören! So wie wir nachts mit einer Lampe den Weg beleuchten, so beschallen auch Fledermäuse ihre Umgebung – mit kurzen, sehr kräftigen Schreien. Und wie wir das reflektierte Licht wahrnehmen, so erkennen Delphine den reflektierten Schall. Für uns freilich sind weder die Schreie noch deren Echos zu hören; denn es handelt sich um Schall jenseits unserer Hörbarkeitsgrenze – um Ultraschall, der weit stärkere und schärfere Echos erbringt.

Trotz des Einsatzes modernster Technik ist es bislang nicht gelungen, ein Ultraschallgerät für Blinde zu konstruieren, das auch nur annähernd so bildlich zu hören erlaubt, wie es dem Delphin oder der Fledermaus möglich ist. Es gibt zwar akustische Taschenlampen, die Ultraschallechos hörbar machen und je nach Laufzeit in einen höheren oder tieferen Summton verwandeln. Aber damit sind nur größere Hindernisse, wie Wände oder Personen, zu entdecken; gefährliche Maschendrähte, Abwärtsstufen oder dergleichen können derzeit noch nicht aufgespürt werden.

So bleibt die Herausforderung der Natur, nicht nur passiv Schallereignisse aufzunehmen, sondern auch aktiv ein detailliertes Schallbild der Umwelt zu erstellen.

Das Geheimnis der Atmo

Die Filmaufnahmen sind zu Ende, die Spannung löst sich, Unterhaltung kommt auf – doch da setzt das Finale des Toningenieurs ein: »Absolute Ruhe! Zwei Minuten Atmo!« Was dann passiert, mutet an wie ein Scherz: Der Toningenieur hält sein Mikrofon in den Raum und nimmt die Stille auf – zwei Minuten Stille, kein Laut, kein Wort, nur die Atmosphäre des Raumes: eben die Atmo.

Man könnte vermuten, es ginge um typische Nebengeräusche wie Straßenlärm, Vogelgezwitscher oder Maschinengetöse, doch die Atmo wird auch in ruhigen und abgelegenen Räumen aufgenommen, wo jede Geräuschkulisse fehlt. Was ist der Sinn dieser Prozedur?

Wie eine Muschel hat auch jeder Raum ein typisches Rauschen – das unmerkliche Hintergrundrauschen; in der Kirche ist es anders als im Badezimmer, im Labor anders als im Keller. Darin besteht diese Atmo, die wir überhören, solange sie vorhanden ist, deren Fehlen oder plötzliches Abreißen wir aber als unbehagliche Leere empfinden.

Welche Rolle dieses Hintergrundrauschen für unser Wohlbehagen spielt, kann man erst richtig in einem schalltoten Raum ermessen. Kein Laut dringt dort von außen ein, und jedes gesprochene Wort klingt flach und irgendwie kalt; denn schallschluckende Wände rundum unterbinden den leisesten Nachhall. Manche Leute fühlen sich sofort benommen oder spüren einen Druck auf den Ohren. Andere reagieren robuster, aber gemütlich ist ein solcher Raum nie – ihm fehlt die Atmosphäre.

In der psychiatrischen Forschung geht man noch einen Schritt weiter. Um die – noch wenig verstandene – Bedeutung der Reizeinwirkung auf die menschliche Psyche zu untersuchen, werden dort schalltote und zugleich stockfinstere Räume eingesetzt. Versuchspersonen in einer solchen »camera silens« sind allen akustischen und optischen Reizen weitgehend entzogen – eine drastische Beschneidung der Sinneseindrücke.

Die Wirkung bleibt nicht aus. Freiwillige, die sich unter ärztlicher Aufsicht in diese Isolation begaben, berichten von seltsamen Erfahrungen: von Lichterscheinungen und -geräuschen oder von einem ganz eigentümlichen Körpergefühl: »Man beginnt seine Proportionen anders als gewohnt einzuschätzen. Die Beine werden ganz dünn, fast scharf wie Messer. Der Kopf scheint zu schrumpfen.«

Offenbar braucht unser Gehirn eine ständige Reizanlieferung durch die Sinnesorgane, sonst kommt es zu psychischen Fehlleistungen.

Interessanterweise treten derartige Phänomene nicht nur bei Reizentzug auf, sondern auch beim andern Extrem: bei Schlafentzug. Nach fünf durchwachten Nächten im Schlaflabor stellten sich bei Studenten Halluzinationen ein, und einige bekamen das Gefühl übergroßer Hände und Arme, obwohl sie deren reale Größe mit eigenen Augen sehen konnten.

Sinneseindrücke und Schlaf sind für unser Gehirn gleichermaßen unentbehrlich; aber während wir Laute und Bilder urteilend erleben und sie sogar beschreiben können, entzieht sich der Schlaf unserem Bewußtsein. Was geschieht in diesem Zustand? Warum schlafen wir?

11 Das bewußtlose Drittel

Früher krähten die Hähne, heute rasselt der Wecker oder lärmt der Verkehr auf der Straße – aber aufwachen würden wir auch ohne diese Nachhilfe. Die meisten Menschen sogar pünktlich zur gewohnten Zeit. Ebenso abends: Mit schöner Regelmäßigkeit werden wir alle 24 Stunden müde, legen uns zur Ruhe und verschlafen auf diese Weise ein Drittel unseres Lebens.

Irgendeine Art von Zeitgeber muß hier vorhanden sein, der unsere Wach- und Schlafzustände im 24-Stunden-Rhythmus wiederkehren läßt. Unser ganzes Leben ist bekanntlich abgestimmt auf diesen Zyklus.

Na und? möchte man dem entgegenhalten. Schließlich leben wir auf einem Planeten mit 24stündiger Rotation, wo alle 24 Stunden die Sonne aufgeht und ein neuer Tag beginnt. Es scheint ganz offensichtlich, daß unser Wach- und Schlafrhythmus vom Tag-Nacht-Wechsel auf der Erde geprägt und aufrechterhalten wird. Jahrhundertelang glaubte man auch einen Beweis dafür zu haben: Bei langen Seereisen nach Osten oder Westen bleibt der Schlaf-Wach-Rhythmus synchron mit der Zeitverschiebung. Bei einer Reise nach Amerika beispielsweise geht die Sonne jeden Tag etwas später auf, bis man bei Ankunft schließlich einer Zeitverschiebung von fünf Stunden unterworfen ist. Doch ohne Uhr wäre das kaum zu merken, dieselbe Verschiebung nämlich haben auch die Aufwach- und Einschlafzeiten erfahren. Sie blieben auf der ganzen Reise ortszeitfest – gewissermaßen an den Lauf der Sonne gebunden.

Wie anders sollte man dies erklären, als daß wir in unserem Schlaf- und Wachbedürfnis passiv dem Wechsel von Tag und Nacht folgen.

Doch spätestens seit dem Jetverkehr erfahren Tausende von Fluggästen täglich, daß ihr gewohnter Lebensrhythmus einer Art innerer Uhr gehorcht und keineswegs nur dem Lauf der Sonne: Es können Tage vergehen, bis man sich der Zeitverschiebung angepaßt hat, bis man nachts wieder richtig schläft und tags zur gewohnten »Form« zurückfindet.

Bunkerschlaf

Gibt es diese innere Uhr? Wie groß ist ihre Ganggenauigkeit, ihre Ganggeschwindigkeit? Seit Jahren werden derartige Fragen im Institut für Verhaltensforschung in Erling bei Andechs untersucht – nach einem Konzept, das ebenso einfach wie erfolgreich ist: Versetzt man Versuchspersonen in eine Umgebung, wo jeder direkte oder indirekte Hinweis auf die Uhrzeit ausgeschaltet ist, dann werden sie ihren Lebensrhythmus ganz nach innerem

Abbildung 1: Hirnströme geben Auskunft über unseren Schlaf. Das EEG ist das wichtigste Hilfsmittel der Schlafforscher.

Abbildung 2: Unterirdischer Wohnblock in Erling bei Andechs. Hier verrät nichts den Lauf der Zeit. Die Versuchspersonen richten sich ganz nach ihrer »inneren Uhr«.

Antrieb gestalten. Als einziges Zeitmaß bleibt die innere Uhr.
Kernstück der Versuchseinrichtung in Andechs ist daher der »Bunker«, ein unterirdischer Wohnblock, in dem nichts den Lauf der Zeit verrät. Kein Autolärm oder Vogelgezwitscher, kein Radio, kein Fernsehen, kein Telefon. Sonst aber alle Annehmlichkeiten wie elektrisches Licht (nach Belieben an- und auszuschalten), Dusche, WC, Bibliothek, kleine Küche, Bett. Auch Briefe oder andere Mitteilungen werden über eine kleine Postschleuse zugestellt – doch nur, während die Versuchsperson gerade schläft.

Und was wird von der Versuchsperson in ihrem freiwilligen Asyl erwartet? Ausschlafen nach Belieben! Zubettgehen, wann immer man Lust dazu hat! Schön viel schlafen – nehmen sich denn auch die meisten vor, aber daraus wird nichts: In vier Wochen Bunkeraufenthalt schlief niemand länger als unter normalen Bedingungen. Aber seltener. Denn die Bunkertage nach eigener Wahl fallen bei den meisten Menschen etwas länger aus als ein Erdentag, im Durchschnitt 25 Stunden. Erst nach 25 Stunden fühlen sich die Einsiedler müde genug, um das Licht zu löschen und zu schlafen.

Weil dieser innere Rhythmus etwas vom 24stündigen Tageswechsel abweicht, bezeichnet man ihn als *circadian* (von *circa* = ungefähr, *dies* = Tag). Und gerade dieser Abweichung messen die Wissenschaftler besondere Bedeutung bei. Sie erhalten daraus Gewißheit, daß hier tatsächlich eine eigene selbständige Periodik vorliegt. Wären die Bunkertage ebenfalls 24 Stunden lang, dann könnte man immer noch einen versteckten unbekannten Einfluß der Erdrotation vermuten, so aber steht fest: Unser Organismus produziert aktiv einen eigenen Rhythmus, er schwingt aus eigenem Antrieb regelmäßig zwischen Wachen und Schlafen hin und her. Mehr noch: Fast alle Körperfunktionen sind an diese Schwingung gekoppelt und ändern sich ebenfalls im 25-Stunden-Rhythmus – angefangen von der Körpertemperatur, der Ansprechbarkeit auf Medikamente, der Muskelkraft bis hin zur Aktivität am Tage. So gesehen ist unser Organismus jeden Augenblick ein anderer, aber er hat seinen Fahrplan, der sich alle 25 Stunden wiederholt.

Freilich bedarf es so künstlicher Bunkertricks, um diesen circadianen Rhythmus ungestört schwingen zu lassen. Normalerweise wird er durch den Tag-Nacht-Wechsel mit allen Begleiterscheinungen auf irdische Tageslänge zurechtgerückt. Unser innerer Rhythmus ist elastisch genug, um diese kleine erzwungene Korrektur mitzumachen. Er verträgt auch noch die langsame Verschiebung bei einer Seereise, abrupte Zeitverschiebungen bei einem Ost-West-Flug aber werfen unsere innere Uhr in unangenehmer Weise aus dem Takt: Während – der Tageszeit entsprechend – Wachheit und Leistungsbereitschaft von uns erwartet werden, ist unser Körper auf Ruhe und Schlaf eingestellt.

Schlaf – eine Leistung des Gehirns

Schlafen und Wachen sind sicher zwei Grundzustände unseres Organismus. Beide Zustände aber – das ist die entscheidende Entdeckung der modernen Schlafforschung – müssen als gleichwertig angesehen werden. Schlaf ist kein Abschalten der höheren Hirnfunktionen, wie man früher annahm, kein Absinken in geistige Passivität. Schlaf bedeutet eine aktive und sogar recht komplizierte Leistung unseres Gehirns. So seltsam es klingt: Der Schlaf ist ein dynamisches Geschehen. Ausgangspunkt dieser bahnbrechenden Erkenntnis war eine harmlose Zufallsbeobachtung im Jahr 1952 (inzwischen gehört sie zu den klassischen Weichenstellungen der Wissenschaftsgeschichte). Aber diese Beobachtung geschah am richtigen Ort, wo man sie auch zu deuten und einzuschätzen wußte: im Schlaflaboratorium von Professor Nathanael Kleitmann in Chicago. Dort bemerkte man, daß schlafende Kinder bisweilen unter geschlossenen Lidern heftig mit den Augen rollten. Einmal aufmerksam geworden, stellten die Wissenschaftler dasselbe auch bei erwachsenen Schläfern fest, und dies erweckte sofort ihren Verdacht: sollte der REM-Schlaf (von den Forschern so benannt nach *rapid eye movement*: schnelle Augenbewegung) etwas mit dem Träumen zu tun haben? Gleichzeitige Veränderungen der elektrischen Gehirnaktivität bestärkten den Verdacht, und so nahm man den entscheidenden Testversuch vor: Die Schläfer wurden während des REM-Schlafs geweckt, und tatsächlich berichteten fast alle über frische Traumerlebnisse. Offenbar waren die Augenbewegungen eine Begleiterscheinung ihrer Träume – als ob sie das Traumgeschehen mit den Augen verfolgten. Mit einem Mal war ein Ansatzpunkt gefunden, in die geheimnisvolle unwirkliche Welt unserer Träume einzudringen. Doch davon später.

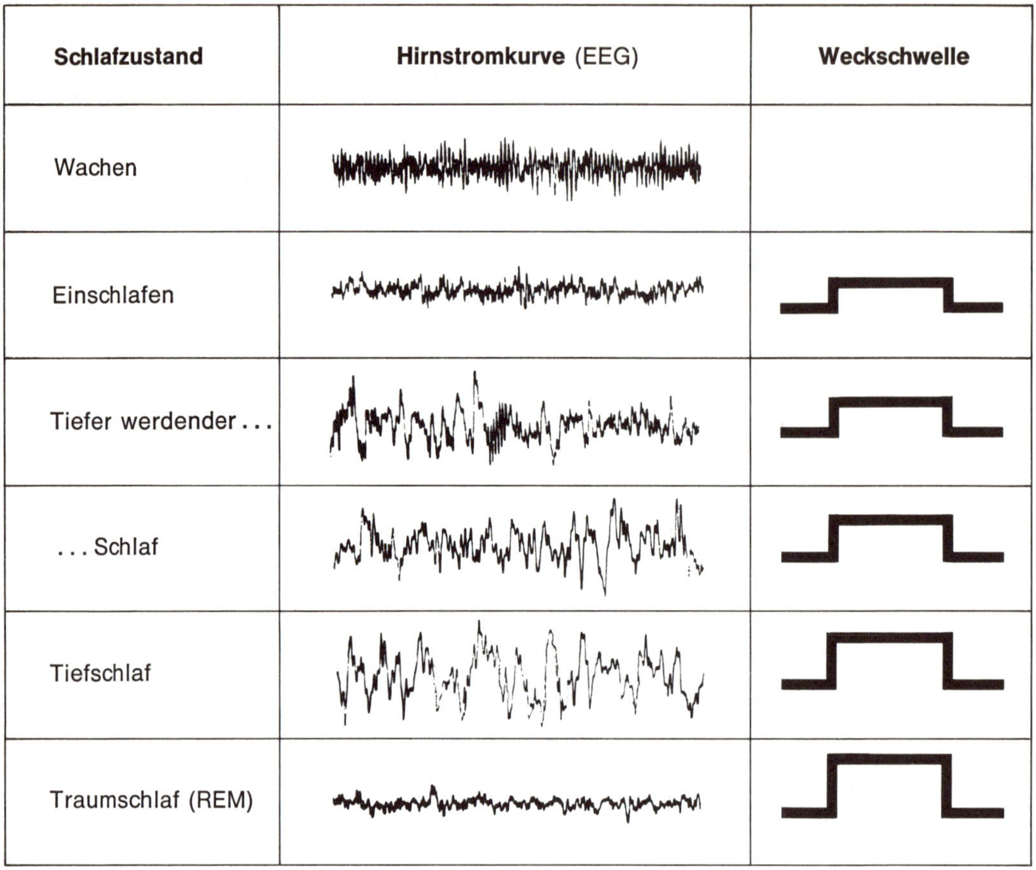

Schlafzustand	Hirnstromkurve (EEG)	Weckschwelle
Wachen		
Einschlafen		
Tiefer werdender...		
...Schlaf		
Tiefschlaf		
Traumschlaf (REM)		

Abbildung 3: Die Hirnstromkurven spiegeln die Schlaftiefe und den Charakter des Schlafs wider.

Zunächst zum normalen Ablauf eines Schlafs, wie er heute jede Nacht in Schlaflaboratorien und Schlafkliniken in kilometerlangen Kurvenzügen registriert wird. Der Schläfer bekommt dabei mehrere Kontaktplättchen (Elektroden) auf die Kopfhaut geklebt, die über lange, Bewegungsfreiheit gewährende Kabel mit einem Verstärker und einem Schreibgerät verbunden sind. So werden die elektrischen Spannungen von der Kopfhaut abgenommen und als sogenanntes EEG (Elektroenzephalogramm) aufgezeichnet. Dessen kritzelige Zacken spiegeln für den Fachmann die unterschiedlichen und wechselhaften Schlafzustände wider. Danach ergibt sich folgendes Bild:

Wenn wir einschlafen, so geschieht das langsam und stufenlos. Es gibt keine feste Marke, wo das Reich des Wachens aufhört und das Meer des Schlafens beginnt. Wir sinken stetig in immer tiefer werdenden Schlaf. Die ersten Minuten nehmen wir eine Art Schwebezustand ein, zwischen Wachen und Schlafen dahintreibend. Der Bezug zur Außenwelt geht immer mehr verloren, und im Verlauf der

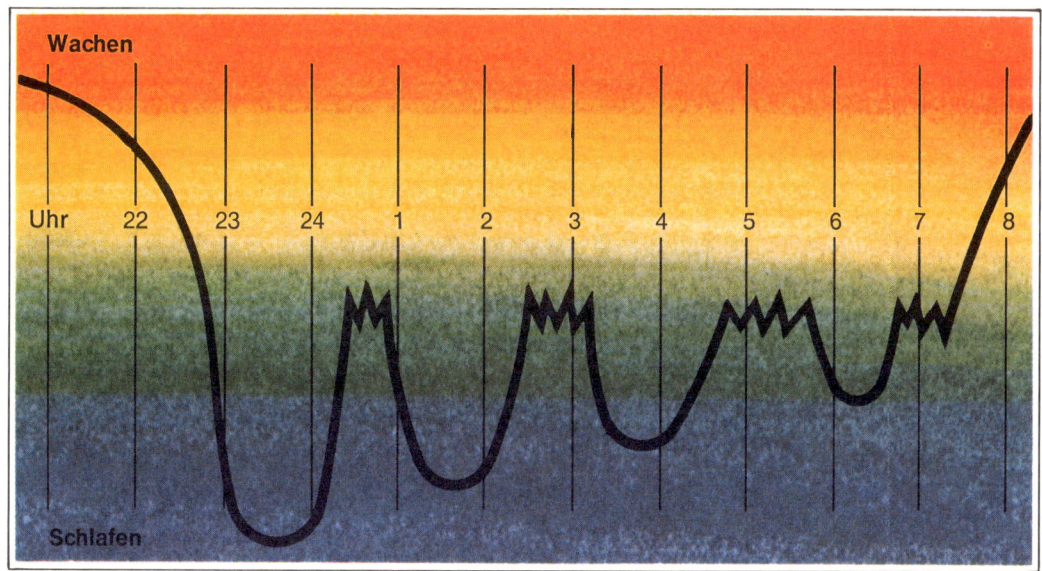

Abbildung 4: Im Schlaf pendeln wir zwischen Traum und Tiefschlaf hin und her. Die gezackten Abschnitte kennzeichnen die Traumphasen; sie werden gegen Morgen zunehmend länger.

nächsten Viertelstunde sinken wir in zunehmende Schlaftiefe, bis der Tiefschlaf erreicht ist.

Die landläufige Meinung vom »ersten Schlaf«, der besonders tief sei, entspricht also durchaus der Wirklichkeit: Nicht nur, daß hier das Wecken am schwersten fällt, auch das EEG zeigt die typischen Tiefschlafzacken, die Deltawellen (Abbildung 3). Aber wie lange dauert dieser erste Schlaf, und gibt es vielleicht einen zweiten oder dritten Schlaf? Normalerweise verharren wir nur eine halbe Stunde in diesem ersten Tiefschlaf, aber dann »tauchen« wir langsam wieder auf und erreichen fast das Einschlafstadium. Jetzt aber setzt der REM-Schlaf ein mit seinem besonderen EEG-Muster: Wir träumen, begleitet von schnellen Augenbewegungen. Obwohl die Schlaftiefe jetzt dem EEG nach ziemlich niedrig sein sollte, ist man im Traum nur schwer zu wecken, noch schwerer als im Tiefschlaf.

Etwa zehn Minuten dauert dieser erste Traum, dann holt uns der Tiefschlaf zurück. Doch das Spiel beginnt von neuem. Vier- bis fünfmal in jeder Nacht pendeln wir zwischen Traum- und Tiefschlaf hin und her, wobei die Träume gegen Morgen immer länger werden – bis zu einer Stunde –, während der restliche Schlaf zunehmend flacher verläuft (Abbildung 4).

Ein Leben in einer Traumsekunde?

Nacht für Nacht schwingt unser Organismus auf den Wogen unterschiedlicher Schlaftiefe, und Nacht für Nacht verbringen wir etwa anderthalb Stunden in der Welt skurriler, wirklichkeitsferner Träume. Die meisten Traumerlebnisse gehen verloren, wir vergessen sie, aber um das Träumen kommt niemand herum. Auch wer mit dem Gefühl einer traumlosen Nacht erwacht, ist lediglich ein schlechter Traumerinnerer. Viele vermeintlich traumlose Testschläfer machten zum erstenmal Bekanntschaft mit ihren eigenen Träumen, als sie in der Phase schneller Augenbewegungen geweckt wurden.

Mit dieser Weckmethode aber war nicht nur die Existenz und Häufigkeit der Träume zu ermitteln, sondern auch ihre Länge. Jetzt gab es eine Möglichkeit, jene faszinierende und vieldiskutierte Frage zu prüfen, ob wir in Zeitraffer träumen. Erleben wir in wenigen Traumsekunden, was in Wirklichkeit Stunden oder Tage dauert? Ein ganzes Leben im Traum? Vor allem jene Art von Träumen schien dafür zu sprechen, die einen äußeren Weckreiz mitverarbeiten. Da betritt man beispielsweise im Traum eine Baustelle, die seltsam leer ist. Man sieht sich um, schlendert zu den abgestellten Maschinen, entdeckt ein Schild »Heute Ruhetag«, plötzlich aber schwenkt ein Kran heran und läßt krachend ein Bündel Eisenstangen fallen. Hochschrecken aus dem Schlaf: Der Krach ist das Scheppern des Weckers.

Dem Anschein nach hat erst der Wecker den Traum ausgelöst, der folglich trotz seiner längeren Handlung nur Sekunden gedauert hätte. Doch die Augenbewegungen und das EEG lassen diesen Schluß nicht zu. Die Dauer einer Traumbegebenheit, wie sie nach dem Wecken berichtet wird, entspricht ungefähr der Dauer des REM-Schlafs. Wir träumen in Realzeit.

Auch in einem anderen oft diskutierten Punkt sind unsere Träume realistisch: Wir träumen in Farbe. Bunte Traumschilderungen, direkt aus dem REM-Schlaf, sprechen dafür.

Blicke im Traum

Aus Traumschilderungen bestätigt sich auch die ursprünglich vermutete Deutung der Augenbewegungen. Ein Schläfer, dessen Augäpfel sich auffallend auf- und abwärts drehten, berichtete, er sei eine Leiter hochgeklettert und habe mehrmals nach oben und unten geschaut. Entsprechend eine Traumschilderung bei deutlicher Hin- und Herbewegung der Augen: Ich habe zugesehen, wie sich zwei Leute mit Tomaten bewarfen! Tatsächlich schauen wir dem Traumgeschehen zu. Mehr noch: Aus dem Grad unserer Augenbewegungen läßt sich sogar ersehen, wieweit wir selbst in unsere Träume verwickelt sind. Heftige Bewegungen zeigen, daß wir selbst agieren und handeln, während leichte Augenbewegungen uns als nur passive Zuschauer ausweisen.

Es erscheint zwar sinnlos, Bilder, die im Gehirn produziert werden, mit den Augen zu verfolgen – dazu noch bei geschlossenen Lidern, aber einen weiteren Beleg für diesen Sachverhalt liefern Untersuchungen an Blindgeborenen. Bei diesen Menschen fehlen visuelle Traumbilder, ihre Träume bestehen vorwiegend aus Tast- und Gehörempfindungen, und entsprechend fehlen auch die zuschauenden Augenbewegungen während des Träumens.

Wenn unsere Augen dermaßen engagiert im Traum mitgehen, dann sollte man annehmen, daß auch der übrige Körper nicht unbeteiligt bleibt. Wälzen wir uns – lebhaft träumend – im Bett hin und her, wie es einer gängigen Vorstellung entspricht? Oder strampeln wir mit den Beinen, wenn wir nächtens an der Tour de France teilnehmen? Nichts dergleichen! Bewegungen im Schlaf sind zwar üblich, doch sobald der Traumschlaf naht, hören sie überraschend auf. Regungslos, mit erschlafften Muskeln, überläßt sich der Schläfer dem Traum, und erst danach setzen die üblichen Körperbewegungen wieder ein. Es ist also fast wie beim Fernsehkrimi: Bevor es losgeht, rückt man sich im Sitz zurecht, sucht nach möglichst bequemer Haltung, aber wenn das Programm beginnt, ist man regungslos von der Handlung gebannt. Im Traum allerdings erfolgt die Ruhe nicht freiwillig, sondern zwingend: Die Gehirnbefehle an unsere Muskeln werden blockiert und sind völlig außer Kraft gesetzt.

Nur machmal wird während des Träumens ein kurzes Zucken der Glieder festgestellt – als ob eine Bewegung im allerersten Ansatz steckenbliebe. Und tatsächlich deckt sich dies mit den Traumbeschreibungen: »Ich habe einen Eimer abgestellt, um eine Tür zu öffnen«, berichtete ein Schläfer, nachdem eine Zuckung im Arm und anschließend in den Beinen beobachtet worden war. Vielleicht hängt es mit dieser Bewegungslähmung zusammen, daß wir im Traum so oft rennen und rennen, ohne vom Fleck zu kommen – gleichsam als ahnten wir etwas über unseren körperlichen Zustand.

Der dritte Zustand des Gehirns

Je mehr der REM-Schlaf erforscht wird, um so eigenständiger und vielfältiger erscheint er: Nicht nur Muskelerschlaffung, Träume und typische Hirnstromkurven treten auf, der ganze Organismus gerät dabei in eine andere Verfassung: Der Blutdruck steigt an, der Atem geht schneller, die Hirnrinde wird stärker durchblutet – oft mehr als beim Wachen, und an den Geschlechtsorganen zeigen sich deutliche Anzeichen sexueller Erregung – auch bei nichterotischen Träumen.

So sehr hebt sich der REM-Schlaf vom normalen Schlaf und selbstverständlich auch vom Wachen ab, daß die Wissenschaftler ihn als den dritten Zustand unseres Gehirns betrachten: Etwa 66 Prozent unseres Lebens wachen wir, 27 Prozent schlafen wir und 7 Prozent unseres Daseins träumen wir – mit allen sonstigen Begleiterscheinungen des REM-Schlafs. Und wozu träumen wir? Bis heute weiß niemand eine gesicherte Antwort.

Es ist sogar zweifelhaft, ob Träumen überhaupt die entscheidende und primäre Erscheinung im REM-Schlaf darstellt. Die EEG-Kurven und Augenbewegungen von Säuglingen verraten nämlich, daß sie bis zur Hälfte ihrer Schlafzeit im REM-Schlaf zubringen, und neugeborene Katzen schlummern überhaupt nur im REM-Schlaf. Sollten sie dermaßen viel träumen? Angesichts der unzureichenden Entwicklung des Sehzentrums in diesem Lebensalter halten es viele Wissenschaftler für ausgeschlossen, daß auch hier die Augenbewegungen Ausdruck wechselnder Traumbilder sind. Was auch sollte ein neugeborenes Baby im Traum beobachten? Es scheint, daß sich die Träume erst später, wenn sich die Großhirnrinde entwickelt hat, in den REM-Schlaf einschleichen.

Aber die Frage nach dem Wozu bleibt davon unberührt. Sigmund Freud sah in den Träumen bekanntlich die Folge tags unterdrückter und ins Unterbewußtsein abgedrängter Wünsche und Triebe, die dann in verschlüsselter Form nachts abreagiert würden. Sicher mag es solche Träume geben, aber zum alleinigen Erklärungsprinzip erhoben ist die Freudsche Interpretation nur schwer mit der beobachteten Traummenge zu vereinen: Fast alle Menschen träumen gleichbleibend jede Nacht etwa neunzig Minuten – und dies ungeachtet ihrer unterschiedlichen psychischen Konstitution oder persönlicher emotionaler Probleme.

Das letzte Wort über den Sinn und Zweck unserer Träume ist sicher noch nicht gesprochen, aber eines steht fest: Das Gehirn braucht diese Träume. Denn stiehlt man ihm seine Träume, dann nutzt es die erstbeste Gelegenheit, sie nachzuholen. In zahlreichen Versuchen bei Menschen und Tieren wurde über längere Zeit die REM-Phase unterdrückt – entweder durch sofortiges Wecken bei den ersten Augenbewegungen oder durch bestimmte »REM-tötende« Medikamente. Je-

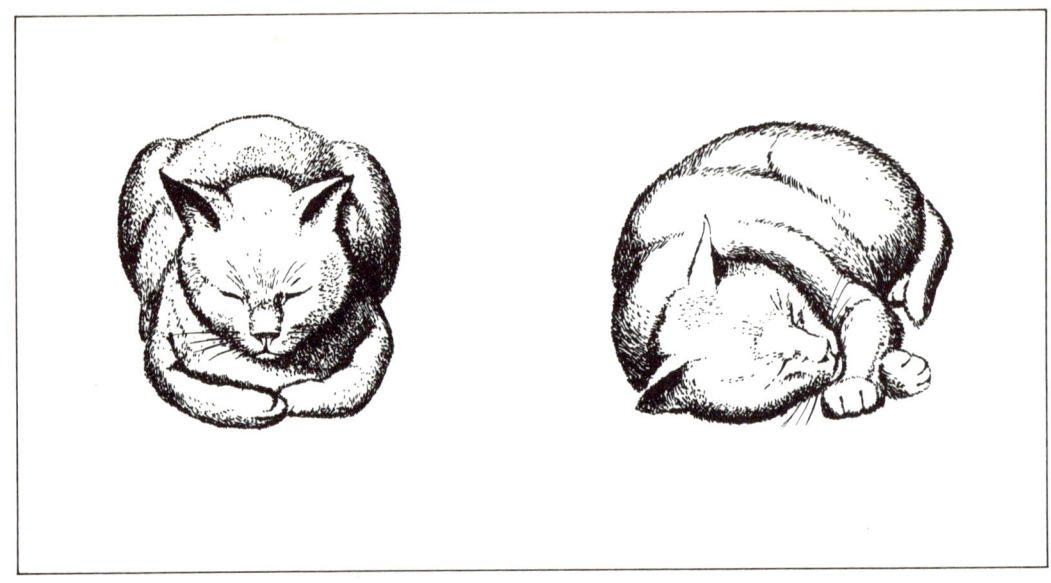

Abbildung 5: Die Schlafhaltung einer Katze verrät, ob sie gerade träumt. Beim Träumen erschlaffen die Nackenmuskeln, und der Kopf sinkt zur Seite.

desmal aber stieg in den darauffolgenden Nächten die Traummenge erheblich an, so lange, bis die Traumbilanz wieder ausgeglichen, die Traumschuld abgetragen war. Offenbar müssen wir unser festes Traumpensum ableisten. Aufschub ist möglich, nicht aber Erlaß. In diesem Punkt geht es uns nicht anders als der Ratte, der Katze oder anderen träumenden Tieren.

Wovon Katzen träumen

Kurz nachdem die schnellen Augenbewegungen beim Menschen entdeckt waren, stellte man auch bei Tieren alle Anzeichen des REM-Schlafs fest. Auch sie blicken unter geschlossenen Lidern umher, zeigen das typische EEG-Muster und verfallen wie wir in den Zustand der Muskelerschlaffung. Bei Katzen ist dies sogar so ausgeprägt, daß ihre Schlafhaltung verrät, ob sie gerade träumen: Geradeliegen, den Kopf über den Vorderpfoten, bedeutet Normalschlaf. Sobald der REM-Schlaf einsetzt, erschlaffen die Nackenmuskeln, der Kopf sinkt zur Seite, und die Katze verfällt in ihre typische Traumhaltung (Abbildung 5).

Aber träumt sie dabei wirklich? Begeht man nicht den Fehler einer unzulässigen Vermenschlichung, wenn man Tieren Traumbilder unterstellt, sinnenhafte Traumerlebnisse, sicher anderen Inhalts, aber im Prinzip doch ähnlich den unsrigen? Was wir beobachten oder messen sind ja letztlich nur äußere Indizien. Sie gleichen zwar auffällig den Begleiterscheinungen bei unseren Träumen, was aber fehlt, ist der Traumbericht nach dem Wecken. Bis vor kurzem schien es aussichtslos, jemals etwas über das subjektive Traumerleben eines Tieres zu erfahren, aber aufsehenerregende Experimente an Affen und Katzen brachten hier eine große Überraschung. Um festzustellen, ob bei Tieren während des REM-Schlafs optische Traumbilder vorkommen, wurden an der Universität Pittsburgh Rhesusaffen in ganz bestimmter Weise trainiert. Sie hatten jedesmal einen Knopf zu drücken, sobald man ihnen die Projektion irgendeines beliebigen Dias zeigte. Die Lektion wurde rasch begriffen; denn wer beim Auftauchen eines Bildes nicht sofort reagierte, erhielt statt dessen einen leichten elektrischen Schlag. Die derart geschulten Affen ließ man anschließend in einem völlig isolierten Raum schlafen und zeichnete dabei ihr EEG auf. In der REM-Phase begannen die Tiere tatsächlich heftig und plötzlich den Knopf zu drücken, der dafür an ihrer Hand befestigt war. Kein Zweifel, sie sahen irgendwelche Bilder im Traum und versuchten, dem drohenden elektrischen Schlag zu entgehen. Vielleicht träumten sie auch nur vom vorausgegangenen Diatraining, aber dies wäre ja nicht minder an optische Eindrücke geknüpft.

Noch einen Schritt weiter gehen die jüngsten Versuche, die Michel Jouvet in Lyon an Katzen durchführt. Katzen sind ohnehin die Lebewesen mit dem besterforschten Schlaf, aber Professor Jouvet glaubt sogar zu wissen, wovon Katzen träumen. In seinem Schlaflabor ist es gelungen, jene Instanz des Katzenhirns zu lokalisieren, die für die Blockade der Muskeln im REM-Schlaf verantwortlich ist. Als die Wissenschaftler diese Gehirnregion außer Kraft setzten, war auch die Traumlähmung aufgehoben, die Tiere bewegten sich, sie lebten ihre Träume aus. Zum erstenmal konnte man sehen und filmen, was eine Katze in ihren Träumen unternimmt, und es zeigte sich: Die Katze träumt vom Mausen – recht oft zumindest. Deutlich waren die typischen Lauf- und Fangbewegungen zu erkennen. Aber während sich hier die Überraschung nicht so recht einstellen will – zu gut paßt die Mausjagd zu unseren Vorstellungen von einer Katze –, hatte mit der anderen, ebenfalls sehr häufigen Traumkategorie niemand gerechnet: Die Katze verteidigt sich im Schlaf gegen ein größeres, überlegenes Raubtier; sie wehrt sich verbissen, auch wenn sie dies noch nie in ihrem Leben geübt oder erprobt hat. Instinktgesteuert kämpft sie gegen ein Phantom aus der vergangenen Welt ihrer wilden Vorfahren. Angriff und Verteidigung scheinen die vorherrschenden Traumerlebnisse unserer brav und müde wirkenden Hauskatzen zu sein. Nicht anders als Katzen zeigen auch Ratten im Traum ihren primären Instinkt, nämlich Fluchtverhalten.

Jouvet zieht aus diesen Beobachtungen den vorsichtigen Schluß, daß im Traum die am Tage oft nicht ausgelebten Instinkte, die genetisch fixierten Verhaltensprogramme, durchgespielt und gefestigt werden – eine Art Simulation des Ernstfalles ohne Risiko und ohne störende äußere Einflüsse. Noch ist dies nicht viel mehr als eine Arbeitshypothese, aber sie ließe immerhin die Fähigkeit zum Träumen als gewinnbringenden Schritt der Evolution verstehen. Weder Fische noch Reptilien träumen, Vögel allenfalls sekundenweise; erst mit den – entwicklungsgeschichtlich viel jüngeren – Säugetieren hat die Natur auch das Träumen eingeführt.

Wandeln und Sprechen im Schlaf

Auch bei manchen Menschen hat es den Anschein, als seien sie zeitweise in der Lage, ihre Träume auszuleben und in Motorik umzusetzen. Schlafwandler sind selten, aber es gibt sie. So ist der Fall eines Studenten verbürgt, der nachts aufstand, seine Kleider anzog und sich schlafwandelnd auf den Weg machte. Nach einem Kilometer erreichte er einen Fluß, zog sich dort aus und nahm – schlafschwimmend – ein Bad! Wieder angezogen wandelte er heimwärts und sank ins Bett, nicht ohne vorher seine Kleider ausgezogen und ordentlich über die Stuhllehne gehängt zu haben. Als man den Studenten am Morgen auf seine nächtliche Unternehmung ansprach, hielt er das Ganze für einen Scherz. Er konnte sich in keiner Weise daran erinnern.

Die Augen der Schlafwandler sind geöffnet. Mit starrem, in die Ferne gerichtetem Blick schauen sie geradeaus, ohne von der Umgebung Notiz zu nehmen. Ihre Bewegungen sind trotz der vielzitierten schlafwandlerischen Sicherheit steif und ungelenk. Handelt es sich hierbei um materialisierte, ausgelebte Träume? Erst die Methoden der modernen Schlafforschung ermöglichen eine Antwort: Das EEG zeigt beim Aufstehen Tiefschlaf an, und auch das Umherwandeln ist nicht mit Träumen verbunden. Hier treten sogenannte Alphawellen auf, die man von ganz anderer Gelegenheit her kennt. Sie zeigen sich typischerweise, wenn man im Wachzustand entspannt die Augen schließt. Doch Schlafwandler halten, wie gesagt, ihre Augen offen. Sie scheinen sich in einem ganz eigenartigen Zustand zwischen Wachen und Schlafen zu befinden, wo die Wahrnehmung zwar deutlich eingeschränkt ist, jedoch ausreicht, um – unter Umgehung des Bewußtseins – komplexe Handlungen durchzuführen.

Weit häufiger und fast normal ist eine andere Schlafhandlung: das Reden im Schlaf. Auch hier glaubte man Traumäußerungen vor sich zu haben, doch die EEG-Auswertung von sechshundert Nächten ergab: nur acht Prozent der Sprachäußerungen geschahen im REM-Schlaf; das Gesprochene war zudem kaum zu verstehen, da die Muskelerschlaffung eine deutliche Artikulation verhinderte. In den Fällen aber, in denen einige Worte identifiziert werden konnten, deckten sie sich mit dem Traumgeschehen. Meistens jedoch, nämlich bei 92 Prozent aller Beobachtungen, redeten die Versuchspersonen im Tiefschlaf oder anderen Schlafstadien. Wie zu erwarten, waren die Worte dann klar und deutlich.

Diese Beobachtungen sind ein sichtbares oder besser: hörbares Zeichen, daß unser Gehirn auch im Tiefschlaf nicht völlig abschaltet. Auch hier unternimmt es – gewissermaßen auf eigene Faust – ständig Aktionen, gibt Einsatzbefehle an alle möglichen Muskeln oder erzeugt visuelle Bilder. Tatsächlich erleben wir auch im Tiefschlaf kurze Traumbilder, die dann aber – ähnlich einem Dia im Vergleich zum Film – ohne Zusammenhang und fortschreitende Handlung bleiben.

Untätigkeit ist nicht die Stärke unseres Gehirns. So wie die einzelnen Atome keine absolute Ruhelage einnehmen, so scheint auch das Zehn-Milliarden-Neuronensystem einen gewissen Aktivitätspegel nicht unterschreiten zu können.

Schlafstörungen

Die wissenschaftliche Arbeit in den Schlaflaboratorien (auch das Experimentieren mit Katzen) geschieht vor dem Hintergrund einer ständigen Zunahme von Schlafstörungen. Bei keinem anderen Medikament ist die Nachfrage so in die Höhe geschnellt wie bei Schlafmitteln. Zwanzig Millionen Amerikaner leiden an Schlafstörungen, und in der Bundesrepublik finden 38 Prozent der älteren Menschen keinen erholsamen Schlaf.

Es kommt eben nicht nur auf die Schlafmenge an, die einem zur Verfügung steht, die Schlafqualität ist nicht minder entscheidend. Die wechselnde Folge von Tiefschlaf und REM-Schlaf ist eine empfindliche Schwingung, ein kompliziertes Muster unterschiedlicher Gehirnzustände, die sich nach einem vorgeschriebenen Zeitplan ablösen. Erst dieses ganze dynamische Geschehen macht unseren Schlaf aus. Und wenn wir zu ungewohnt später Stunde ins Bett gehen, dann ist es weniger der kurze Schlaf, der sich anderntags unangenehm bemerkbar macht, als vielmehr der gestörte Schlafrhythmus – der Grund auch für das oft schlechte Schlafen in der darauffolgenden Nacht.

Ähnlich bei zu reichlichem Alkoholgenuß. Trotz abgrundtiefen Schlafs, wie man meint, wacht man gerädert auf. Das EEG beweist: Der Schlaf war tatsächlich sehr tief – zu tief, um noch Träume zu gestatten. Übermäßiger Alkohol unterdrückt weitgehend die REM-Phase, und viele Schlafforscher führen den Kater auf diesen Ausfall der Träume zurück. Was für Alkohol zutrifft, gilt erst recht für andere Rauschmittel, und selbst harmlos scheinende Schlaf- und Beruhigungsmittel verändern das Muster des Schlafs. Hierin liegt die Gefahr fast aller Schlafmittel: daß sie zwar die Schlafmenge garantieren, aber die Güte des Schlafs vernachlässigen – sei es durch Abtöten der Träume oder Umordnung der verschiedenen Schlafphasen. Die Spezialisten im Schlaflabor ersehen aus dem Kurvenmaterial einer Nacht sofort, worin sich der medikamentöse Schlaf vom natürlichen unterscheidet, und so werden neue Schlummer- und Beruhigungsdrogen heute auch auf ihre Traumschuld oder andere Beeinträchtigungen der Schlafqualität hin getestet. Ganz zu vermeiden sind diese freilich nie, völlig harmlose Schlaftabletten gibt es nicht.

Zudem liegen die Wurzeln der Schlafstörungen meist außerhalb der Reichweite eines Medikaments. Jeder weiß aus eigener Erfahrung, wie empfindlich unser Schlafvermögen auf eine bevorstehende Prüfung, auf Sorge, Aufregung oder Lebensangst reagiert. Über sechzig Prozent aller Schlafbeschwerden sind auf seelische Belastungen zurückzuführen. Und hierzu paßt das Untersuchungsergebnis, wonach keine Art von Beschwerden so leicht durch Scheinmedikamente (Placebos) zu beeinflussen ist wie Schlafstörungen. Völlig neutral und ohne Wirkstoff, bleibt das vermeintliche Medikament dennoch nicht wirkungslos: Bereits der Glaube an seine einschläfernde Kraft läßt viele leichter in Schlaf sinken.

Spätaufsteher – Frühaufsteher

Eine Schlafstörung besonderer Art bedeutet für viele Menschen – der Wecker. Jetzt noch ausschlafen dürfen – ist der allmorgendliche Wunsch des typischen Spätaufstehers. Nur schwer findet er aus dem Bett, sitzt ungesprächig und unkonzentriert beim Frühstück, und auch am Arbeitsplatz wird er erst gegen Mittag richtig wach und aktiv.

Wie anders die ausgeprägten Frühaufsteher. Zwei Minuten bevor der Wecker klingelt, wachen sie auf, springen mit beiden Beinen aus dem Bett, fühlen sich tatendurstig und möchten am liebsten gleich alle Probleme des Tages auf einmal anpacken. Für sie hat Morgenstund wirklich Gold im Mund.

Gewiß, das sind Extremfälle. Nicht jeder läßt sich als typischer Früh- oder Spätaufsteher einstufen. Aber einen Hang zum einen oder anderen Typ werden die meisten in sich entdecken – und vor allem auch im anderen. So leicht man darüber witzelt, in vielen Ehen sind die unterschiedlichen Schlafzeiten ständige und ernsthafte Reibungspunkte, und nicht selten kommt das unbestimmte Gefühl auf, man lebe sich auseinander. Denn am Abend geschieht das gleiche mit anderem Vorzeichen: Jetzt wird der Spätaufsteher munter, mitteilsam, unternehmungslustig, während der Ehepartner auf seinem Schlaf vor Mitternacht besteht.

Das Problem läßt sich nicht dadurch aus der Welt schaffen, wie man häufig hört, daß der Abendmensch eben früher schlafen gehen soll. Gewisse Angleichungen sind zwar möglich, aber die Aktivitätsmaxima, die Leistungsgipfel werden hartnäckig zu verspäteter Zeit auftreten. Sie sind Bestandteil jener zu Beginn erwähnten circadianen Periodik und

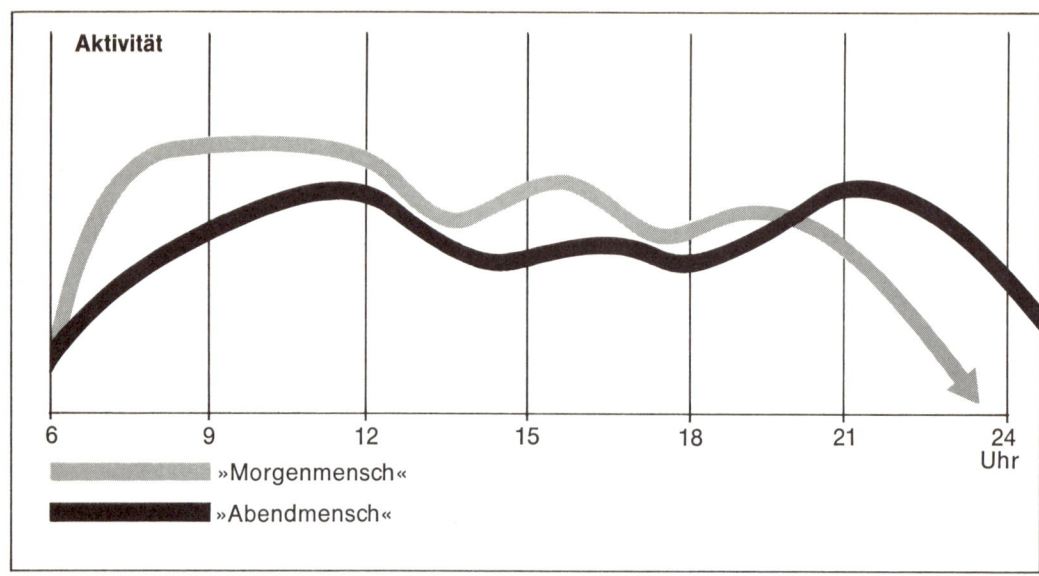

Abbildung 6: Bei ausgeprägten Morgenmenschen und Abendmenschen sind die Leistungsmaxima erheblich verschoben.

damit der willentlichen Beeinflussung kaum zugängig: So wie wir nachts in wechselnde Schlaftiefen sinken, so werden wir auch tags auf unterschiedliche Höhen der Aktivität gehoben – der Morgenmensch früher, der Abendmensch später.

In Kenntnis dieser biologischen Zusammenhänge fällt es nicht nur leichter, individuelle Unterschiede im Schlaf-Wach-Rhythmus mit der nötigen Gelassenheit zu tolerieren. Auch die gleitende Arbeitszeit kann nicht mehr als Zugeständnis an die Spätaufsteher verstanden werden; sie ist eine biologisch begründete Notwendigkeit. Am Abend wird der Faule fleißig! Der Volksmund, der diesen Spruch erfand, muß einem Frühaufsteher gehört haben.

Wozu überhaupt schlafen?

Das Schlafbedürfnis ist ein elementarer Trieb. Bei Schlafentzugsexperimenten schliefen die Testpersonen schließlich in allen nur denkbaren Körperhaltungen – sogar mit beiden Händen an der geöffneten Tür hängend. Und auf schreckliche Weise belegen die Unfälle durch Einschlafen am Steuer die Gewalt dieses Triebes. Trotz vieler durchwachter Nächte ist es den Schlafforschern aber nicht gelungen, den eigentlichen Grund für diesen Schlaftrieb zu erfahren. Warum müssen wir überhaupt schlafen? Was geschieht dabei so Dringliches in unserem Organismus?

Man vermutet zwar, daß während des REM-Schlafs Reparatur- und Erholungsprozesse des Gehirns ablaufen, während der Tiefschlaf vorwiegend zur Regeneration und Erneuerung des Körpergewebes dient. Doch es gibt einige schwer zu entkräftende Einwände: Warum kann der Ochsenfrosch oder das Krokodil auf diese Prozesse verzichten? Sie schlafen nachweislich nie. Oder jene zwei menschlichen »Schlafwunder«, die, im Schlaflabor getestet, wochenlang ohne Schlaf auskamen.

Bei allen atemberaubenden Erkenntnissen der modernen Schlafforschung – die grundlegende Entdeckung steht jedoch bisher noch aus: Wozu eigentlich verbringen wir ein Drittel unseres Lebens in Bewußtlosigkeit?

Eine Theorie zum Vergessen

Wenn ein Computerexperte und ein Psychologe eine Hypothese aufstellen, dann überrascht es nicht, daß sie nach dem Muster ausfällt: wie beim Elektronengehirn, so auch beim Menschengehirn.

Überraschen muß aber, daß ausgerechnet das Träumen, das so wenig der exakten Rechenarbeit eines Computers ähnelt, einer solchen Analogie standhalten soll. Zwei englische Wissenschaftler der genannten Fakultäten sehen im Träumen das Löschen von Erinnerungen: Das Gehirn vergißt, indem es träumt. So wie man den Speicher eines Computers immer wieder lösche, um neue, aktuelle Daten einzugeben, so müsse auch das Gehirn überholte Erinnerungen ausräumen – also vergessen. Im Traum werde das zu vergessende Material noch einmal gesichtet; daher auch die unterschiedlichsten, oft chaotisch zusammengewürfelten Traumbilder. Leider scheint es mit der Auswahl nicht immer zu klappen; denn wieviel Banales und Unwichtiges setzt sich hartnäckig in unserer Erinnerung fest, während anderes uns viel zu schnell entfällt. Die Theorie vom »Träumen und Vergessen« ist weniger geeignet, der Gehirnforschung weiterführende Anstöße zu geben, als vielmehr kennzeichnend für die tastende Unsicherheit auf diesem Gebiet: Hier werden zwei Phänomene, über die man herzlich wenig weiß – das Träumen und das Vergessen – miteinander verknüpft, um das eine mit dem anderen zu begründen.

Vergessen kann ja nur bedeuten, daß jene Spuren – oder im Fachjargon: Engramme –, die ein Ereignis in unserem Gedächtnis hinterlassen hat, wieder verwischt und gelöscht werden. Doch diese Engramme gilt es noch zu finden!

Die Suche nach den Gedächtnisspuren hat erst wenige Anhaltspunkte ergeben. Sie machen aber deutlich, daß die Engramme des Gehirns von anderer Art sind als die unserer üblichen Informationsspeicher. Dieses Buch benutzt – wie alle Bücher – die Anordnung der Druckerschwärze als Engramme. Beim Tonband ist es die Richtung der winzigen Elementarmagnete, beim Kernspeicher die Magnetisierung von Ferritkernen. Die belebte Natur aber muß sich an andere Erinnerungsspuren halten.

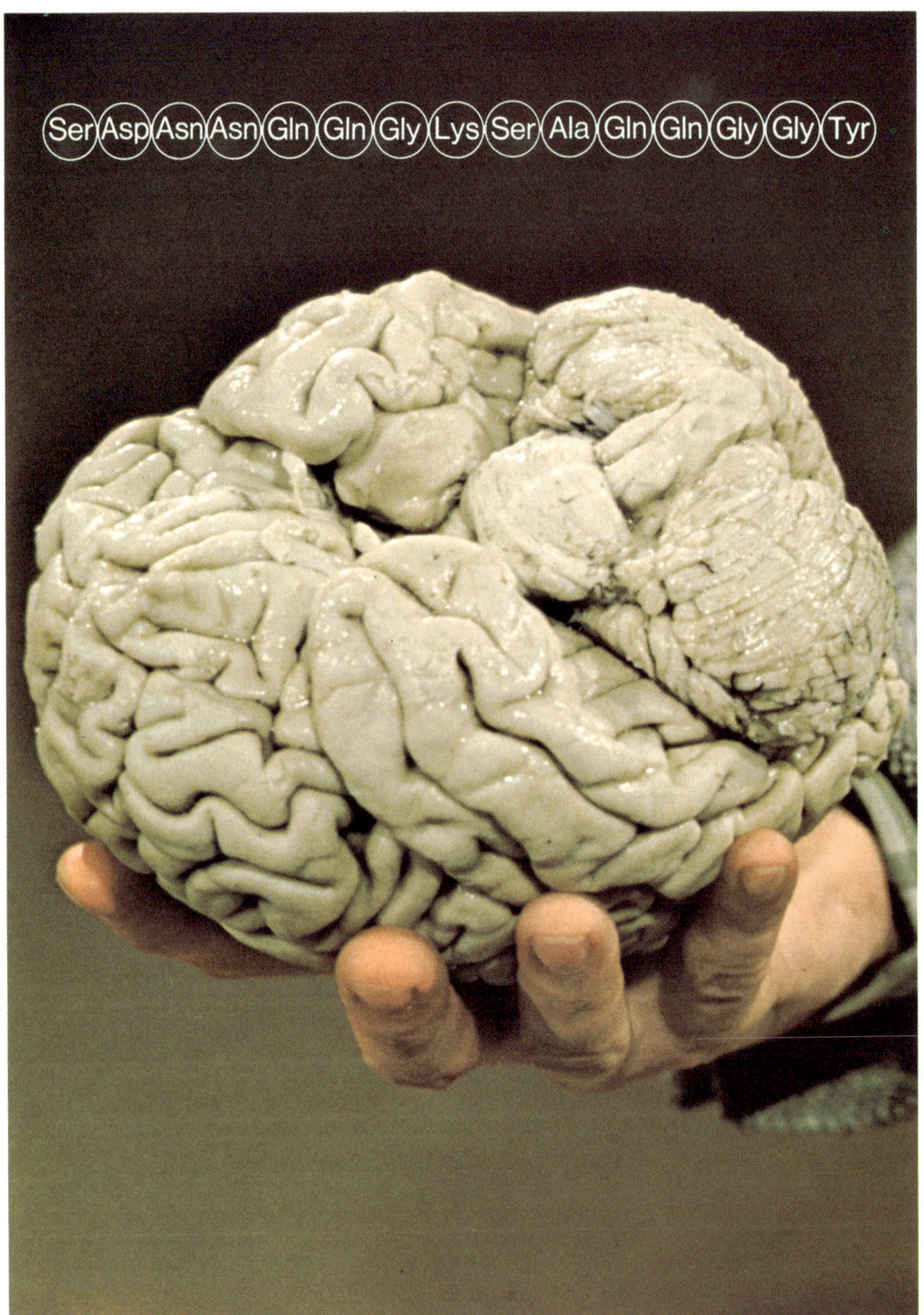

12 Künstliche Erinnerungen

Wir haben uns daran gewöhnt, daß immer mehr Teile unseres Organismus austauschbar werden. Organverpflanzungen, Blutübertragungen oder Gewebetransplantation blieben nicht ohne Einfluß auf unser biologisches Selbstverständnis. Noch vor wenigen Generationen galten Herz oder Blut allgemein als Träger so unverwechselbar individueller Eigenschaften wie Gemüt oder Temperament; mehr und mehr wurden sie in die Rolle zwar lebenswichtiger, aber doch ersetzbarer Funktionsteile gedrängt.

Erwartet uns ähnliches mit dem, was heute einen wesentlichen Teil unseres eigentlichen Ichs auszumachen scheint: unsere persönliche Erfahrung, unser Wissen, unsere Erinnerung? Ist Erinnerung übertragbar? Oder könnten Erinnerungen – entsprechend künstlichen Herzklappen oder Nieren – eines Tages künstlich produziert werden? Unwillkürlich möchte man solche Fragestellungen als unseriös abtun oder in den Bereich utopischer Science-fiction verbannen. Tatsächlich aber ergeben sie sich folgerichtig aus einem Gebiet der Hirnforschung, wo man auf derart weitreichende – vielleicht beängstigende – Entdeckungen stieß: Man hat Substanzen im Gehirn aufgespürt, in denen bestimmte Erinnerungen gespeichert zu sein scheinen, man hat mit Hilfe dieser Substanzen bereits Erinnerungen von einem Lebewesen auf andere übertragen, und selbst die chemische Synthese derartiger Gedächtnisstoffe ist keine Utopie mehr. Darüber wird noch ausführlich zu berichten sein.

Zunächst zur Grundkonzeption jener Forschungsrichtung, die erst im Zusammenhang mit einer besonderen Art von Gedächtnis zu verstehen ist. Gemeint sind die angeborenen Erfahrungen, die Instinkte.

Angeborene Erfahrungen

Großer Aufwand im Studio für eine unscheinbare Stubenfliege. Sie hängt frei im Windkanal – mit dem Rücken an einer feinen Borste befestigt. Ihre sechs Beine halten ein kleines Stückchen Schaumgummi. Schwach bläst der Luftstrom von vorn, die Fliege dreht das Schaumgummibällchen, als ob sie darauf krabbelte. Sobald man ihr diesen Boden unter den Füßen entzieht, da summt sie flügelschlagend los – unaufhörlich bis zur Erschöpfung. Erst wenn der Luftstrom aufhört oder wenn man ihr den Boden wieder unterschiebt, stoppt das Insekt seine Flugbewegungen. Und ebenso ist die kleine Flugmaschine wieder anzuschalten: Windkanal an – Schaumgummi weg. Dieser sogenannte Tarsalreflex ist ein sehr einfaches Beispiel für angeborene

Abbildung 1: In den letzten Jahren gelang die aufsehenerregendste Entdeckung der Gedächtnisforschung: Unsere Erinnerungen bestehen aus chemischen Substanzen.

Erfahrung: Sobald eine Fliege den Boden unter den Füßen verliert und Fahrtwind verspürt, läuft ein eingespeichertes Programm ab: Sie fliegt, sie muß fliegen. Und unter normalen Umständen ist dies ja auch tatsächlich sinnvoll.

Daß eine Fliege – obwohl völlig unfähig, etwas zu lernen – sich dennoch zweckmäßig verhalten kann, liegt allein daran, daß ihre Art imstande war, Erfahrungen zu machen und zu speichern. In den Instinkten, die von Generation zu Generation weitervererbt werden, kommen diese Erfahrungen der Art zum Ausdruck. Ohne ein Artgedächtnis wäre kein Geschöpf lebensfähig. Die reflektorisch auslösbaren Verhaltensprogramme sorgen automatisch für zweckvolle Entscheidung. Wenn jeder Vogel erst die enge Bekanntschaft mit der Katze machen müßte, um sie fürchten zu lernen, gäbe es längst keine Vögel mehr. Was dabei aber immer wieder verblüfft, ist die unglaubliche Vielfalt und Präzision dieser Instinkte, ganz besonders, wenn es sich um niedere Arten handelt, die erst in Ansätzen ein Gehirn aufweisen.

Da ist zum Beispiel der Bienenwolf, eine Grabwespe, die sich auf das Erlegen von Bienen spezialisiert hat und dabei – gemäß ihrem Instinktprogramm – ein schauriges Drama aufführt. Erster Akt, Überfall: An einer Blüte auflauernd, überfällt die Wespe ihr Opfer und sticht gezielt und treffsicher in das ungepanzerte Gelenk hinter den Vorderbeinen. Sofortige Lähmung tritt ein, noch ehe die Biene selbst ihren Stachel einsetzen kann. Nächster

Abbildung 2: Instinktreaktion bei einer Stubenfliege: Sobald sie den Boden unter den Füßen verliert und einen Luftstrom verspürt, beginnt sie zu fliegen.

Akt, Mundraub: Die Wespe umklammert den Hinterleib ihrer Beute und preßt genau die Stelle, wo die Honigblase sitzt – bis der eingesammelte Nektar aus der Mundöffnung hervorquillt und eingesogen werden kann. Dritter Akt, Entführung: Mit der gelähmten Biene unterm Bauch fliegt die Wespe zu einem vorher gegrabenen Erdloch, das durch einen tiefen Gang zur eigentlichen Bruthöhle führt. Dort werden drei bis vier auf dieselbe Art erlegte Bienen säuberlich in die Bruthöhle gelegt und dann ein Ei dazu. Letzter Akt: Aus dem Ei schlüpft eine Larve, die sich sofort über die nur gelähmten und dadurch frisch erhaltenen Bienen hermacht und eine nach der anderen auffrißt. Übers Jahr wird aus der Larve eine neue Grabwespe, die sofort mit der gleichen, makaber anmutenden Präzision das Handwerk ihrer Mutter aufnimmt.

Das Beispiel des Bienenwolfs zeigt, wie komplex und zielgerichtet die Handlungsketten sein können, die im Artgedächtnis primitiver Lebewesen gespeichert sind. Dafür ist dies auch der einzige Erfahrungsschatz, auf den sie zurückgreifen können. Ihr Gedächtnis ist allein das Instinktrepertoire – ein anderes besitzen sie praktisch nicht.

Aber auch höhere Tiere, die durchaus mit einem individuellen Gedächtnis und damit mit Lernvermögen ausgestattet sind, werden größtenteils von ihren Instinkten geleitet; selbst der Mensch, selbst wir sind bekanntlich nicht frei von Instinktresten. Daß ein Baby, wenn es auf die Welt kommt, auf Anhieb atmen und schreien kann, daß es Trinken und Schlucken beherrscht, ohne dies je gelernt zu haben, das ist eine lebensnotwendige Leistung unseres Artgedächtnisses.

Aber dieses meldet sich auch unbemerkt und unbewußt in belanglosen Situationen zu Wort: Wenn wir im Restaurant beispielsweise einen Eckplatz aussuchen (»weil der so gemütlich ist«), oder wenn wir in der Straßenbahn am liebsten in Fahrtrichtung sitzen (»weil das angenehmer ist«), dann spricht daraus die Erfahrung unserer steinzeitlichen Urahnen. Damals war es in der Tat lebenswichtig, sich vor Überraschungsangriffen von hinten zu schützen. Man mußte wissen, was auf einen zukommt, um möglichst frühe Vorwarnung und damit Ausweichmöglichkeit zu haben.

Die Grundlage der Instinkte

Bei der Frage, wo nun eigentlich der Sitz dieses Artgedächtnisses ist, die Zentrale für Instinktsteuerung, wird man zunächst auf das Gehirn verwiesen. Im Hirnstamm sind diese Verhaltensprogramme auf Abruf gespeichert. Man weiß dies so genau, weil man sie dort auch in ganz anderem Sinne abrufen kann, nämlich durch elektrische Reizung.

Haarfeine Metalldrähte, in das Stammhirn von Versuchstieren gesenkt, lösen die unterschiedlichsten Instinktreaktionen aus, sobald eine schwache elektrische Spannung angelegt wird. Ein friedliches Huhn beispielsweise attackiert schlagartig seine Pflegerin, oder es beginnt – bei Reizung einer anderen Stelle – spontan nach kleinen Körnchen zu picken, obwohl nicht ein einziges Körnchen zu sehen ist.

Anderes Beispiel: Ein auf diese Weise ferngesteuerter Hahn duckt sich und wehrt sich tapfer und verbissen gegen einen imaginären Bodenfeind, einen Marder etwa oder Fuchs. Sobald der elektrische Reiz aufhört, benimmt sich das Tier wieder völlig normal, der Spuk ist vorbei. Nahezu alle bekannten Instinktreaktionen von Hühnern wurden auf diese Weise hervorgerufen. Kein Zweifel, die Verhaltensprogramme, die das Artgedächtnis bereithält, kommen aus dem Stammhirn.

Zunächst scheint es, als könnten diese Versuche auch exakte Auskunft darüber geben, wo im Stammhirn die einzelnen Reaktionen gespeichert sind. Denn nur, wenn der richtige Punkt im Gehirn getroffen und gereizt wird, tritt auch die gewünschte Reaktion auf; schon Millimeter daneben kann etwas gänzlich anderes passieren. Dennoch ist diese Reizstelle im Gehirn nicht mit dem Aufbewahrungsort für die beobachtete Reaktion gleichzusetzen. An dieser Stelle ist sie lediglich auszulösen – so wie, um einen banalen Vergleich zu nennen, am Zündschloß das Anspringen des Motors ausgelöst werden kann.

Die eigentliche Speicherung der Verhaltensprogramme geschieht in Nervenbahnen des Gehirns, in bestimmten, genau festgelegten Schaltkreisen, die durch den elektrischen Reiz erregt werden. Das Hirngewebe ist ein wohlgeordnetes Netz solcher Schaltkreise.

Ganz zwangsläufig stellt sich dann aber die Frage: Wer knüpft das Nervennetz zu eben jenen Schaltkreisen, in denen die Instinktreaktionen niedergelegt sind – und zwar von Generation zu Generation in gleicher Weise? Wenn wir auf die Welt kommen, ist das Nervennetz unseres Gehirns bereits fertiggestellt, die Nervenstränge sind gezogen. Denn nur während des embryonalen Wachstums des Gehirns können sich die Nervenzellen teilen und vermehren. Wie sich dabei die richtigen Nervenzellen zu den richtigen Schaltkreisen zusammenfinden – darüber herrscht noch Uneinigkeit. Wahrscheinlich erkennen sich die passenden Nervenzellen durch chemische Markierungen – durch bestimmte Moleküle, die wie eine Art Abzeichen wirken. Dieser Punkt wird später noch bedeutsam werden. Einigkeit besteht jedoch darüber, daß die Bauanleitung für diese Schaltkreise – wie immer sie vollzogen werden mag – bereits in der ersten Zelle, in der Eizelle eines werdenden Lebewesens niedergeschrieben ist. Anders könnte sich das Artgedächtnis gar nicht von einer Generation auf die nächste vererben.

Sogar die Art und Weise dieser Niederschrift ist bekannt: Im Zellkern befindet sich eine chemische Substanz, die alle Information für das Wachsen und Gedeihen des betreffenden Lebewesens enthält – auch die Information über den Bau des Gehirns. Wie diese chemische Substanz, die sogenannte Desoxyribonukleinsäure (abgekürzt DNS), aufgebaut ist und wie sie eine solche Fülle von Informationen enthalten kann, sei hier nur kurz angedeutet (siehe Kapitel 13). Die DNS besteht in einer langen Kette aus aneinandergereihten Molekülen. Und so wie unsere informationsreiche Schrift in einer Aneinanderreihung von Buchstaben besteht, so bildet diese Molekülkette den informationsreichen genetischen Code.

Damit aber ist das Artgedächtnis auf eine chemische Substanz (DNS) zurückgeführt. Die vererbbaren Erinnerungen, die Instinkte, haben letztlich eine stoffliche, materielle Grundlage. Sie sind niedergelegt als eine ganz bestimmte Abfolge von Molekülen.

Vom enormen Vorteil dieses *ab ovo* vorgegebenen Artgedächtnisses war bereits die Rede: Das einzelne Lebewesen profitiert von den Errungenschaften der Art, es findet sich in der Umwelt automatisch zurecht, ohne dies jemals lernen zu müssen. Aber alle diese Instinktreaktionen tragen auch einen entscheidenden Nachteil in sich. Sie sind nur so lange zweckmäßig, wie die Umwelt konstant bleibt. Jahrmillionenlang war es für einen Igel die beste Waffe, sich bei herannahender Gefahr zusammenzurollen. Beim Überqueren einer Autostraße freilich ist dies heute das Dümmste, was er machen kann. Und dennoch igelt er sich ein, wenn ein Auto naht. Sein Instinktprogramm ist nicht in der Lage, sich der neuen Situation anzupassen.

Änderungen des Artgedächtnisses, das Einspeichern neuer Erfahrungen etwa, sind bei Einzelwesen grundsätzlich unmöglich. Nur im Laufe von Generationen lassen Erbsprünge eine – überaus träge – Anpassung an neue Umweltverhältnisse zu. Im Klartext, was die Igel betrifft: Die heutigen Igel müßten erst aussterben – bis auf solche, die zufällig anders veranlagt sind und Straßen sinnvoller überqueren.

Verständlich, daß die Erfindung eines individuellen Gedächtnisses einen ungeheuren Fortschritt in der Evolution darstellte. Erst damit wurde es möglich, persönliche Erfahrungen zu machen und daraus zu lernen; erst jetzt konnte man sein Verhalten an die jeweilige Umweltsituation anpassen: Erfahrung macht klug!

Erworbene Erfahrungen

Es war der geniale Gedanke einiger Wissenschaftler, daß dieses individuelle Gedächtnis nach ähnlichen Prinzipien arbeiten könne wie das Artgedächtnis – also auch eine stoffliche Grundlage habe. Sie suchten nach dem Stoff, aus dem unsere Erinnerungen bestehen.

Bevorzugte Versuchstiere waren die gelehrigen und lernfähigen Ratten, und hier gelang dem schwedischen Forscher Hydén eine interessante Entdeckung, die am Ausgangspunkt dieser ganzen Forschungsrichtung steht. Hydén hielt eine Gruppe von Ratten in einem langweiligen, öden Käfig und eine andere Gruppe in einem abwechslungsreichen »Spielkäfig«, wo es eine Menge auszuprobieren und zu lernen gab; so mußte beispielsweise ein Drahtgitter überklettert werden, um an das Futter zu gelangen. Als Hydén die Hirne der beiden Rattengruppen untersuchte, stellte er fest, daß in den Hirnen der Spielkäfigratten bestimmte chemische Substanzen vermehrt auftraten. Das eine waren Eiweißstoffe, sogenannte Proteine, das andere waren Ribonukleinsäuren (RNS), die mit der erwähnten DNS eng verwandt sind. Offenbar werden diese beiden Substanzen – das ist heute ein gesicherter Befund – beim Lernen in verstärktem Maße produziert.

Zudem scheint RNS für ein Phänomen verantwortlich zu sein, das jeder kennt: Unsere Erinnerungen halten verschieden lang! Ein Großteil der Sinneseindrücke geht nach kurzer Zeit wieder verloren. Eine neue Telefonnummer etwa behalten wir nur ein paar Sekunden. Oder die Verkehrszeichen an der Straße merken wir uns nur so lange, bis sie überholt sind. Derartige kurze Erinnerungen werden im Kurzzeitgedächtnis gespeichert (über dessen Funktionsweise freilich erst Hypothesen bestehen). Dieselben kurzen Erinnerungen aber, wenn sie öfter wiederholt werden, können sich – sogar lebenslänglich – festsetzen. Manche Telefonnummern vergißt man nie, und die Verkehrszeichen auf der Fahrt zum Arbeitsplatz kennt man in- und auswendig: Die Erinnerungen sind vom Kurzzeitgedächtnis ins Langzeitgedächtnis abgeschoben worden.

Bei diesem Überführungsvorgang aber scheint RNS eine wesentliche Rolle zu spielen. Wird nämlich die Aktivität von RNS gehemmt, dann können sich frische Eindrücke nicht mehr »festsetzen«, die Übertragung vom Kurzzeit- ins Langzeitgedächtnis ist unterbrochen. Obwohl man über die genauere Rolle der RNS bei diesen Vorgängen noch recht wenig weiß, machen derartige Versuche deutlich, wie sehr die Arbeit unseres Gedächtnisses an chemische Substanzen gebunden ist.

Erinnerungen aus der Spritze

Die spektakulärsten Erfolge der letzten Jahre wurden bei der Erforschung des Langzeitgedächtnisses erzielt. Hier stieß man nicht nur auf chemische Schlüsselsubstanzen, sondern entdeckte sogar alle Anzeichen eines chemischen Gedächtnis-Codes.

Angefangen hatte es 1962 mit Plattwürmern. Dem Psychologen McConnell von der Universität Michigan war es gelungen, Plattwür-

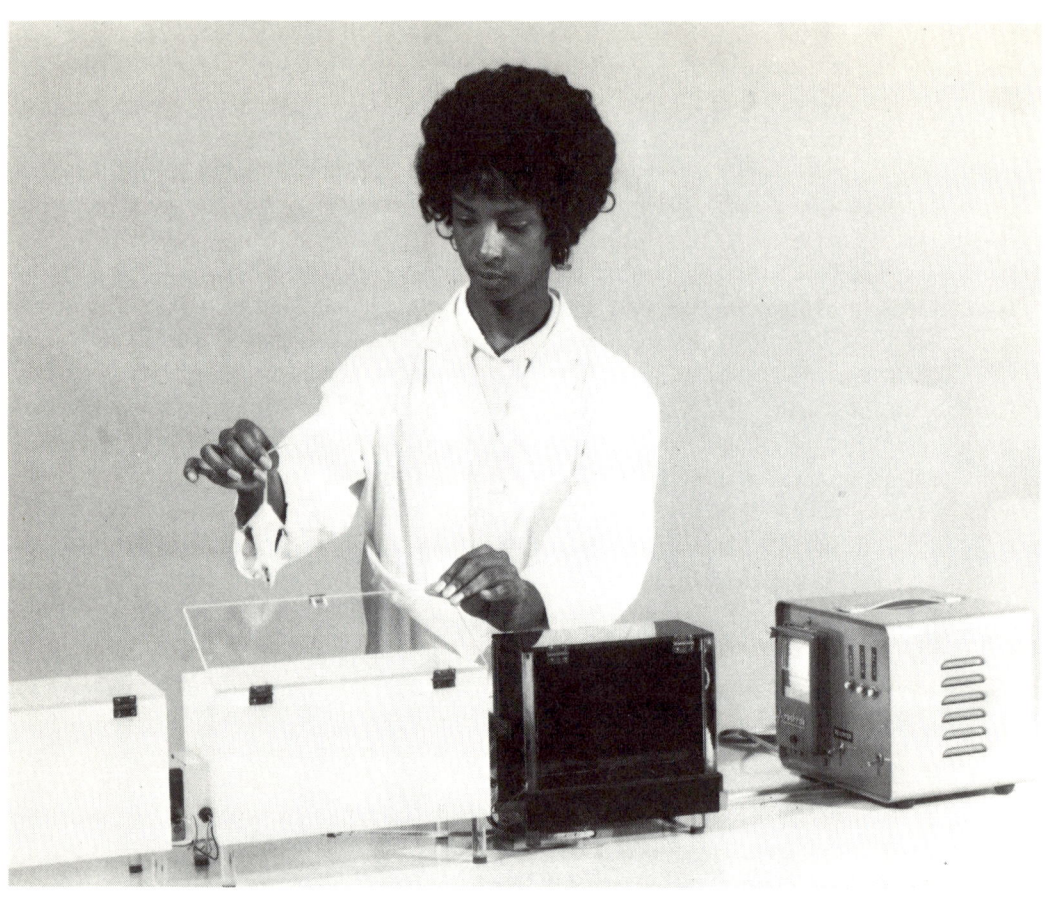

Abbildung 3: Versuchseinrichtung im Labor von Professor Ungar. Eine mit Skotophobin gespritzte Maus hat die Wahl zwischen hellen und dunklen Kästen. Automatisch wird die Aufenthaltsdauer in den verschiedenen Räumen gemessen.

mern eine bestimmte Reaktion auf Licht anzudressieren. Anschließend zerkleinerte er die Tiere und verfütterte sie an gewöhnliche Plattwürmer, die daraufhin – das war die große Sensation – denselben Dressurakt beherrschten oder zumindest wesentlich schneller erlernten. Gedächtnisinhalte schienen von einem Lebewesen auf ein anderes übertragbar. Offenbar, so folgerte McConnell, war durch die Dressur eine chemische Gedächtnissubstanz entstanden, die durch Verfüttern auf die anderen Tiere überging.

McConnells Versuche wurden von vielen Seiten angezweifelt, sie lösten erbitterte und überhitzte Diskussionen aus, und Schlagzeilen wie »Verspeisen Sie einen Professor!« oder »Weisheit durch Kannibalismus« trugen nicht gerade zur Versachlichung bei. Noch Ende 1970 wurden auf der Tagung Deutscher Naturforscher und Ärzte alle Versuche zur Gedächtnisübertragung kategorisch als nicht reproduzierbar abgelehnt.

Doch immer mehr Forschungslaboratorien meldeten Erfolge – allen voran das Institut von Professor Georges Ungar in Houston,

Texas. Dort experimentierte man mit Ratten und brachte ihnen ein ungewöhnliches Verhalten bei, nämlich die Furcht vor dunklen Räumen. Normalerweise zeigen Ratten als nachtaktive Tiere eine ausgesprochene Vorliebe für das Dunkel, und so suchten sie zu Beginn des Trainings einen dunklen Kasten auf. Doch dort gab es elektrische Schläge! Schon bald begriffen die Ratten die Lektion, und freiwillig ging keine mehr in die Dunkelheit. Die Tiere hatten gelernt, daß sie dort etwas Unangenehmes erwartet. Anschließend an das Training wurden die Ratten getötet, um aus ihren Gehirnen einen Extrakt zu gewinnen. Nach einiger Vorbehandlung und Reinigung spritzte man diesen Hirnextrakt einer untrainierten Ratte in die Blutbahn und beobachtete ihr Verhalten in puncto Dunkelheit. Nach etwa zwei Tagen dämmerte dieser Ratte eine Erinnerung, die anderen Lebewesen gehört hatte: Auch sie entwickelte eine Scheu vor dem dunklen Kasten. Es bedurfte nur weniger elektrischer Schläge, um ihr die Dunkelangst vollends beizubringen. Nach einigen Tagen allerdings war die Wirkung der Spritze wieder vorbei.

Auch Ungar war überzeugt, daß die antrainierte Dunkelangst in einer bestimmten chemischen Substanz des Gehirns gespeichert sei und so durch Injektion in ein anderes Gehirn übertragen werden könne. Diese zunächst noch hypothetische Substanz nannte er Skotophobin, zu deutsch: Dunkelangststoff. Doch auch bei Ungars Versuchen, die, im Prinzip jedenfalls, den Plattwurmexperimenten McConnells entsprachen, wurden starke Zweifel laut. Skotophobin, so hieß es, habe gar nichts mit Dunkelangst zu tun, es handle sich nur um einen Stoff, der ganz unspezifisch allgemein das Lernen erleichtere. Daher die kürzeren Trainingszeiten bei den gespritzten Tieren.

Ungar begegnete diesen Einwänden mit einem anderen schlagenden Experiment. Er brachte einer Gruppe von Ratten bei, ein ganz bestimmtes Labyrinth möglichst schnell zu durchlaufen, und eine zweite Rattengruppe trainierte er auf ein anderes Labyrinth. Wiederum wurden die Hirnextrakte neuen ungeübten Ratten eingespritzt, und die Wirkung fiel eindeutig aus: Der Hirnextrakt war nur dann eine Lernhilfe, wenn es sich bei Spender- und Empfängertieren um ein und dasselbe Labyrinth handelte. Im »falschen« Labyrinth blieb der Extrakt wirkungslos. Offenbar wurde für jedes Labyrinth eine andere Gedächtnissubstanz gebildet, die somit Informationen über die spezielle Wegführung enthalten mußte. Von einer allgemeinen Erleichterung des Lernens konnte keine Rede sein.

Dunkelangst – chemisch geschrieben

Als nächstes machte sich Ungar daran, den Dunkelangststoff Skotophobin aus dem Hirnextrakt zu isolieren. Aber wie sollte man unter den unzähligen Substanzen, die der Extrakt noch enthielt, eben diese eine Gedächtnissubstanz herausfinden? Die Aufgabe schien mit der berühmten Stecknadelsuche im Heuhaufen vergleichbar, doch hier war sogar die Stecknadel unbekannt. Über Skotophobin wußte man zunächst nichts, außer daß es Dunkelangst erzeugt. Aber genau diese Eigenschaft machte sich Ungar zunutze. Viertausend trainierte Ratten lieferten ihm eine Gehirnmasse von fünf Kilogramm, und hieraus entfernte er eine Stoffgruppe nach der anderen. Und immer wieder wurde dabei geprüft, ob das restliche Material noch Dunkelangst hervorrief. So konnte in mühsamer chemischer Kleinarbeit Skotophobin immer weiter eingeengt werden, schließlich blieben 300 Millionstel Gramm einer reinen Substanz übrig: Skotophobin war gefunden.

In dieser Substanz also steckte die Information: Hüte dich vor dunklen Räumen! Zum

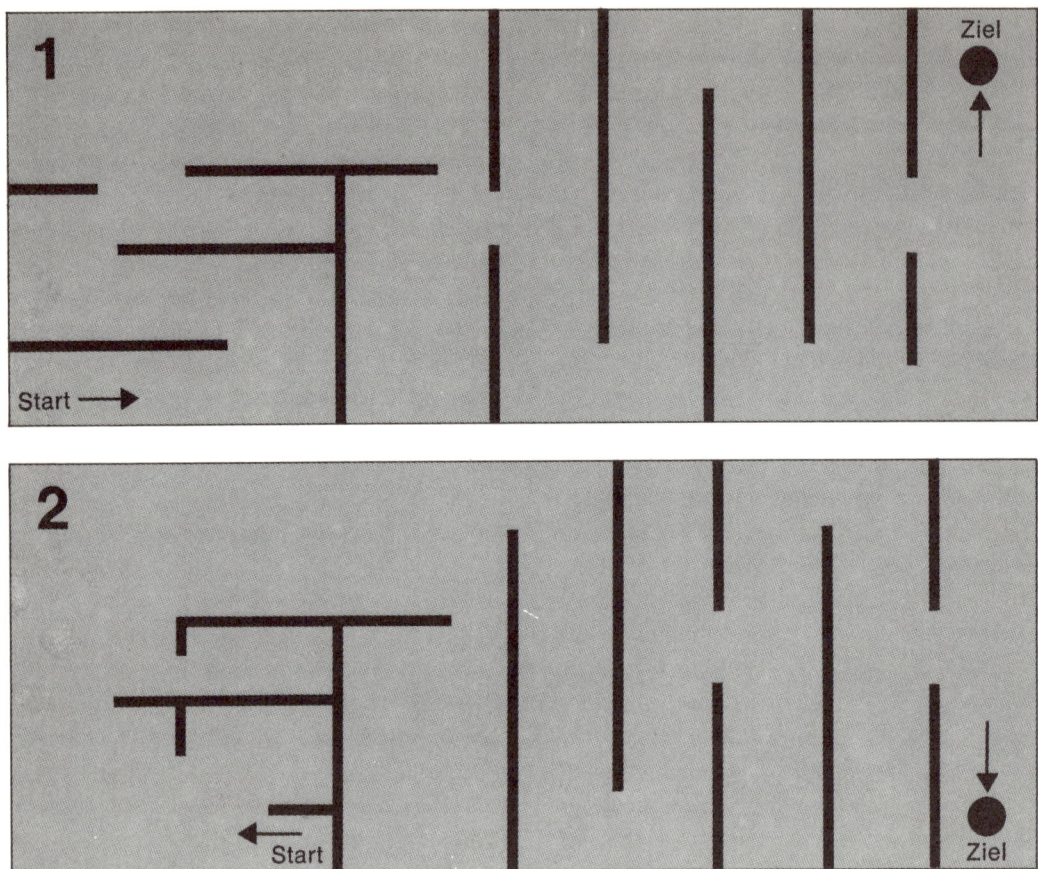

Abbildung 4: Trainingsversuche mit Ratten in diesen beiden unterschiedlichen Labyrinthen bewiesen, daß Gedächtnissubstanzen sehr spezifisch wirken und jeweils nur bestimmte Erinnerungen speichern.

erstenmal hatte man den Stoff in der Hand, der eine erworbene Erfahrung repräsentiert. Mit anderen Worten: Erinnerungen außerhalb eines Gehirns. Und diese Erinnerungen lassen sich auch wieder aktualisieren – nicht nur in Rattengehirnen. Dasselbe Skotophobin lehrt auch Mäuse die Angst vor dem Dunkel, und selbst Fische meiden nach einer Skotophobin-Injektion dunkle Gebiete des Aquariums. Bei derart elementaren Erinnerungen, so vermutet Ungar, ist der Gedächtnis-Code für alle Wirbeltiere derselbe.

Aber wie sieht dieser Code aus, wie speichert ein Skotophobin-Molekül seine Information? So unglaublich es klingt, die winzige Menge von weniger als ein Tausendstel Gramm genügte, um den exakten Aufbau eines Skotophobin-Moleküls herauszufinden – eine chemische Meisterleistung in Ungars Labor. Skotophobin besteht aus einer Kette von fünfzehn Aminosäuren und ist damit für die Molekularbiologen ein recht einfaches Molekül, zudem von vertrauter Bauart: Auch alle Eiweißstoffe unseres Körpers bestehen aus Aminosäureketten – jedoch erheblich längeren. Skotophobin ist also eine Art Kurzeiweiß, ein sogenanntes Peptid, und in der Aufeinanderfolge der Aminosäuren liegt die Dunkelangstinformation verschlüsselt. Wieder also eine chemische Schrift – diesmal mit Aminosäuren als Buchstaben. Wie die angeborenen Erfahrungen sind auch erworbene Erfahrungen in einem chemischen Code gespeichert: Kettenmoleküle bilden die materielle Grundlage unserer Erinnerungen, die langgesuchten Gedächtnisspuren. Ob es sich dabei grundsätzlich um Peptide handelt wie beim Skotophobin, ist allerdings noch nicht erwiesen.

Auf den ersten Blick sieht es so aus, als stünden chemische Gedächtnisspuren in völligem Widerspruch zu dem bisherigen Bild vom Gehirn als Nervennetz. Denn es ist unbestritten (und durch elektrische Reizversuche belegt), daß die Leistung des Gehirns – auch die Leistungen des Gedächtnisses – auf Schaltkreisen der Neuronen beruhen. Worauf also gründen sich unsere Erinnerungen? Auf Gedächtnismoleküle oder Neuronenschaltungen? Für Ungar ist dies jedoch keine Alternative. Seiner Theorie nach wirken die Gedächtnismoleküle auf die einzelnen Neuronen wie chemische Schalter, sie schalten die Nervenzellen in der richtigen Weise zusammen. Damit hätten die Gedächtnismoleküle eine ähnliche Wirkung wie jene chemischen Markierungsstoffe, die – wie oben erwähnt – während der embryonalen Gehirnentwicklung die genetisch festgelegten Schaltkreise installieren. Abermals ein enger Bezug zwischen angeborener und erworbener Erfahrung. Die Einrichtung neuer Schaltkreise beim Lernen geschieht also, Ungars Theorie folgend, auf Anweisung der Gedächtnismoleküle, und abgefaßt ist diese Anweisung in der Sprache des Gedächtnis-Codes.

Sprachkurse durch Injektion?

Mit Skotophobin hat man das erste und bislang einzige Wort dieses Gedächtnis-Codes gefunden. Unmöglich, schon hieraus die inneren Gesetzmäßigkeiten, Wort- und Satzbau dieser Schrift abzuleiten. Aber es ist bereits gelungen, dieses Wort nachzuschreiben: Skotophobin konnte chemisch im Labor erzeugt werden und wirkte genauso wie die Gedächtnissubstanz aus Rattenhirnen: künstliche Erinnerung!

Hier wird in ersten Ansätzen eine mögliche Entwicklung von ungeheurer Tragweite sichtbar. Werden wir eines Tages eine Auswahl verschiedenster synthetischer Gedächtnisspuren auch für den Menschen zur Verfügung haben? Professor Ungar im Gespräch über diese Frage:

Sobald wir den Code, in dem die Gedächtnisspuren verschlüsselt sind, erst einmal entziffert haben, könnten wir auch gezielt sinnvolle Moleküle bauen ...

Denken Sie zum Beispiel an die Möglichkeit von Sprachkursen durch Injektion?

Ja, natürlich. Das Problem würde nur sein, daß die Wirkung so kurz anhält. Man müßte die Injektion alle paar Tage wiederholen. Aber das Ziel unserer Arbeit ist nicht der Wunsch, Menschen durch Injektionen Kenntnisse zu vermitteln, sondern der Versuch, neue Erkenntnisse über die Funktion des Gehirns zu gewinnen.

Sollte es tatsächlich gelingen, die Arbeitsweise des Gedächtnisses herauszufinden, dann bestünden auch Hoffnungen, unsere Merk- und Lernfähigkeit ganz allgemein zu steigern, Gedächtnisschäden nach Unfällen oder Krankheiten zu heilen oder dem oft erschreckenden Nachlassen der Gedächtnisleistung im Alter entgegenzuwirken.

Dennoch – bei allen faszinierenden Perspektiven – bleibt es ein unheimlicher Gedanke, man könne sich eines Tages an etwas erinnern, was man selbst nie erlebt oder erfahren

Abbildung 5: Professor Ungar im Gespräch mit Professor von Ditfurth über die Zukunftsaspekte der Gedächtnisforschung.

hat. Unsere Erinnerungen sind unantastbarer Teil unserer Persönlichkeit. Eröffnen sich hier beängstigende Möglichkeiten der Manipulation und der psychischen Vergewaltigung? Zweifellos könnten Gedächtnissubstanzen, sollten sie einmal verfügbar sein, in krasser Weise mißbraucht werden. Doch bereits heute schließt jede Injektion die Möglichkeit des Mißbrauchs und der Manipulation mit ein; es gibt genügend Stoffe, die, in die Blutbahn gespritzt, eine totale physische oder psychische Veränderung hervorrufen. Hier würde nur eine neue und vielleicht besonders abgefeimte Variante hinzukommen (denn anders als durch Einspritzen sind Peptide nicht zu übertragen). Man sollte also nicht zu sehr auf diese »exotischen Manipulationen« starren – Manipulation im Sinne geistiger Verführung ist dort viel bedenklicher, wo sie sich unauffälliger und subtiler Methoden bedient und als solche nicht erkannt wird.

Gedächtnis und Erfahrung

Mit der Ausbildung verschiedenartiger Gedächtnissysteme machte die Natur zunehmend größere Erfahrungsbereiche verfügbar. Die Instinktprogramme des Artgedächtnisses spiegeln weit zurückliegende Erfahrungen der Art wider, sie beziehen sich im Grunde gar nicht auf die eigene Umwelt, sondern auf die Umwelt entfernter Vorfahren.

Mit dem individuellen Gedächtnis wurde der Erfahrungsbereich bis in die eigene Umgebung ausgedehnt. Jetzt war aus Ereignissen der eigenen Lebensspanne zu profitieren und zu lernen. Der Frosch, der einmal eine Hummel schnappte, macht das so schnell nicht wieder.

Nächster Schritt: Die Ausbildung von Kommunikationssystemen ermöglichte die Mitteilung von Gedächtnisinhalten. Die Biene, die ihren Artgenossen einen Futterplatz mitteilt, vergrößert damit deren Erfahrungsbereich. Nicht nur Lernen, auch Lehren wurde möglich.

Die nächste Stufe in der Entwicklung von Gedächtnissystemen hat auf der Erde nur der Mensch erreicht. Er schuf eine künstliche Speichermöglichkeit: die Schrift. Jetzt konnten Erfahrungen verwertet werden, die nicht nur außerhalb der eigenen Lebensspanne, sondern auch außerhalb des eigenen Wirkungskreises lagen. Das Wissen anderer Generationen und Völker wurde verfügbar.

Und der nächste Schritt? Vieles spricht dafür, daß die moderne Nachrichtentechnik und die Entwicklung technischer Speicher (die heute schon die Speicherkapazität unserer Gehirne weit übertreffen) nicht nur den Erfahrungsumsatz erhöhen, sondern auch den Erfahrungsbereich wiederum um eine ganz neue Dimension erweitern: Ohne leistungsfähige technische Informationsspeicher dürfte der Funkkontakt und Erfahrungsaustausch mit außerirdischen Kulturen unserer Galaxis nicht möglich sein.

Aber alle diese technischen oder biologischen Gedächtnissysteme haben eines gemeinsam: Sie sind stofflicher Natur, sie arbeiten auf materieller Grundlage. Freilich nicht im Sinne eines platten Materialismus. Materie ist hier Träger von Information; nicht ihre chemischen oder physikalischen Eigenschaften sind entscheidend, sondern ihre Anordnung – so wie in der Anordnung der Druckerschwärze für den Leser die Information dieses Buches niedergelegt ist. Und es wäre dieselbe Information, wenn der Text auf Tontafeln geritzt oder auf Mikrofilm abgebildet vorläge. Die Art der Materie ist austauschbar. Aber an irgendeinen materiellen Träger bleibt Information – soll sie abrufbar sein – immer gebunden.

In diesem Sinne ist nicht nur unsere Erinnerung und Erfahrung stofflicher Natur, sondern auch jenes Wissen, nach dem aus einer winzigen Eizelle ein fertiger Mensch wird.

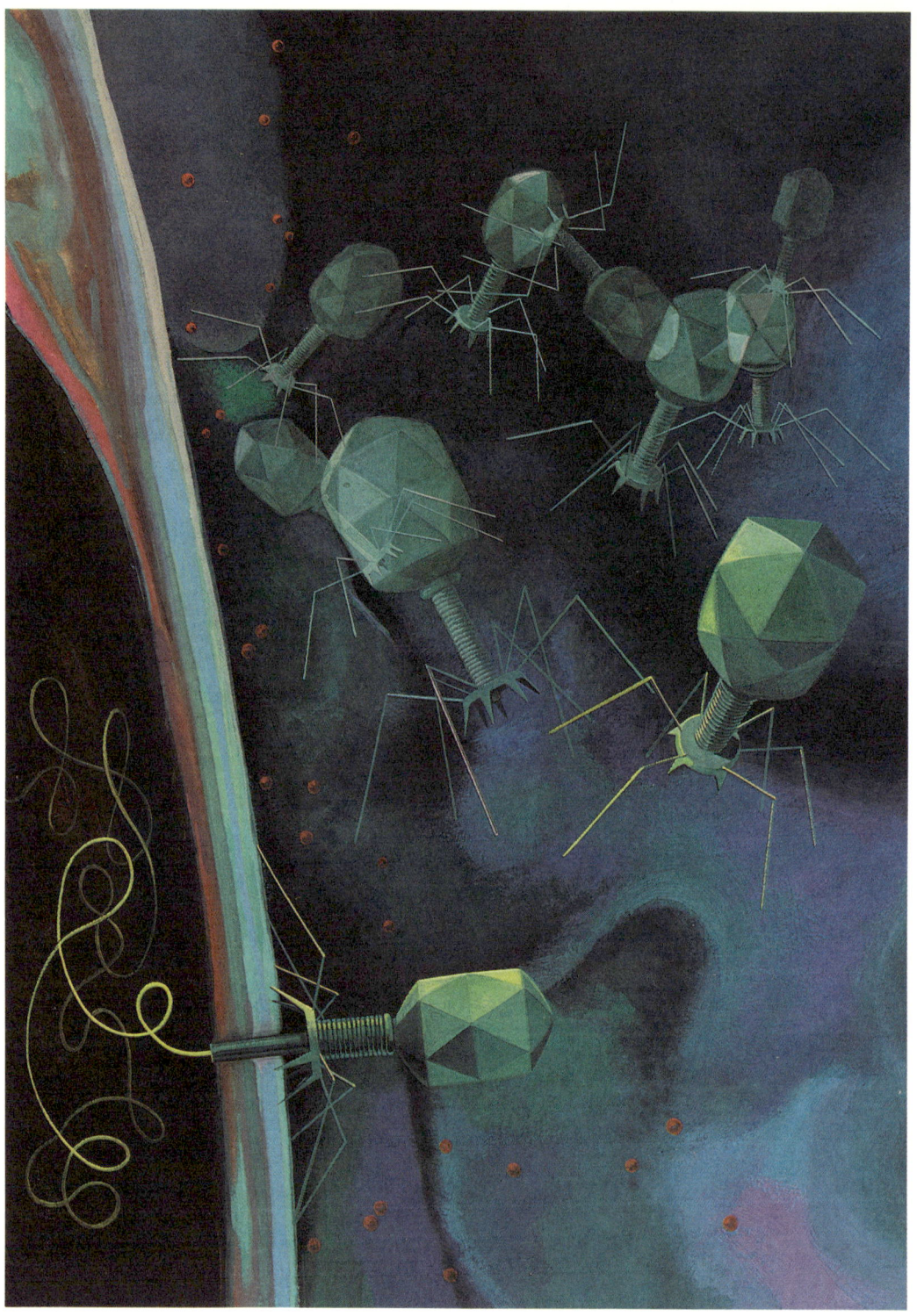

13 Was ist Leben?

Als der Mensch nach den elementaren Bausteinen der Materie suchte, fand er das Atom und erfand seine folgenschwere Anwendung. Als die Wissenschaftler nach den elementaren Bausteinen des Lebens suchten, war das Ergebnis nicht weniger revolutionierend und weitreichend: Als Grundlage des Lebendigen stießen die Forscher auf »Erbmoleküle«. Sie erkannten darin den Schaltplan der Organismen und entzifferten sogar die Geheimschrift, in der er abgefaßt ist – eine Geheimschrift von solcher Universalität, daß sie für alles Leben vom Bazillus bis zum Homo sapiens tauglich ist.

Mehr noch: Die Wissenschaftler entdeckten die Viren und damit die grundsätzliche Möglichkeit, jene Schaltpläne abzuändern. Der Mensch ist inbegriffen. Im Prinzip jedenfalls sind wir genetisch zu manipulieren, unsere Erbmerkmale können künstlich verändert werden.

Das sind in der Tat atemberaubende Erkenntnisse – Erkenntnisse der letzten Jahrzehnte, als die Biologen die exakten Methoden aus Physik und Chemie in ihre Wissenschaft einführten. Die Frage aber: Was ist Leben? ist

Abbildung 1: Invasion der Bakterienfresser. Viren stehen auf der Grenze zwischen lebender und toter Materie. Sie können sich nicht aus eigener Kraft vermehren – aber zum Entern und Erobern eines Bakteriums brauchen sie nur zwanzig Minuten. In zwanzig Minuten spielt sich ein Drama ab, das mit Hunderten neu entstandener Viren und dem Tod des Bakteriums endet.

so alt wie die Menschheit, die Antworten früherer Generationen sind keineswegs in dem Sinne überholt, daß sie als falsch bezeichnet werden müßten. Auch sie geben eine sinnvolle und mitunter sogar hochaktuelle Dimension des Lebens wieder.

Wie eine Maschine

Wenn man danach sucht, was unseren Körper in Gang hält, was ihn funktionieren läßt, dann stößt man als erstes auf innere Organe. Jedes hat seine spezielle Aufgabe zu erfüllen und arbeitet doch in engem Verbund mit den anderen Organen. Das Knochenskelett etwa bildet das statische Gerüst, von den Muskeln wird es nach mechanischen Gesetzen bewegt. Das Herz hält unser Blut in Fluß, die Lunge belädt es mit Sauerstoff, ein vieladriges Leitungssystem verteilt es im Körper. Nicht nur die Funktionen der Organe greifen ineinander wie bei den Teilen einer komplizierten Maschine, auch ihre Arbeitsweise selbst hat oft erstaunlich maschinellen Charakter: Die Lunge arbeitet wie ein Blasebalg, das Herz wie eine Pumpe mit den Herzklappen als Ein- und Auslaßventilen, und die Sehnen funktionieren wie gut montierte Seilzüge. Sogar die Energiebilanz unseres Körpers entspricht der einer Maschine: Was der Körper leistet, muß ihm als Kraftstoff in Form von Nahrung wieder zugeführt werden. Erster Eindruck also: Unser Körper funktioniert wie eine hochkomplizierte, mechanische Maschine.

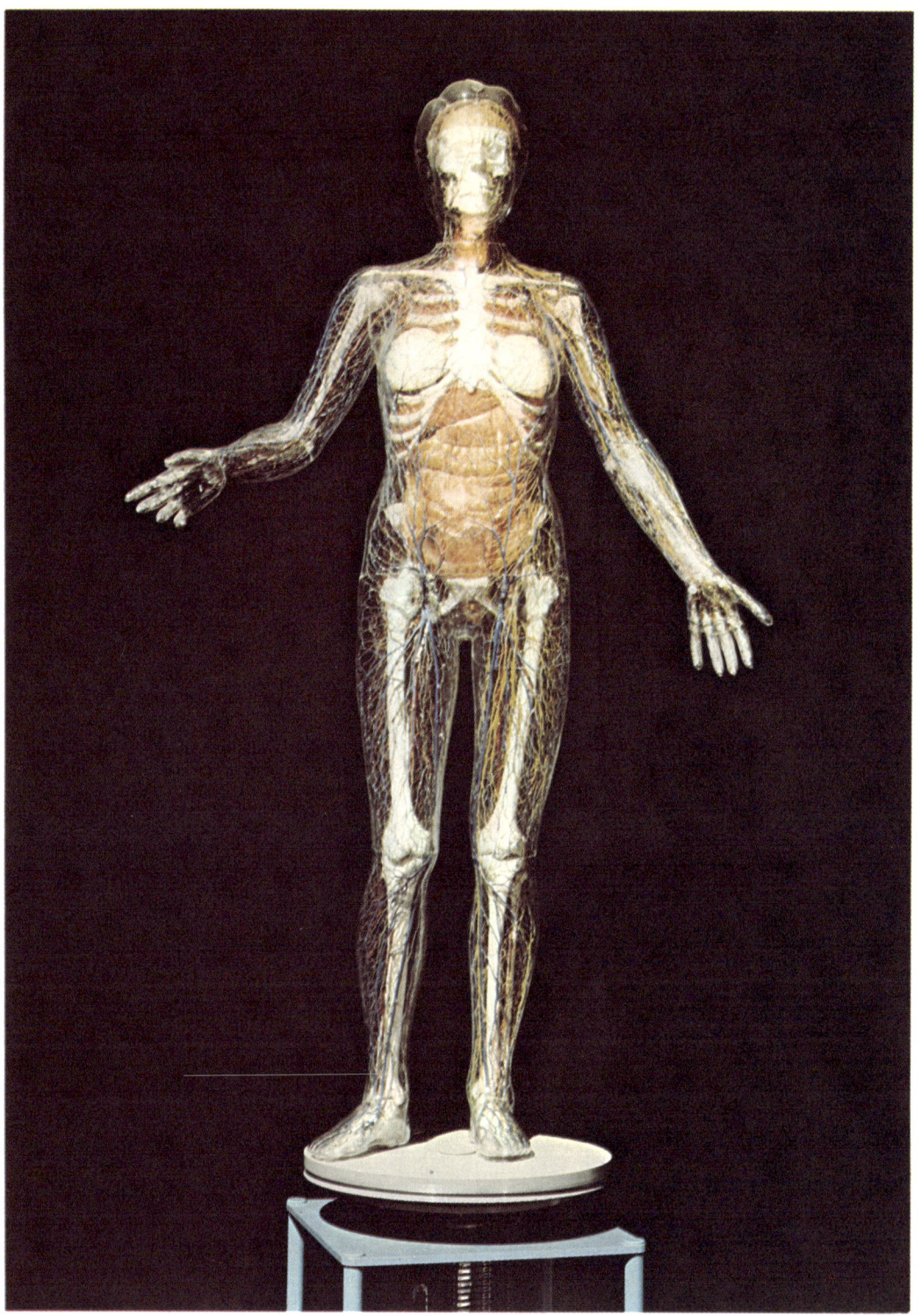

Seit den Anfängen der Technik hat es denn auch nicht an Versuchen gefehlt, Maschinenmenschen zu ersinnen und zu konstruieren. Schon Ludwig XVI. durfte Puppen bestaunen, die zeichnen, schreiben oder Klavier spielen konnten, und im Zeitalter der Elektronik hat die Konstruktion von Androiden neuen Auftrieb bekommen: Menschenähnliche Roboter als »harte Burschen« im Weltraum und unter Wasser werden nicht mehr lange auf ihren Einsatz warten müssen.

Augenfälligster Erfolg dieses Maschinenaspekts aber ist die Ersatzteilmedizin unserer Tage. Ein Beispiel: Wenn eine unserer vier Herzklappen erkrankt und nicht mehr richtig öffnet oder schließt, kann der Herzchirurg eine künstliche Klappe einsetzen, ein mechanisches Ventil. Dann zieht die Pumpe wieder. Es ist wohl nur eine Frage der Zeit, bis – so wie heute die Herzklappen – komplette Kunstherzen zum Einsatz kommen. Aber davon unberührt bleibt die Frage: Was ist es eigentlich, das unser Herz zum Schlagen bringt?

Besonders drastisch stellt sich diese Frage, wenn man sieht, wie ein Froschherz, das aus dem Körper des Tiers herausgenommen ist, auch als isoliertes Organ noch weiterschlägt – oft stundenlang: Was ruft diese Kontraktionen hervor? Auf der Ebene der Organe kommt man hier offenbar nicht weiter, man muß eine Dimension tiefer steigen und in das Organinnere blicken. Und unter dem Mikroskop zeigt sich dann, daß alle Organe aus winzigen Bausteinen, aus Zellen zusammengesetzt sind.

Abbildung 3: Diese Puppe aus dem Musée d'Histoire in Neuchâtel bringt korrekte Sätze zu Papier.

Abbildung 2: Unsere Organe arbeiten zusammen wie die Teile einer komplizierten Maschine. Das Skelett bildet dabei das statische Gerüst, das von Muskeln und Sehnen nach mechanischen Gesetzen bewegt wird.

Kolonie aus Milliarden Zellen

Schon die einzelnen Zellen haben sich auf *ihr* Organ eingestellt: Eine Herzmuskelzelle beispielsweise zieht sich rhythmisch zusammen, der lange Fortsatz einer Nervenzelle wird in das Nervengeflecht des Gehirns eingewoben, und das Sekret einer Drüse entsteht schon in einzelnen Drüsenzellen.

Zellen sind in sich funktionierende Einheiten, die auch außerhalb unseres Körpers in einer Nährlösung existieren, sich dort sogar teilen und vermehren können. Rekord halten jene – freilich abnormen – Zellen, die unter dem

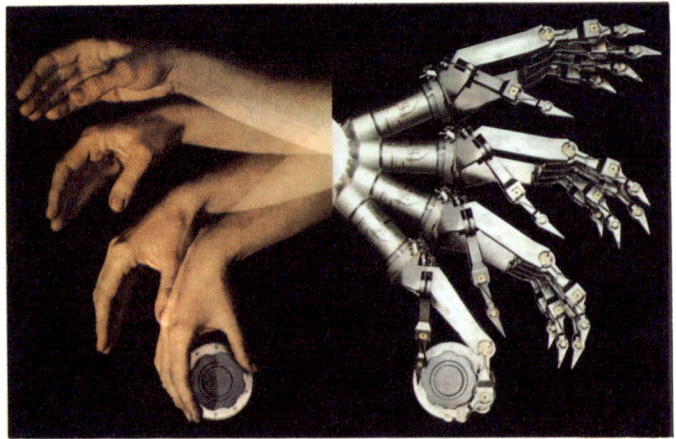

Abbildung 4: Moderne Androidenhand. Alle fünf Finger sind beweglich. Elektronisch gesteuerte Drahtzüge erfüllen die Funktion von Sehnen.

 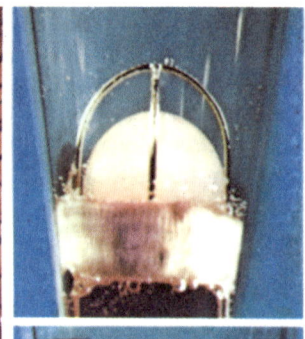 

Abbildung 5: Eine defekte Herzklappe (links) kann durch eine künstliche Herzklappe ersetzt werden: Die kleine Kugel öffnet und schließt das Ventil nach dem »Schnorchelprinzip«.

Namen »HeLa-Zellen« bekannt sind. Im Jahr 1951 starb die einunddreißigjährige Henrietta Lacks an Gebärmutterhalskrebs. Zellen des Geschwürs aber leben seitdem in künstlicher Nährlösung fort, wachsen und vermehren sich und haben ihre Spenderin längst überlebt. In zahllosen Forschungsinstituten wird heute mit Abkömmlingen dieser Krebszellen gearbeitet. Insgesamt – so schätzt man – sind es bereits mehr als eine Tonne.

Zellen als kleine lebende Einheiten – es ist nicht verwunderlich, daß auch sie wieder ein kompliziertes Innenleben aufweisen. Neben dem aufwendigen Zellkern existiert eine Reihe von Zellorganen, sogenannte Organellen. Sie betreiben beispielsweise die Energieversorgung der Zelle, oder produzieren Eiweißstoffe. Bei manchen ist die Rolle auch noch unbekannt, die sie im streng geordneten Haushalt einer Zelle spielen.

Unter diesem Blickwinkel also erscheint der Mensch als ein riesiger Zellenstaat, bestehend aus unzähligen unterschiedlichen Zellen, die zu einem einheitlich funktionierenden und erlebenden Organismus zusammengeschlossen sind.

Freilich ist unsere Ausgangsfrage, was unseren Körper denn lebend mache, damit lediglich nach unten verschoben – von der Ebene der Organe auf die Ebene der Zellen. Denn wer steuert die exakte Betriebsamkeit einer Zelle, ihr Wachstum, ihre Teilung? Woher weiß die Zelle, welches Eiweiß sie produzieren soll, und vor allem, wer sagt ihr, zu welchem Typ von Zelle sie sich überhaupt entwickeln soll: zu einer Nervenzelle etwa, einer Muskelzelle oder einer Leberzelle? Alle Zellen sind schließlich Abkömmlinge der ersten Zelle des beginnenden Lebens, der Eizelle, die sich fortlaufend zu Milliarden neuer Zellen teilt. Wer sorgt für die unterschiedliche Entwicklung dieser Zellen?

Schon früh vermuteten die Biologen, daß die Antwort auf ihre Fragen im Zellkern zu finden sei. Einer der stärksten Hinweise war, daß sich dieser Zellkern bei der Teilung einer Zelle mit äußerster Sorgfalt und Präzision verdoppelt. Vor allem an den Chromosomen im Kern war dies eindrucksvoll zu beobachten: Jedes dieser länglichen Gebilde erzeugt einen Doppelgänger, der dann in den neu entstehenden Zellkern gezogen wird. Auf diese Weise ist jede Zelle mit exakt dem gleichen Chromosomensatz bestückt.

Diese peinlich genaue Weitergabe des Chromosomenbestandes bei der Zellteilung hat – wie die Biologen bald herausfanden – seinen guten Grund: Tatsächlich ist in den Chromosomen die Erbveranlagung, die Gesamtheit aller Erbmerkmale, untergebracht, der Schaltplan, nach dem man so lange gesucht hatte. Verständlich, daß bei der Zellteilung davon nichts verlorengehen oder verstümmelt werden durfte!

Meterlange Moleküle

Die dicklichen, unförmigen, nur tausendstel Millimeter großen Chromosomen freilich verrieten nichts über den Schaltplan selbst, über die Art und Weise, wie dort das Funktionsschema unseres Körpers niedergeschrieben und abrufbar sein könnte. Das erfuhren die Genetiker erst, als sie noch tiefer in den Mikrokosmos eindrangen und ins Innere der winzigen Chromosomen blickten. Da stießen sie auf die Sensation: auf meterlange (!) Riesenmoleküle, die auf engstem Raum vielfach verdrillt und gefaltet waren. Ihrer chemischen Zusammensetzung nach erhielten sie den zungenbrecherischen Namen Desoxyribonukleinsäure, abgekürzt DNS (oder im englischen Sprachgebrauch: DNA). Mit diesen DNS-Molekülen war man auf der Basis des Lebens angekommen. Ihr Aufbau selbst *ist* der Schaltplan, nach dem wir gebaut sind und der jeden Augenblick unzählige Lebensprozesse in unseren Zellen steuert. So unglaublich es klingt, wir können diesen Aufbau durchschauen, wir können den Schaltplan zumindest bruchstückweise lesen.

Zunächst aber sei an einem Beispiel vorgestellt, was diese DNS zu leisten imstande ist – selbst wenn sie in primitivster Ausgabe vorliegt. Gemeint ist die DNS der einfachsten und kleinsten Organismen dieser Erde, der Viren. Und dabei wird auch verständlich, warum gerade Viren die bevorzugten Forschungsobjekte der Genetiker sind.

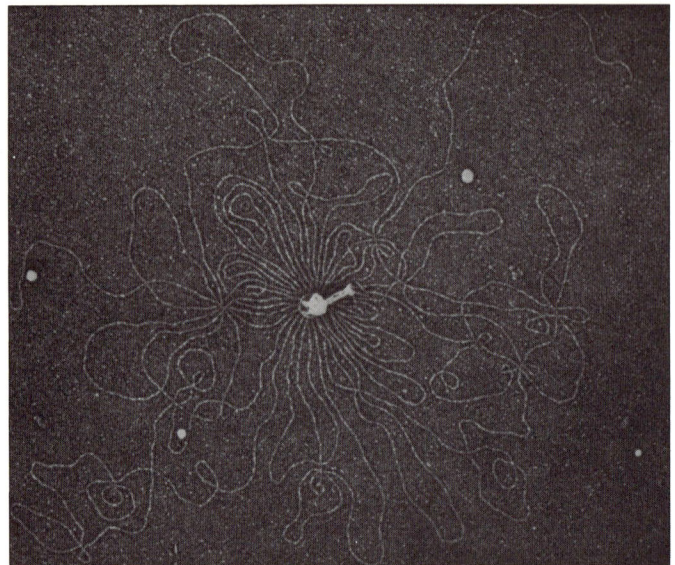

Abbildung 6: Im Kopf des Virus ist das lange DNS-Molekül auf engstem Raum zusammengefaltet: Entsprechend wäre ein sieben Meter langer Faden in einem Fingerhut untergebracht. Auf dem Foto ist die DNS herausgeholt und ausgebreitet.

Aggressive Kampfmaschinen

Viren sind so winzig, daß sie im stärksten Lichtmikroskop nicht zu sehen sind. Sie können sich selbst nicht fortbewegen. Sie haben keinen eigenen Stoffwechsel. Sie können sich nicht teilen und aus eigener Kraft keine Nachkommen produzieren. Aber: Sie haben DNS – und das macht sie gefährlich.

Zum Glück für die Biologen gibt es auch Viren, die für den Menschen harmlos sind und die sich statt dessen auf andere Opfer spezialisiert haben: zum Beispiel auf Bakterien. Tatsächlich können auch die winzigen einzelligen Bakterien von noch winzigeren Viren befallen werden.

Solche bakterienfressenden Viren – der Fachmann nennt sie Bakteriophagen – sind die idealen Versuchskaninchen der Molekularbiologen. Sie sind leicht zu züchten, beliebig zu vermehren und vor allem: sie sind der primitivste Fall von Leben. Einfachere DNS gibt es nicht. Wenn überhaupt, dann muß hier das Einmaleins der Genetik zu finden sein.

Es ist kein Problem, Viren in einer Flüssigkeit zu züchten (von der unheimlichen Art und Weise, wie das bei »fortpflanzungsunfähigen« Viren geschieht, wird noch die Rede sein). Wie aber soll man sie aus der Flüssigkeit herausholen? Kein Sieb oder Filter ist engmaschig genug, um sie zurückzuhalten. Und wollte man warten, bis sich die Viren abgesetzt haben, nach unten gesunken sind, dann müßte man Millionen Jahre Geduld haben. Denn so winzig sind Viren, daß sie laufend von den Flüssigkeitsmolekülen umhergestoßen und am Absinken gehindert werden – auch wenn sie schwerer als die Flüssigkeit sind.

Aber jetzt setzt modernste Technik ein: die Ultrazentrifuge, ein Karussell, das sich tausendmal in der Sekunde dreht. Und hieran werden schwenkbar und bruchsicher Reagenzgläser mit der virushaltigen Flüssigkeit angehängt. Mit zweifacher Schallgeschwindigkeit wirbeln sie herum, so schnell, daß die Reibungshitze mit der Luft die ganze Apparatur zerstören würde: Sie muß vorher luftleer gepumpt werden.

Was passiert den Viren bei dieser Karussellfahrt? Sie gehen buchstäblich zu Boden. Denn bei der Rotation treten so ungeheure

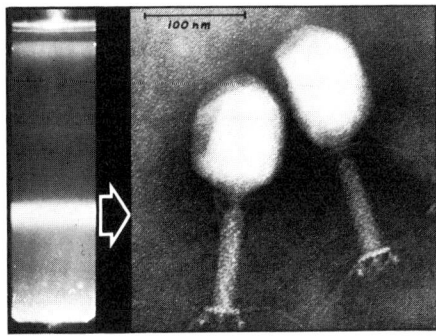

Abbildung 7: Die weiße Bande im Reagenzglas besteht aus Milliarden von Viren. Sie ist dort so dicht, daß die Flüssigkeit getrübt wird.

Abbildung 8: Dokumentaraufnahme vom Untergang eines Bakteriums: Die neu entstandenen Viren sprengen die Wand. Zurück bleibt ein abgewrackter Bakterienkadaver.

Fliehkräfte auf – die Viren bekommen das Dreihunderttausendfache ihres normalen Gewichts –, daß die Wärmebewegung der Flüssigkeitsmoleküle nichts mehr ausrichten kann: Die Viren setzen sich am Boden des Reagenzglases ab.

Die Biologen aber sind noch anspruchsvoller. Durch einen genialen Trick gelingt es ihnen, unterschiedliche Viren auch in unterschiedlicher Höhe über dem Boden des Reagenzglases festzuhalten und somit säuberlich zu trennen. Sie verwenden dazu eine Flüssigkeit – beispielsweise Zuckerlösung –, die unter dem Einfluß des Zentrifugierens nach unten hin immer dichter und schwerer wird. Jetzt bleiben die Viren in bestimmter Höhe stecken: leichte Viren weiter oben, schwere weiter unten – dort eben, wo die Flüssigkeit genauso schwer ist wie sie selbst. An dieser Stelle schweben die Viren und sind bei genügend großer Anzahl als weiße Bande zu erkennen (Abbildung 7).

Ein winziger Tropfen aus einer solchen Bande enthält Milliarden von Viren. Unter dem Elektronenmikroskop werden einige davon sichtbar: sechseckiger Kopf, in dem die DNS

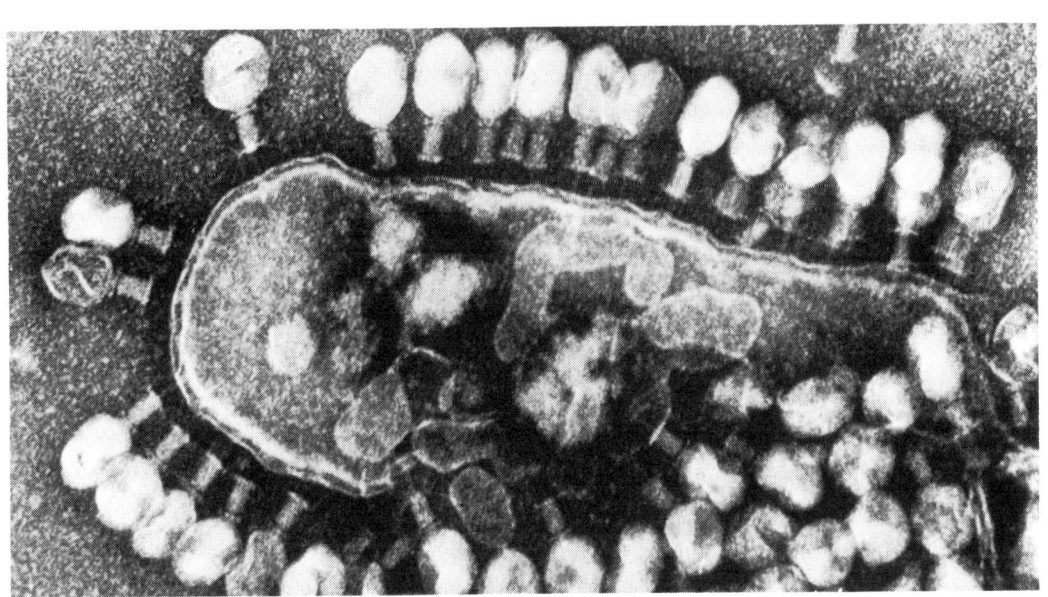

untergebracht ist, langer Schwanz mit feinen Zähnchen am Ende und dünne Spinnenbeine. Nicht von ungefähr erinnern die Bakteriophagen an eine Mondlandefähre: Auch sie landen – auf der Oberfläche von Bakterien. Kaum sind sie dort angetrieben oder angespült – einen eigenen Fortbewegungsapparat besitzen sie ja nicht – krallen sich die Zähnchen fest, die Beine klappen aus. Das Folgende mutet wie eine unheimliche Gruselgeschichte an.

Das Virus bohrt mit seinem Zahnkranz ein Loch in die Bakterienwand und preßt seine DNS durch den Schwanz ins Innere der Bakterienzelle. Danach zerfällt das Virus, aber jetzt wird die unheimliche Macht der DNS offenbar. Die Virus-DNS übernimmt das Oberkommando im Bakterium; dessen Schaltplan wird abgeändert: Fortan macht die Bakterienzelle nichts anderes, als neue Viren herzustellen. Aus ihrem eigenen Körpermaterial baut sie Hunderte ihrer Todfeinde zusammen. Nach zwanzig Minuten etwa bricht das Bakterium auf, und die gerade entstandenen Viren (»made in Bakterium«) verlassen die Bakterienzelle, von der kaum noch etwas übrig ist (Abbildung 8).

So also vermehren sich Bakteriophagen! Genauer gesagt: So lassen sie vermehren. Und wenn ein Biologe seinen Bakteriophagenbestand erhöhen will, so braucht er ihn lediglich auf eine Bakterienkultur loszulassen.

Ein Virus ist, so könnte man sagen, DNS in aggressiver Verpackung, wobei schon die Aggressivität, das Entern des Bakteriums, nach einem auf dem DNS-Molekül niedergeschriebenen Programm abläuft. Aber das eigentliche Hauptprogramm der Virus-DNS besteht darin, eine völlig intakte Zelle, ein Bakterium total umzufunktionieren und die Zellvorgänge in selbstmörderischer und dennoch äußerst zielgerichteter Weise ablaufen zu lassen. Ein negatives Paradebeispiel für die Steuerfunktion der DNS in einer Zelle!

Genetisches Alphabet

Wie sieht ein solches DNS-Molekül nun aus, von dem das Schicksal der Zellen und somit auch unser eigenes Schicksal abhängt? Vom Elektronenmikroskop ist keine Auskunft mehr zu erwarten: Chemische und physikalische Untersuchungsmethoden aber liefern ein recht genaues Bild vom Aufbau der DNS.

Die beiden Modelle auf Abbildung 9 zeigen einen Ausschnitt in vierhundertmillionenfacher Vergrößerung. Einmal ist, bis ins feinste Detail gehend, jedes einzelne Atom als farbiges Kügelchen dargestellt. Das andere, vergröberte Modell hebt das Bauprinzip deutlicher hervor: eine verdrillte Leiter. Die beiden Holme als Doppelspirale bilden dabei nur das statische Gerüst, sie halten das Molekül zusammen. Das eigentlich Wichtige sind die Sprossen der Leiter, die in Wirklichkeit aus chemischen Verbindungen, sogenannten Basen, bestehen. In der Abfolge dieser Sprossen nämlich ist die gesamte Information der DNS enthalten, so wie in der Buchstabenfolge die gesamte Information eines Textes steckt – wenn man lesen kann. Und die Zellen können ihre DNS lesen, genauer: Bestimmte Botenstoffe (RNS) der Zelle holen sich von dort ihre Kommandos und geben sie an die ausführenden Zellorgane weiter.

Aber auch die Molekularbiologen sind dabei, jene Sprossenschrift zu lernen: Sie besteht aus nur vier verschiedenen Zeichen; denn mehr als vier verschiedene Basen kommen nicht vor (im Modell durch die Farben Rot, Grün,

Abbildung 9: Struktur der Erbmoleküle. Ein DNS-Molekül ist wie eine verdrillte Leiter gebaut. Die gesamte Erbinformation liegt dabei in der Abfolge der Sprossen, von denen es nur vier verschiedene Typen gibt. Bei Verdoppelung öffnen sich die Sprossen wie die Zähne eines Reißverschlusses und lagern das passende Gegenstück an.

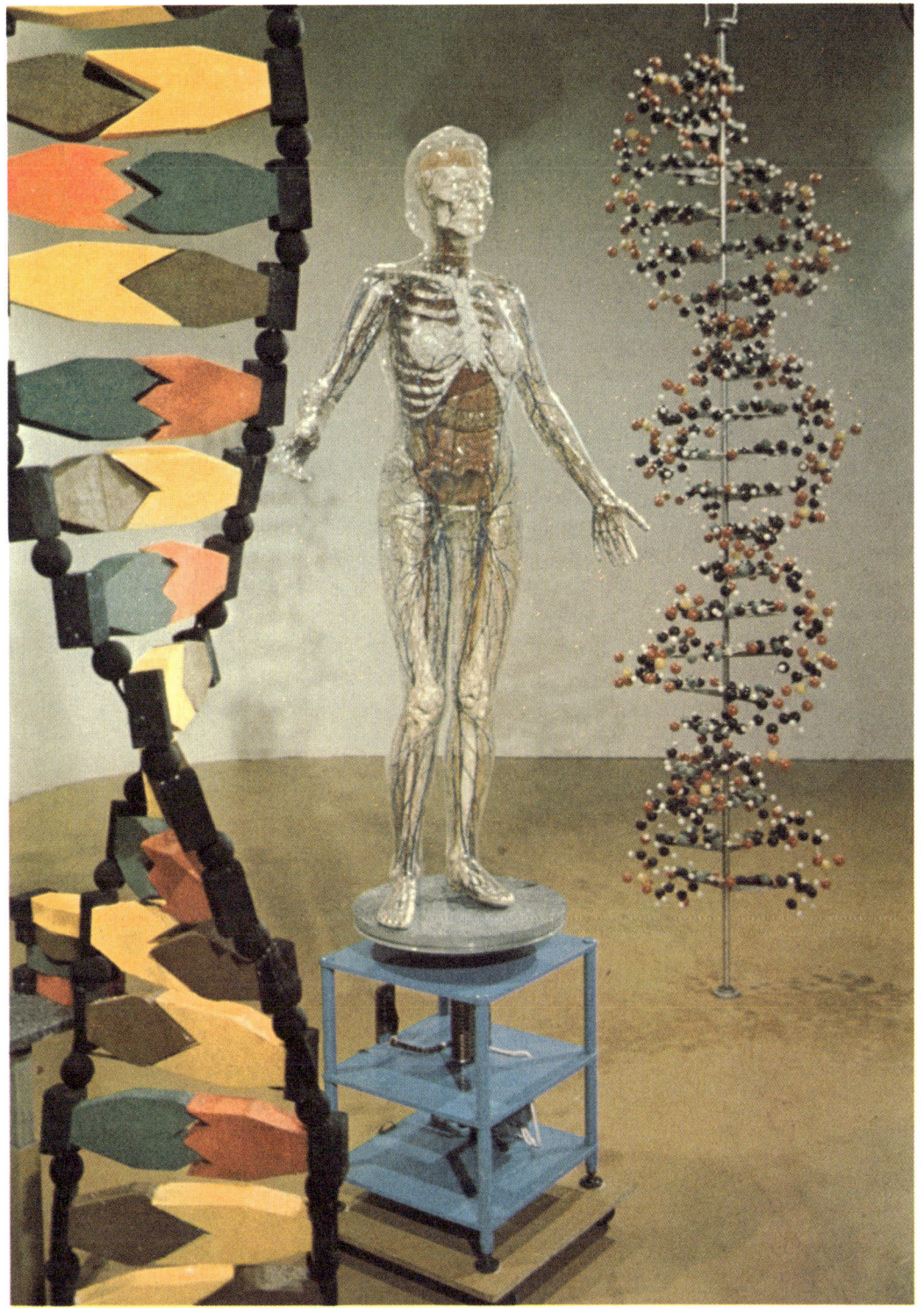

Braun, Gelb gekennzeichnet). So einfach ist das genetische Alphabet! Da aber bereits zwei Zeichen, wie beim Morsealphabet, für eine Schrift genügen, läßt sich erst recht mit vier Zeichen – seien es Buchstaben, Striche oder chemische Verbindungen – jede Information niederschreiben. Die Zeichen müssen nur in der richtigen Reihenfolge und Anzahl hintereinandergefügt werden.

In solchen Zeichenfolgen auf der DNS ist der Schaltplan des Lebens gedruckt, ist alles eingeprägt, was uns lebend macht; von der Fähigkeit, roten Blutfarbstoff herzustellen oder Nahrungsmittel abzubauen bis hin zum ererbten Temperament.

Und dies in jeder einzelnen Zelle! Jede Zelle unseres Körpers speichert beispielsweise die Farbgebung unserer Augen, weiß um die Zahl unserer Finger oder um unsere Geschlechtszugehörigkeit; sie enthält den kompletten Schaltplan. Aber nicht jede Zelle benutzt ihre DNS in gleicher Weise, gewisse Strecken können stillgelegt sein. Und so kommt es zur Zelldifferenzierung, zur Ausbildung unterschiedlicher Zellen.

Unvorstellbar aber scheint, wie ein so kompliziertes Molekül immer wieder fehlerfrei kopiert werden kann – milliardenfach. Bei jeder Zellteilung entsteht ja ein identischer Zwilling der ursprünglichen DNS. Wie kommt es zu so exakter Verdoppelung?

Die Natur bedient sich hier eines genial einfachen Tricks. Er wird meist mit »Reißverschlußmechanismus« umschrieben. Das bedeutet, daß sich die DNS längs teilen kann und daß sich die Sprossen dabei wie die Zähne eines Reißverschlusses öffnen. Zur Verdoppelung lagert jede Sprossenhälfte wieder ihr passendes Gegenstück an: zwei neue Reißverschlüsse sind entstanden.

Die Zuverlässigkeit dieses Reißverschlußmechanismus ist enorm, und wenn DNS fehlerhaft wird, so liegt das fast immer an äußeren Ursachen: Harte Strahlung oder bestimmte chemische Stoffe rufen Mutationen hervor. Sie verändern die genetische Zeichenfolge, indem sie Sprossen der DNS-Leiter zerschlagen, vertauschen oder willkürlich einfügen. Dadurch ändert sich natürlich der Schaltplan – fast immer zum Nachteil der Zellen und aller neuen Zellen, die durch Teilung aus ihnen hervorgehen. Wird aber eine Keimzelle von einer Mutation getroffen, so sind die Folgen noch schwerwiegender: Der DNS-Fehler wird auf die gesamte Nachkommenschaft vererbt.

Wird es jemals gelingen, solche Erbfehler auszumerzen, erbliche Zuckerkrankheit etwa, genetisch bedingte Geisteskrankheit oder Stoffwechselstörungen an der Wurzel zu heilen, indem man die verletzte Ordnung im DNS-Molekül wieder herstellt? Noch sind wir weit davon entfernt, gezielt in menschliche Erbmoleküle eingreifen zu können. Es ist zwar in den letzten Jahren gelungen, einige DNS-Abschnitte künstlich herzustellen, sogenannte Gene, beispielsweise das Gen, das die Erzeugung roten Blutfarbstoffs steuert. Weitere und noch spektakulärere Erfolge werden nachkommen – aber das Problem ist: Wie soll man Gene gezielt in die DNS einschleusen oder dort austauschen?

Eine große Rolle spielt hier jene kleine Kampfmaschine, die mit Bakterien-DNS so bösartig umspringt: das Virus. In Sonderfällen nämlich lassen sich Viren mit einem Gen beladen. Und wenn sie damit in eine Zelle eindringen, dann wird dieses DNS-Stück in die Zell-DNS eingefügt. Solche Versuche, bei denen Viren als Transportmittel für Erbinformation eingesetzt wurden, um damit gezielte Änderungen der Erbmoleküle zu erzielen, gelangen allerdings erst bei einzelnen Zellen. Bei Vielzellern blieben derartige Versuche bislang erfolglos.

Aber die Molekularbiologie steckt noch in den Anfängen. Vielleicht ist die Genchirurgie, das Einpflanzen, Auswechseln und Reparieren von Genen, nur eine Frage der Zeit. Dann aber stehen nicht nur Erbkrankheiten zur Debatte, sondern auch die genetische Verbesserung des Menschen, etwa eine Abschwächung der Aggression zugunsten der Vernunft. Es ginge dann weniger um die Frage »Was ist Leben?« als vielmehr um das nicht minder schwierige Problem »Wie soll Leben sein?« Wäre es zum Beispiel richtig, die Aggressionsgene zu entschärfen? Die klügste Antwort hierauf hat zweifellos der Molekularbiologe Joshua Lederberg gegeben: Wenn sich alle Menschen freiwillig einer solchen Prozedur unterzögen, dann setzte dies eine so große Einigkeit voraus, daß Aggressivität abzubauen gar nicht mehr nötig wäre.

Was ist Leben. Immer tiefer führte die Frage in den Mikrokosmos, um schließlich unsichtbare DNS als eigentliche Basis des Lebens herauszuschälen. Bei aller Kenntnis dieses Riesenmoleküls aber bleibt es unvorstellbar, was und wie alles von dort gesteuert, überwacht und geleitet wird – angefangen bei der Teilung der Eizelle, dann die Spezialisierung zu unterschiedlichsten Zellen, der Zusammenschluß zu Organen und schließlich zu Wesen mit Bewußtsein, die selbst darüber nachdenken, was denn Leben sei.

Anhang

Ergänzende und weiterführende Literatur

1 Wie wahrscheinlich ist außerirdisches Leben?
Heuseler, H.: *Der zweiten Erde auf der Spur.* Stuttgart 1974.
Hoyle, F.: *Of Men and Galaxies.* London 1965.
Sind wir allein im Kosmos? Elf Beiträge von H. Elsässer, M. Calvin, R. Lotz u.a. München 1970.

2 Science-fiction – Wirklichkeit von morgen?
Landau, L. D.: *Was ist Relativität?* Mosbach/Baden 1963.
Robinson, G. S.: *Überlichtgeschwindigkeit und Zeitreisen.* In: *Naturwissenschaft und Medizin.* Jg. 4 (1967), Nr. 16.

3 Lebenslauf einer Sonne
Gamow, G.: *Sonne – Stern unter Sternen.* München 1967.
Meyers Handbuch über das Weltall. Mannheim 1972⁵, S. 522 ff.
Die Welten um uns. Gütersloh 1971.

4 Die nächste Eiszeit kommt bestimmt
Ebers, E.: *Vom großen Eiszeitalter.* Berlin 1957.
Rust, A.: *Vor 20000 Jahren.* Neumünster 1972.
Schwarzbach, M.: *Neuere Eiszeithypothesen.* In: *Eiszeitalter und Gegenwart.* Öhringen 1968, Bd. 19, S. 250–261.

5 Pflanzen – die heimlichen Herrscher
Ditfurth, H. v.: *Im Anfang war der Wasserstoff.* Hamburg 1972.
Paturi, F. R.: *Geniale Ingenieure der Natur.* Düsseldorf 1974.
Vangerow, E.-F.: *Wandel der Erdatmosphäre und Entwicklung des Lebens.* In: *Naturwissenschaft und Medizin.* Jg. 5 (1968), Nr. 24.

6 Mimikry: Verstand ohne Gehirn
Frisch, K. v.: *Biologie.* München 1967, S. 245–263.
Portmann, A.: *Die Tiergestalt.* Basel 1965.
Wickler, W.: *Mimikry.* München 1971.

7 Vom Fliegen über und unter Wasser
Engel, F. M.: *So bewegen sich die Tiere.* München 1969.
Lorenz, K.: *Darwin hat recht gesehen.* (*Opuscula,* Nr. 20.) Pfullingen 1965.
Nachtigall, W.: *Phantasie der Schöpfung.* Hamburg 1974.

8 Gedanken über Intelligenz
Eysenck, H. J.: *The Inequality of Men.* London 1973.
Hofstätter, P. R.: *Differentielle Psychologie.* Stuttgart 1971.
Wechsler, D.: *Die Messung der Intelligenz Erwachsener.* Bern 1964.

9 Was man beim Sehen übersieht
Gregory, R. L.: *Auge und Gehirn.* München 1966.

10 Horch, was kommt von draußen rein
Ranke, O. F., u. H. Lullies: *Gehör, Stimme, Sprache.* Berlin 1953.
Stevens, S. S., u. F. Warshofsky: *Schall und Gehör.* Reinbek b. Hamburg 1970.

11 Das bewußtlose Drittel
Baust, W. (Hrsg.): *Ermüdung, Schlaf und Traum.* Frankfurt a. M. 1971.
Jovanovic, U. J.: *Neue Ergebnisse der Schlafforschung.* In: *Umschau.* 1972, H. 6.
Lausch, E.: *Manipulation.* Stuttgart 1972.

12 Künstliche Erinnerungen
Domagk, G. F., u. H. P. Zippel: *Biochemie der Gedächtnisspeicherung.* In: *Naturwissenschaften.* 1970, Nr. 57.
Ungar, G.: *Das Gedächtnis in biochemischer Sicht.* In: *Umschau.* 1971, H. 16.

13 Was ist Leben?
Bogen, H. J.: *Knaurs Buch der modernen Biologie.* München 1967.
Luria, S. E.: *Leben – das unvollendete Experiment.* München 1973.

Bildquellen

Volker Arzt: 14, 60, 63, 78, 79, 80, 123, 131, 132. Wolfgang Bruns, Mainz: 17 oben rechts, 33, 39, 91, 92, 93, 94, 97 unten, 98, 99, 107, 108, 109, 112, 134, 156, 160, 161, 163, 192. Ernst Bunge, Philips-Forschungslaboratorium, Hamburg, Pat. PVE 02–126: 164, 165. California Institute of Technology and Carnegie Institution of Washington: 49, 50. CSIRO, Sydney: 54. dpa, Frankfurt a. M.: 44, 53, 55, 148 links. Deutsche Verlags-Anstalt, Stuttgart: 28 (Heinz Binder); 34, 35, 36, 47, 51, 61, 66, 67, 68, 72; 113, 129, 142/143 (Dieter Frey); 143 unten, 146, 147; 148 rechts, 150 oben, 151, 172, 173, 176, 180, 190 (Dieter Frey); 194, 198. Hoimar v. Ditfurth: 62. Florabild, Stuttgart: 82. Wolf-Hinrich Groeneveld, Hamburg: 69, 74, 75, 76, 90, 138, 149, 150 unten, 182, 203. Holger Heuseler, Berlin: 46. H. Hoefer-Janker, Bonn: 158. Hans Huber Verlag, Bern: 126. Institut für Auslandsbeziehungen, Stuttgart: 64. Institut für Genetik, Universität Freiburg i. Br.: 201 oben. Jet Propulsion Laboratory, Pasadena: 13. Manfred Kage, Weißenstein: 88. A. Kleinschmidt, New York: 200. W. Koch, Göttingen: 83. Jörg Kühn, Heidelberg: 65, 104, 110, 140, 144, 145. Max-Planck-Institut für Verhaltensforschung, Erling b. Andechs: 170. Musée d'Histoire, Neuchâtel: 197. Werner Nachtigall, Saarbrücken: 184. NASA: 15, 16, 17 oben links, 17 unten. Nowosti, Moskau: 20. Sabine Schüppenhauer, Hamburg: 196. Science Feature, Washington: 96, 97 oben. *Scientific American,* Oktober 1972: 136. *Der Spiegel,* H. 39, 1968: 168. Georges Ungar, Houston: 188. USIS, Bad Godesberg: 8, 25, 30 unten, 40, 41. US Naval Observatory, Washington: 37, 48. Verlag für Psychologie, Dr. C. J. Hogrefe, Göttingen: 118, 120, 121. *Virologie,* Bd. 32, 1967: 201 unten. Stephan Vogel, Mainz: 84, 85. ZFA: 58.

Register

Abendmensch 179–180
Abstraktionsvermögen 122, 125, 135
Ader, Clément 114
Algentrocknung 81
Algenzellen 83
Algenzucht 78, 79
Alphawellen 178
Aminosäuren 24, 26, 190
Anglerfisch 100
Aronstab 102
Artgedächtnis 185–187
Artikulation 157–158
Asimov, Isaac 154
Atomantrieb 34
Auftrieb 111–114, 116
Auge 141–142, 146–153
– der Insekten 141–142
– der Kuh 146, 147
–, menschliches 141, 146–153
Augenbewegungen im Schlaf 171, 173–174, 176–177
– beim Menschen 171, 173–174
– beim Tier 176–177
Augenflecke 99, 100
Augenmuskeln 150

Bakterien 194, 200–202
Bakteriophagen 194, 200–202
Ball, John A. 43
Basen 202
Basilarmembran 164
Bates, Henry 96
Békésy, György von 164
Bell, Jocelyn 52
Bewegungssehen 145, 148–150
Biene 141
Bienenwolf 184–185
Bilderkennung 146–150
Binet, Alfred 119
Birkenspanner 97–99
black hole 56
Blauhäher 96

Botwinnik, Michail 133

camera obscura 145, 146
Chamäleon 95
Chaplin, Charlie 89
Chromosomen 199
Code, genetischer 42
Computer 130–133, 161–162
–, sprechender 161–162
Crab-Nebel 51, 52
Crick, Francis H. 27

Darwin, Charles R. 97
DDT 77, 87
Delphin 166–167
Deltawellen 173
Disney, Walt 92
DNS (engl. DNA) 186, 187, 199, 200–205
Drake, Frank 43
Dunkelangst 189–191
–, antrainierte 189
Dunkelwolken 67, 68

EEG 125, 169, 172, 173, 174, 178, 179
Einstein, Albert 31
Eisberg 59, 61
–, Entstehung des 59
Eiskristall 62
Eiszeit 59, 60, 64–70
–, Dauer der 68
–, Tiere der 65
Eiszeitalter 67–68
Eiszeiten, Periodik der 66–67
Eiszeitkultur 70
Eiszeitmenschen 68–69
Elemente, Entstehung der 56
Endmoräne 63
Engramm 181
Erbanlagen 137–138
Erbfehler 204–205
Erbmoleküle 195, 204–205
Erdachse, Neigung der 65–66
Erinnerungen 181, 182, 183–193

Faustkeil 69
Findlinge, Herkunft der 59–61
Fledermaus 166–167
Fliegender Fisch 109–111, 114
Freud, Sigmund 175

Gasballon 105, 106
Gedächtnis 185–193
– der Art 185–187
–, individuelles 187
–, Kurzzeit- 187
–, Langzeit- 187
Gedächtnis-Code 187–191
Gedächtnismoleküle 189–191
Gedächtnissysteme 193
Gedächtnisübertragung 188–190
Gehirn 137, 138–139, 141, 146, 149–153, 158–159, 162–167, 171, 174–175, 178, 181, 183
– des Affen 137, 138
–, menschliches 137–139, 141, 146, 149–153, 158–159, 162–167, 171, 174–175, 178, 181, 183
Geißelantrieb 83–84
Gene 203–205
genetische Manipulation 191–192, 195, 205
genetische Verbesserung 205
genetischer Code 42
genetisches Alphabet 203–204
Gesichtsfeld, Stabilisierung des 149
Gletscher 59, 61–64
Gletscherströmung 61
Gletschertor 59
Gletscherzunge 61, 62–63
Gold, Thomas 27
Grabwespe 184–185
Gravitation 48, 50, 56, 57
Gravitationsfeld 56, 57
Gravitationskollaps 56, 57
Größenkonstanz 153
Großhirn 137
Grubenauge 144, 145

Hauser, Kaspar 134
Heißluftballon 105–106
HeLa-Zellen 198

Helium 46, 47, 49, 50, 56, 159
Herzklappen, künstliche 197, 198
Hirnextrakt 188–189
Hirnstamm 137, 185
Hirnstromkurven 125, 168, 172–173
Hören 162–167
Hörschnecke 162–165
Hornissenschwärmer 89
Hoyle, Fred 43
Hühner, Hirnreizversuch bei 185
Huygens, Christian 10, 11, 21
Hydén, Holger 187
Hyperraum 37, 38

Igel, Instinktreaktion des 186–187
Ikarus 115
ILLIAC 130, 133
Infrarot-Augen 142
innere Uhr 169–171
Insektenauge 141–142
Insektenhormone 87
Instinkte 183–186
Instinktreaktionen 183–186
Intelligenz, außerirdische 27, 29, 32, 34, 36, 38, 40–43, 52
–, künstliche 130–133
–, menschliche 116, 119–130, 133, 137–138
–, – und Umwelt 133–134, 137
–, pflanzliche 85–86
–, tierische 89–101, 134, 135–137
Intelligenzalter 128
Intelligenzmessung, automatische 125
Intelligenzquotient 119, 124, 128–130, 137–138
–, Definition des 128
Intelligenztests 119–130
– bei Erwachsenen 125–127
– bei Kindern 119–122
interstellare Materie 46
Ionenantrieb 35

Jouvet, Michel 177
Jupiter 9, 19, 21, 24, 32, 42, 65–66, 67
–, Leben auf dem 9, 21

Jupiteratmosphäre 9, 21, 24

Kaiseratlas 89
Kannenpflanze 85
Kaplan, Reinhard W. 24
Kehlkopf 157, 158, 159, 161, 162
–, elektronischer 161–162
Keimzelle 204
Kepler, Johannes 127, 146, 160
Kernenergie 46
Kernreaktionen 46, 48, 50, 56
Kettlewell, H. B. D. 99
Kleitmann, Nathanael 171
Knurrhahn 109
Kohlenstoff 50
Kommunikationssysteme 154, 193
Kopernikus, Nikolaus 10
Krebszellen 197–198
Kremer, Henry 115
Kuhauge 146, 147
Kurzzeitgedächtnis 187

Langzeitgedächtnis 187
Lautbild 166
Leben, außerirdisches 9–19, 21–27, 29, 32, 34, 36, 38, 40–43, 52, 154
–, Basis des 205
–, Bausteine des 23–26, 195
–, Bedingungen für 21–25, 32
–, Entstehung des 23–24
Lebewesen, außerirdische 52, 193
Lederberg, Joshua 205
Legasthenie 122, 124, 134
Leuchterblume 85–86
Leuchtkäfer 100, 154
Leonardo da Vinci 115, 116
Levy, David 133
Licht 141–143
Lichtgeschwindigkeit 35–36, 40–41
–, Überschreitung der 36
– von Funksignalen 40–41
Lichtsprache 154
Lichtzellen 143, 144
Linsenauge 145–146

Little Green Men 52
Lochauge 144, 145
Lowell, Percival 12, 13, 14
Luftschiff 107, 109

Magellan, Fernão de 26
Manipulation, genetische 191–192, 195, 205
Mariner 14, 15, 18
Mars 9–19, 21, 24–27, 41
–, Leben auf dem 9–19, 26, 27
Marsatmosphäre 25–26
Mars-Canyon 16–18
Marseiszeiten 18
Marsfluß 18
Marsjahreszeiten 13, 14
Marskanäle 11–14, 18
Marskarte 10
Marsklima 18, 26
Marsmenschen 12, 14
Marspole 13, 18
Marsstürme 14, 15
Marsvegetation 13–14
Marsvulkane 15–18
Masseverlust 46
Materie, interstellare 46
Maus im Labyrinth 131
McConnell, James 187–188, 189
Mehrzelligkeit 84
Menschenauge 141, 146–153
Merkur 19, 21
–, Leben auf dem 19
Merkuratmosphäre 19
Metrodoros von Chios 9, 10
Mickey-Mouse-Effekt 159
Milancovič, Milutin 65, 66
Milchstraße 22, 24, 27, 32, 36, 37, 38, 42, 43, 45, 47, 55, 68
–, Rotation der 68
Miller, Stanley 23, 24
Mimikry 96–102
Mimose 81, 82
Mittelohr 163
Mond 11, 13, 29, 40–41, 73–75
Mondatmosphäre 73

Mondlandung 29
Montgolfier, Etienne und Joseph 105–107
Montgolfière 105–106
Morgenmensch 179–180
Mosaiktest 127
Muschel, Rauschen einer 157–158
Mutation 98–99, 204

Napfschnecke 144, 145
Nautilus 144, 145
Neptun 21
Nervengewebe 139, 186
Netzhaut 145–148
Netzhautbild 145, 146–153
Neuronen 139, 191
Neutronenstern 52, 55
Nix olympica 16
Normalschlaf 172

Oppenheimer, J. Robert 56
optische Täuschung 151, 152–153
Organellen 199
Orion-Nebel 47, 49
Ozma 43

Partyeffekt 165
Pawlow, Iwan 131–132
Peptid 191, 192
Perspektive 150–153
Pfeiltäuschung 152–153
Pferdekopfnebel 68
Pflanzen 73–87
–, Bewegungstechniken der 81
–, Intelligenz bei 85–86
–, Reizleitung bei 81
–, Tastsinn bei 79, 81
Pflanzenschutzmittel 77, 87
Photonenantrieb 35, 36
Photosynthese 26, 77
Pioneer 9, 21, 32, 40–42
Planeten, erdähnliche 23
Plattwürmer, Versuche mit 187–188, 189
Pluto 21
Ponnamperuma, Cyril 21

Pulsar 42, 51–56
–, sichtbarer 54–55
Putzerfisch 100–101

Radioastronomie 42, 43, 52
Radiopulse 42, 52, 54
Raumfahrt, bemannte 29–41
Reflex, bedingter 131–132
Regenwurm, Reaktion auf Licht 143, 144
Reißverschlußmechanismus 202, 204
Relativitätstheorie 31, 35, 36, 57
REM-Schlaf 171–180
– bei Tieren 176
Resonanz 158, 159, 167
Richtungssehen 145
Ringnebel 50
RNS (engl. RNA) 187, 202
Roboter 29, 38–40, 41, 197, 198
Rochen 105, 114
Roter Fleck 21
Roter Riese 49–52

Samenausbreitung 81–82
Santos-Dumont, Alberto 107
Saturn 21
Saturnklima 21
Sauerstoff, atmosphärischer 77
Schachcomputer 133
Schall, reflektierter 166–167
Schallwellen 157–159, 162, 164–165
Scheiner, Christoph 146
Schiaparelli, Giovanni 11, 14
Schiffsanhalter 92–93
Schildkröte, elektronische 131–133
Schlaf 167, 169–181
–, Bewegungen im 174–175
–, Erholungsprozeß im 180
–, Organismusveränderung im 174, 175, 176
–, Reden im 178
Schlafentzug 167
Schlafmittel 179
Schlafstörungen 178–179
Schlaftiefe 172–173
Schlafwandeln 177–178

Schlafzeiten, unterschiedliche 179
Schneider von Ulm 115
Scholle 94, 95
Schwarzes Loch 56
Schwebfliege 96–97
Schwerewellen 57
Schwerewellenastronomie 57
Schwerhörigkeit 165
Schwingenflug 105, 115–116
Schwingungen, akustische 157–158, 159, 160, 161, 162–163, 164
Schwingungsfrequenz 164
Seemotte 109
Sehen 141–153
–, räumliches 150–153
Sehfleck 143
Sehgrube 144, 145
Sehnerv 146
Selektion 98–99
Sirius 57
Skotophobin 188, 189–191
Sonne 41, 42, 45–50, 67–68
–, Aktivität der 67–68
–, Ende der 49
Sonnenenergie 45–46, 50, 78
Sonnenflecken 68
Sonnenmittelpunkt 46
Sonneneinstrahlung 67, 68
Sonnenoberfläche 45, 47
Sonnenprotuberanzen 46
Sonnenstrahlung 141, 142, 143
Sonnensystem 22–23, 43
Spektrum, elektromagnetisches 141, 142–143
Sprechorgane 157–162
Sprechmaschine 161–162
Stammhirn 185, 186
Sternleeren 46, 48
Stimmbänder 157
Stimmabdruck 159–160
Stimmfärbung 159, 166
Stimmgebung 157
Stimmritze 157
Stoffwechsel 26
Strahlung, kosmische 55

Stromboli 73, 75, 76
Stubenfliege, Instinktreaktion bei 184
Supernova 56, 57
Supernova-Explosion 51, 52, 54, 56
Syntelman 38–40

Tarnung 89–90, 92–95, 98, 100
Tarsalreflex 184
Taubheit 164, 165, 166
Tau Ceti 43
Tiefschlaf 173, 178, 180
Tiere, elektronische 130–133
–, Intelligenz bei 89–101, 134, 135–137
–, Träume bei 176–177
Tragfläche 109, 111–115
Traum 171–177
– bei Tieren 176–177
Traumbilder 173, 174, 176–178
– bei Tieren 176–177
Traumdauer 173, 174
Traumentzug 179
Traumschlaf 172–174
Traumschuld 175–176
Träumen und Vergessen 181
Troitski, Wladimir S. 43
Trommelfell 162–163, 165
Tundra 59, 64

Ufos 36–38
Ultraschall 166–167
Ultraviolett-Augen 141–142
Ultrazentrifuge 200–201
Ungar, Georges 188–192
Uranus 21
Uratmosphäre 21, 23, 27, 73–77
Urozean 23, 24, 77, 164
Ursprache 134
Urstromtal 63, 64

Venera 21
Venus 21
–, Leben auf der 19
Venusatmosphäre 19
Venus-Sonden 19

Vergessen 181
Verne, Jules 29, 30
verhexter Raum 149, 150–152
Viking 9, 18, 19, 24–26, 27
Viren 199–202
Vogelflug 114–116
Volvox 83, 84–85
Vortrieb 113–114
Vulkanismus 73–76

Wach- und Schlafrhythmus 169–171
–, Unterschiede im 179–180
Wärmestrahlung 142
Wallberg 63
Walter, Grey 130–131
Wandelnde Blätter 92, 93, 95
Warnfarben 95–97, 100
Wasserstoff 46, 48, 49–50, 56
Wasserstoffantrieb 34, 35
Wasserstoffatom 42
Weber, Joseph 57
Weißer Zwerg 50–51, 56

Wellen, akustische 157, 158, 159, 162, 164–165
Wellen, elektromagnetische 141–143
Weltbild, geozentrisches 10
Weltbild, heliozentrisches 10
Weltraumflüge, Reisezeit bei 34–36
Wespe 89, 96–97
Wilson, A. T. 66–67
Wortschatztest 127
Wright, Orville und Wilbur 114

Zeit, Ablauf der 31–32, 35
Zeitdehnung 35
Zeitmaschine 29, 31, 32
Zellen 143, 197–199, 202–205
–, lichtempfindliche 143
–, menschliche 197–199
Zellkern 198, 199
Zellteilung 199, 204
Zwicky, F. 52
Zwillinge, eineiige 137
Zwillingsforschung 137